Python 程序设计教程

主　编　綦宝声　陈　静
副主编　张　慧　彭福荣　许春秀　徐丽丽　卜令瑞

北京理工大学出版社
BEIJING INSTITUTE OF TECHNOLOGY PRESS

内 容 简 介

为了使广大读者既能够掌握 Python 语言的基础知识，又能够将 Python 语言应用于某个特定的领域（网络程序开发），本书介绍与 Python 相关的知识。为了便于读者学习，本书每个模块都提供了详尽的例子，结合实例讲解各个知识点。涉及的程序代码都给出了详细的注释，有助于读者轻松领会程序开发的精髓，快速提高开发技能。在学习完本书之后，相信读者能够很好地掌握 Python 语言，同时可以使用 Python 语言进行实际项目的开发。本书全部代码适用于 Python 3.7 及更高版本。

本书既可以作为研究生、本科生、专科生学习程序设计课程的教材，也可以作为 Python 程序设计爱好者的自学用书。

图书在版编目（CIP）数据

Python 程序设计教程/綦宝声，陈静主编．—北京：北京理工大学出版社，2021.3
ISBN 978-7-5682-9603-8

Ⅰ.①P…　Ⅱ.①綦…②陈…　Ⅲ.①软件工具-程序设计-高等学校-教材
Ⅳ.①TP311.561

中国版本图书馆 CIP 数据核字（2021）第 041943 号

出版发行 / 北京理工大学出版社有限责任公司
社　　址 / 北京市海淀区中关村南大街 5 号
邮　　编 / 100081
电　　话 / (010) 68914775（总编室）
(010) 82562903（教材售后服务热线）
(010) 68948351（其他图书服务热线）
网　　址 / http://www.bitpress.com.cn
经　　销 / 全国各地新华书店
印　　刷 / 三河市华骏印务包装有限公司
开　　本 / 787 毫米×1092 毫米　1/16
印　　张 / 23.25
字　　数 / 518 千字
版　　次 / 2021 年 3 月第 1 版　2021 年 3 月第 1 次印刷
定　　价 / 89.00 元

责任编辑 / 王玲玲
文案编辑 / 王玲玲
责任校对 / 周瑞红
责任印制 / 施胜娟

前　言

作为最流行的脚本语言之一，Python 具有内置的高级数据结构和简单、有效的面向对象编程思想实现。同时，其语法简洁、清晰，类库丰富、强大，非常适合进行快速原型开发。另外，Python 可以运行在多种系统平台下，使得只需要编写一次代码，就可以在多个系统平台下保持同等的功能。

为了使广大读者既能够掌握 Python 语言的基础知识，又能够将 Python 语言应用于某个特定的领域（网络程序开发），本书将全面介绍和 Python 相关的内容。在学习完本书之后，读者应该能够很好地掌握 Python 语言，同时，可以使用 Python 语言进行实际项目的开发。

本书特点

1. 循序渐进，由浅入深

为了方便读者学习，本书首先让读者了解 Python 的历史和特点，再通过具体的例子逐渐把读者带入 Python 的世界，使他们掌握 Python 语言的基本知识要点及基础类库、常用库和工具的使用。

2. 技术全面，内容充实

本书在保证内容实用的前提下，详细介绍了 Python 语言的各个知识点。同时，本书所涉及的内容非常全面，无论从事什么行业的读者，都可以从本书中找到可以应用 Python 于自身所处行业的地方。

3. 代码完整，讲解详尽

书中的每个知识点都配有一段示例代码，代码的关键点也有注释说明。每段代码的后面都有详细的分析，同时给出了代码的运行结果。

4. 应用导向，能力训练

书中内容以程序设计应用为导向，突出使用 Python 解决实际问题的方法和能力训练。

5. 典型案例，综合练习

在各模块（不包括模块 1）中都精选和安排了与实际结合紧密的典型案例，让读者既可以通过基本案例学到 Python 的基础知识和使用方法，又可以通过典型案例对所学知识进行综合练习和应用，进一步提高编程能力。

内容组织与阅读建议

本书共有 15 个模块，主要包括 Python 编程基础（模块 1 ~ 9）和 Python 开发应用（模块10～15）两部分内容，全部代码适用于Python 3.7及更高版本。

模块1 Python语言概述。介绍Python语言与版本、开发环境安装与配置、编程规范、扩展库安装方法、标准库与扩展库中对象的导入与使用。

模块2 Python语言基础。包括基本输入/输出、基本数据类型、运算符等。

模块3 Python流程控制。包括选择结构的常见形式，如单分支、双分支、多分支及嵌套的选择结构，for循环与while循环，break与continue语句。

模块4 Python序列。讲解Python中常用的数据结构，包括列表、元组、字典、集合。

模块5 函数。讲解函数的定义和调用、函数的参数、变量的作用域、lambda表达式、生成器函数、递归函数、常用内置函数。

模块6 面向对象程序设计。讲解创建类和对象、数据成员和成员方法、继承、特殊方法与运算符重载。

模块7 字符串与正则表达式。包括字符串概述、字符串操作、正则表达式。

模块8 文件操作。讲解文件读写操作、目录操作。

模块9 异常处理。介绍Python中的异常、常用异常处理结构、断言语句。

模块10 窗口界面设计。包括tkinter简介、tkinter常用控件示例、布局管理、tkinter事件。

模块11 数据分析与处理。包括扩展库pandas介绍、pandas数据类型、pandas数据处理、可视化统计数据。

模块12 网络编程。讲解socket编程、urllib基本操作与爬虫案例、requests基本操作与爬虫案例、scrapy爬虫案例。

模块13 数据可视化。讲解Matplotlib库、统计图形的绘制方法。

模块14Python访问数据库。讲解Python访问SQLite数据库、Python访问Access数据库、Python访问MySQL数据库、Python访问MongoDB数据库。

模块15 进程和线程。包括创建进程、进程之间的通信、创建线程、线程同步。

本书既介绍了Python基础知识，如Python编程基础、程序设计结构、函数、面向对象程序设计、常用标准库模块和常用第三方库等；又介绍了Python中较为专业的内容，如数据库访问、图形用户界面编程、多进程与多线程、网络程序设计等。

本书适用读者

本书既可以作为研究生、本科生、专科生学习程序设计课程的教材，也可以作为Python程序设计爱好者自学用书。

致谢

本书由山东劳动职业技术学院信息工程系的綦宝声、陈静主编，张慧、彭福荣、许春秀、徐丽丽、卜令瑞副主编。编者具有渊博的学识，积累了丰富的教学经验，其中，模块1、14由綦宝声副教授编写，模块2、7、13由张慧编写，模块3、8、11由许春秀编写，模块4、9、12由彭福荣编写，模块5、10、15由徐丽丽编写，模块6由陈静教授、卜令瑞编写。綦宝声副教授负责全书的总体结构设计和统稿工作。

本书采用了济南博赛网络技术有限公司、联想教育科技（北京）有限公司提供的部分企业案例，大大丰富了读者学习的素材。另外，本书在编写过程中得到了山东女子学院数据科学与计算机学院孙洪峰院长、尹西杰教授的指导，在此表示感谢！

由于作者水平有限，书中疏漏之处在所难免，敬请同行及广大读者批评指正。

綦宝声
于山东济南
2020 年 6 月

目　　录

模块 1

Python 语言概述

Python 语言以快速解决问题而著称，其特点在于提供了丰富的内置对象、数据结构和标准库对象，而庞大的扩展库更是极大增强了 Python 的功能，大幅度拓展了 Python 的用武之地，其应用几乎已经渗透到了所有学科和领域。本模块将介绍 Python 语言的特点、版本、编码规范、扩展库的安装、标准库对象与扩展库对象的导入和使用。

本模块学习目标

- 了解 Python 语言版本
- 熟悉 Python 开发环境
- 了解 Python 编码规范
- 掌握扩展库安装方式
- 掌握标准库对象与扩展库对象的导入和使用

1.1　语言简介

Python 语言是由 Guido van Rossum（吉多·范罗苏姆）在 1989 年开发的，Python 语言的名字来自一个著名的电视剧“Monty Python's Flying Circus”，创作者是这部电视剧的狂热爱好者，所以把他设计的语言命名为 Python。

Python 是一门跨平台、开源、免费的解释型高级动态编程语言，是一种通用编程语言。除了可以解释执行之外，Python 还支持将源代码伪编译为字节码来优化程序，从而提高加载速度并对源代码进行一定程度的保密，也支持使用 py2exe、pyinstaller、cx_Freeze 或其他类似工具将 Python 程序及其所有依赖库打包成各种平台上的可执行文件；Python 支持命令式编程和函数式编程两种方式，完全支持面向对象程序设计，语法简洁清晰，功能强大且易学易用。最重要的是，其拥有大量的几乎支持所有领域应用开发的成熟扩展库。

Python 语言拥有强大的“胶水”功能，可以把多种不同语言编写的程序融合到一起实现无缝拼接，更好地发挥不同语言和工具的优势，满足不同应用领域的需求。Python 自诞生以来，在 30 多年的时间里，已经渗透到云计算、大数据分析、Web 前端开发、统计分析、移动终端开发、科学计算、系统运维、人工智能、机器学习、密码学、计算机辅助教学等几乎所有专业和领域，在黑客领域更是多年来一直拥有霸主地位。

1.2　Python 版本选择

Python 的官方网站是 https://www.python.org/，其上同时发行和维护着 Python 2.x 和 Python 3.x 两个不同系列的版本，并且版本更新速度非常快。目前常用版本分别是 Python 2.7.17、Python 3.7.6 和 Python 3.8.2。Python 2.x 和 Python 3.x 这两个系列的版本之间很多用法是不兼容的，除了基本输入/输出方式有所不同，很多内置函数和标准库对象的用法也有非常大的区别，适用于 Python 2.x 和 Python 3.x 的扩展库之间更是差别巨大，这也是旧系统进行版本迁移时最大的障碍。

Python 3.x 的设计理念更加合理、高效和人性化，代码开发和运行效率更高。从 2015 年年底开始，Python 3.x 就已经呈现出全面普及和应用的趋势，越来越多的扩展库也以非常快的速度推出了与最新 Python 版本相适应的版本。另外，Python 官方早在 2016 年就已经宣布，最迟到 2020 年将会全面放弃 Python 2.x 的维护和更新，但目前看仍然在保持更新。

在选择 Python 时候，一定要先考虑清楚自己的学习目的，例如，打算做哪方面的开发、需要用到哪些扩展库，以及扩展库支持的最高 Python 版本等，明确这些问题后再做出适合自己的选择。如果刚刚开始接触 Python，那么一定要毫不犹豫地选择 Python 3.x 版本。

1.3 Python 开发环境安装与配置

除了 Python 官方安装包自带的 IDLE，还有 Anaconda3、PyCharm、Eclipse、zwPython 等大量开发环境。相对来说，IDLE 稍微简陋一些，但也提供了语法高亮（使用不同的颜色显示不同的语法元素，例如，使用绿色显示字符串、橙色显示 Python 关键字、紫色显示内置函数）、交互式运行、程序编写和运行及简单的程序调试功能。其他 Python 开发环境则是对 Python 解释器主程序进行了不同的封装和集成，使得代码的编写和项目管理更加方便一些。本节对 IDLE 和 PyCharm 这两个开发环境进行简单介绍，但书中所有代码也同样可以在 Anaconda3 等其他开发环境中运行。

按照惯例，本书中所有在交互模式运行和演示的代码都以 IDLE 交互环境的提示符“ >>> ”开头，在运行这样的代码时，并不需要输入提示符“ >>> ”。而书中所有不带提示符“ >>> ”的代码都表示需要写入一个程序文件并保存和运行。

1.3.1 IDLE

IDLE 应该算是最原始的 Python 开发环境之一，没有集成任何扩展库，也不具备强大的项目管理功能。但也正是因为这一点，使得开发过程中的一切尽在自己掌握中，深得资深 Python 爱好者的喜爱，成为 Python 内功修炼的重要途径。

在 Python 官方网站 https://www.python.org/下载最新的 Python 3.7.x 安装包或 Python 3.8.x（根据自己计算机操作系统选择 32 位或 64 位）并安装（建议安装路径为 D:\Python37 或 D:\Python38）后，在“开始”菜单中可以打开 IDLE，如图 1－1 所示，然后看到的界面就是交互式开发环境，如图 1－2 所示。

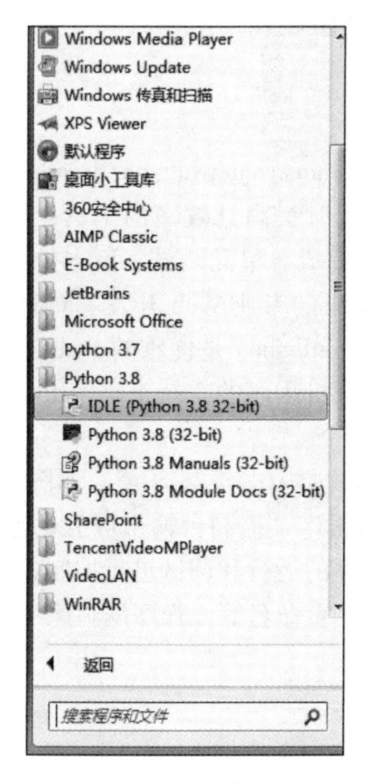

图 1－1 “开始”菜单

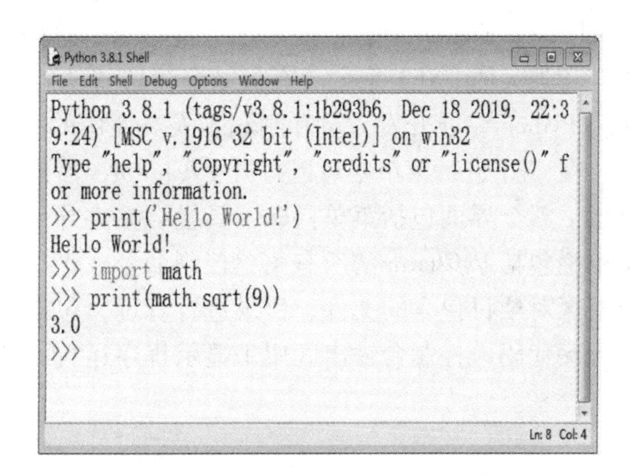

图 1－2 IDLE 交互式开发界面

在交互式开发环境中，每次只能执行一条语句，当提示符“>>>”再次出现时方可输入下一条语句。普通语句可以直接按 Enter 键运行并立刻输出结果，而选择结构、循环结构、函数定义、类定义、with 块等属于一条复合语句，需要按两次 Enter 键才能执行。如果要重复使用上面的命令，可以按 Alt + P 组合键。

如果要执行大段代码，也为了方便反复修改，可以在 IDLE 中选择“File”→“New File”命令来创建一个程序文件，将其保存为扩展名为 .py 或 .pyw 的文件，然后按 F5 键或选择“Run”→“Run Module”命令运行程序，结果会显示到交互式窗口中，如图 1－3 所示。

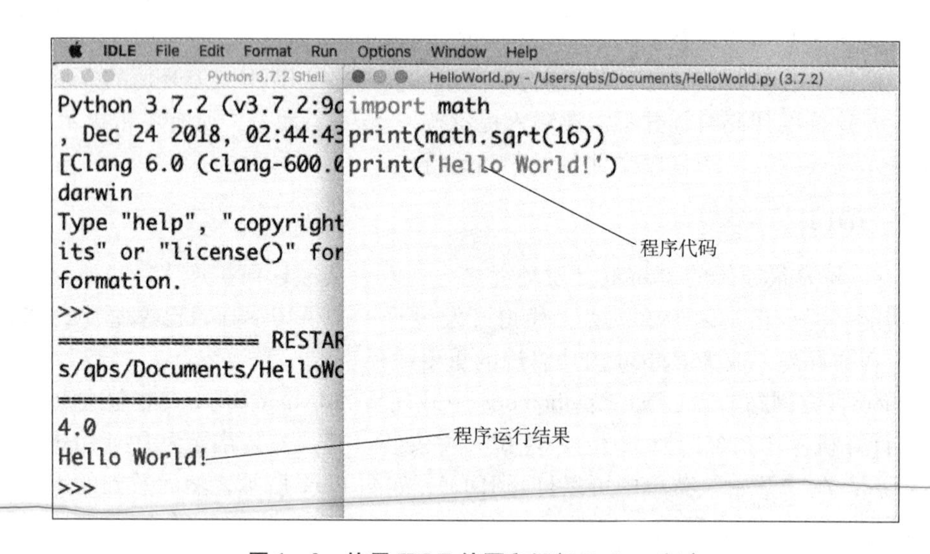

图 1－3　使用 IDLE 编写和运行 Python 程序

1.3.2　PyCharm

PyCharm 是一种 Python IDE，可以到官网 https://www.jetbrains.com/pycharm/download/进行下载，其带有一整套可以帮助用户在使用 Python 语言开发时提高其效率的工具，比如，调试、语法高亮、Project 管理、代码跳转、智能提示、自动完成、单元测试、版本控制等。此外，该 IDE 提供了一些高级功能，以用于支持 Django 框架下的专业 Web 开发。同时支持 Google App Engine，更重要的是，PyCharm 支持 IronPython。IronPython 是优雅的 Python 编程语言和强大的 .NET 平台的有机结合。这些功能在先进代码分析程序的支持下，使 PyCharm 成为 Python 专业开发人员和刚起步人员使用的有力工具。

在“开始”菜单中可以打开 PyCharm，然后看到的界面就是 IDE 开发环境，如图 1－4 所示。整个界面包括菜单栏、工具栏、文件导航区、程序编辑区、控制台输出区五个部分，菜单栏包括 PyCharm 的所有菜单控制命令，工具栏用来对程序的运行和调试进行控制，文件导航区对项目包含的文件、目录进行管理，包括创建、删除、重命名等，程序编辑区用来编写程序代码，控制台输出区用来显示程序运行的结果。

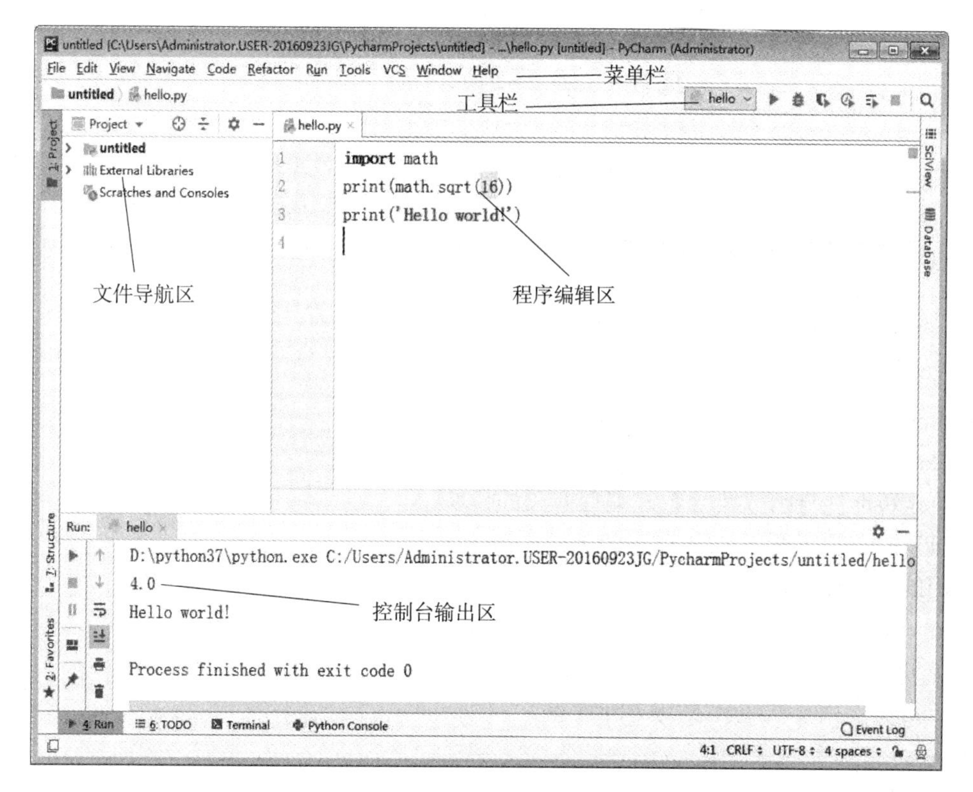

图 1-4 IDE 集成开发环境

1.4 Python 编程规范

Python 非常重视代码的可读性，对代码布局和排版有更加严格的要求。这里重点介绍 Python 社区对代码编写的一些共同的要求、规范和一些常用的代码优化建议，最好在编写第一段代码时就遵循这些规范和建议，养成一个好的习惯。

①严格使用缩进来体现代码的逻辑从属关系。Python 对代码缩进是有硬性要求的，这一点必须时刻注意。在函数定义、类定义、选择结构、循环结构、with 语句等结构中，对应的函数体或语句块都必须有相应的缩进，并且一般以 4 个空格为一个缩进单位。

②每个 import 语句只导入一个模块，最好按标准库、扩展库、自定义库的顺序依次导入。尽量避免导入整个库，最好只导入确实需要使用的对象。

③最好在每个类、函数定义和一段完整的功能代码之后增加一个空行，在运算符两侧各增加一个空格，逗号后面增加一个空格。

④尽量不要写过长的语句。如果语句过长，可以考虑拆分成多个短一些的语句，以保证代码具有较好的可读性。如果语句确实太长而超过屏幕宽度，最好使用续行符“\”，或者使用圆括号把多行代码括起来表示是一条语句。

⑤书写复杂的表达式时，建议在适当的位置加上括号，这样可以使得各种运算的隶属关系和顺序更加明确。

⑥对关键代码和重要的业务逻辑代码进行必要的注释。在 Python 中有两种常用的注释形式：#和三引号。#用于单行注释，三引号常用于大段说明性文本的注释。

1.5 扩展库安装方法

在 Python 中，库或模块是指一个包含函数定义、类定义或常量的 Python 程序文件，一般并不对这两个概念进行严格区分。Python 有两种类型的库：标准库和扩展库，标准库包含在 Python 安装包内，随 Python 解释环境的安装而安装；扩展库并不包含在 Python 安装包内，需要在用到时临时安装。

常用的标准库模块如下：

➢ math：数学模块。
➢ random：与随机数及随机化有关的模块。
➢ datetime：日期时间模块。
➢ functools：与函数及函数式编程有关的模块。
➢ tkinter：用于开发 GUI 程序的模块。

常用的扩展库模块如下：

➢ openpyxl：用于读写 Excel 文件。
➢ python - docx：用于读写 Word 文件。
➢ numpy：用于数组计算与矩阵计算。
➢ scipy：用于科学计算。
➢ pandas：用于数据分析。
➢ matplotlib：用于数据可视化或科学计算可视化。
➢ pygame：用于游戏开发。
➢ sklearn：用于机器学习。
➢ tensorflow：用于深度学习。

到目前为止，扩展库或第三方库几乎渗透到所有的领域。Python 的扩展库已经超过 16 万个，并且每天还在增加。

在标准的 Python 安装包中，只包含了标准库，并不包含任何扩展库，开发人员根据实际需要选择合适的扩展库进行安装和使用。Python 自带的 pip 工具是管理扩展库的主要方式，支持 Python 扩展库的安装、升级和卸载等操作。常用 pip 命令的使用方法见表 1 - 1。

表 1 - 1 常用 pip 命令的使用方法

pip 命令格式	说明
pip install SomePackage	安装 SomePackage 模块
pip list	列出当前已安装的所有模块
pip install - upgrade SomePackage	升级 SomePackage 模块
pip uninstall SomePackage	卸载 SomePackage 模块

有些扩展库安装时要求本机已安装相应版本的 C/C ++ 编译器，或者有些扩展库暂时还没有与本机 Python 版本对应的官方版本，这时可以从提供 Python 扩展库安装包非官方网站 http://www.lfd.uci.edu/~gohlke/pythonlibs/上下载对应的 . whl 文件（注意，一定不要修改文件名），然后在命令提示符环境中使用 pip 命令进行安装。例如：

```
pip install pygame-1.9.2a0-cp35-none-win_amd64.whl
```

注意，如果计算机上安装了多个版本的 Python 或者开发环境，最好切换至相应版本 Python 安装目录的 scripts 文件夹中，然后再在命令提示符环境中执行 pip 命令。如果要离线安装扩展库，也要把 whl 文件下载到相应的 scripts 文件夹中。

1.6 标准库与扩展库中对象的导入与使用

Python 标准库和扩展库中的对象必须先导入才能使用，导入方式如下：

- 导入模块；
- 导入模块对象；
- 导入模块所有对象。

1.6.1 导入模块

导入模块语法如下：

```
import 模块名[as 别名]
```

使用 import 模块名［as 别名］这种方式将模块导入以后，使用时需要在对象之前加上模块名作为前缀，必须以“模块名.对象名”的形式进行访问。如果模块名字很长，可以为导入的模块设置一个别名，然后使用“别名.对象名”的方式来使用其中的对象。以下为 import 模块名［as 别名］导入对象的用法。

```
>>> import math                #导入标准库 math
>>> math.gcd(24,36)             #计算最大公约数 12
>>> import random              #导入标准库 random
>>> n = random.random()         #获得[0,1)内的随机小数
>>> n = random.randint(1,100)    #获得[1,100]区间上的随机整数
>>> n = random.randrange(1,100)   #返回[1,100)区间中的随机整数
>>> import os.path as path    #导入标准库 os.path,设置别名为 path
>>> path.isfile(r'C:\windows\notepad.exe')
True
>>> import numpy as np   #导入扩展库 numpy,设置别名为 np
>>> a = np.array((1,2,3,4))   #通过模块的别名来访问其中的对象
>>> a
array([1,2,3,4])
>>> print(a)
[1,2,3,4]
```

根据 Python 编码规范，一般建议每个 import 语句只导入一个模块，并且要按照标准库、扩展库和自定义库的顺序进行导入。

1.6.2 导入模块对象

导入模块对象的语法如下：

```
from 模块名 import 对象名[as 别名]
```

使用 from 模块名 import 对象名［as 别名］方式仅导入明确指定的对象，并且可以为导入的对象起一个别名。这种导入方式可以减少查询次数，提高访问速度，同时也可以减少程序员需要输入的代码量，不需要使用模块名作为前缀。以下为 from 模块名 import 对象名［as 别名］的用法。

```
>>> from random import sample
>>> sample(range(100),10)       #在指定范围内选择不重复元素
[24,33,59,19,79,71,86,55,68,10]
>>> from os.path import isfile
>>> isfile(r'C:\windows\notepad.exe')
True
>>> from math import sin as f #给导入的对象 sin 起个别名
>>> f(3)
0.1411200080598672
```

1.6.3 导入模块所有对象

导入模块所有对象的语法如下：

```
from 模块名 import*
```

使用 from 模块名 import * 方式可以一次导入模块中的所有对象，简单粗暴，写起来也比较省事，可以直接使用模块中的所有对象而不需要再使用模块名作为前缀，但一般并不推荐这样使用。以下是 from 模块名 import * 的用法。

```
>>> from math import* #导入标准库 math 中的所有对象
>>> sin(3)  #求正弦值
0.1411200080598672
>>> sqrt(9)  #求平方根
3.0
>>> pi  #常数 π
3.141592653589793
>>> e  #常数 e
2.718281828459045
>>> log2(8)  #计算以 2 为底的对数值
3.0
>>> log10(100)  #计算以 10 为底的对数值
2.0
```

```
>>> radians(180)  #把角度转换为弧度
3.141592653589793
```

1.7　习　　题

1. 下载并安装 Python。
2. 使用 pip 工具安装扩展库 pandas、openpyxl 和 pillow。
3. 下载并安装 PyCharm。
4. 解释导入标准库与扩展库中对象的几种方法之间的区别。

模块 2

Python 语言基础

程序语言中最常用到的功能就是输入和输出，Python 语言的输出方式灵活多样，程序员可根据需要自行选择适合的输出方式。Python 提供了丰富的数据类型，在程序设计中选择恰当的数据类型，可以更加快捷地解决问题。在使用 Python 运算符时，应注意具有多重含义的运算符及运算符的优先级。本模块将介绍 Python 的常用输入/输出方法、基本数据类型、不同数据类型之间的转换、运算符和表达式等。

本模块学习目标

- 掌握 Python 常用的输入/输出方法
- 熟悉各种数据类型
- 掌握常用的数据类型转换函数
- 理解各类运算符的用法

2.1 基本输入/输出

2.1.1 基本输出

1. 基本输出方式

Python 提供了两种基本的输出方式：表达式语句和 print( ) 函数。print( ) 函数很强大，可以输出各种类型的数据。

```
>>> s ='Hello World!'
>>> s                    #表达式语句输出
'Hello World!'
>>> x =12.3
>>> y =6.6
>>> x + y                #表达式语句输出
18.9
>>> print(x*y)           #print()函数输出
81.18
>>> print(x,y)           #print()函数输出
12.3 6.6
```

2. 整数格式化输出

整数格式化输出的规则是：

- 用%d 输出一个整数。
- 用%wd 输出一个整数，w 是宽度值。如果 w >0，则右对齐；如果 w <0，则左对齐；如果 w 的宽度小于实际整数占的位数，则按实际整数宽度输出。
- 用%0wd 输出一个整数，w 是宽度值，此时 w >0，右对齐。如果实际的数据长度小于 w，则左边用 0 填充。

例：

```
>>> a =123
>>> print("|%d|" %a)
|123|
>>> print("|%6d|" %a)
|   123|
>>> print("|%-6d|" %a)
|123   |
>>> print("|%06d|" %a)
```

```
|000123 |
>>>print("|%-06d|" %a)
|123   |
>>>print("|%2d|" %a)
|123|
```

3. 浮点数格式化输出

浮点数格式化输出的规则是:

- 用%f 输出一个浮点数，有效数字为7位，超过7位按四舍五入处理。
- 用%w.pf 输出一个浮点数，w 是总宽度，小数位占 p 位（p≥0）。如果 w>0，则右对齐；如果 w<0，则左对齐，如果 w 的宽度小于实际实数占的位数，则按实际宽度输出。小数位一定是 p 位，按四舍五入的原则进行。如果 p=0，则表示不输出小数位。注意输出的符号、小数点都要各占一位。

例:

```
>>>a=3.1415926
>>>print("|%f|" %a)
|3.141593|
>>>print("|%8.2f|" %a)
|3.14|
>>>print("|%-8.3f|" %a)
|3.142|
>>>print("|%-8.0f|" %a)
|3|
```

4. 字符串格式化输出

字符串格式化输出的规则是:

- 用%s 输出一个字符串。
- 用%ws 输出一个字符串，w 是宽度值。如果 w>0，则右对齐；如果 w<0，则左对齐；如果 w 的宽度小于实际字符串占的位数，则按实际宽度输出。

例:

```
>>>a="hello"
>>>print("|%s|" %a)
|hello|
>>>print("|%8s|" %a)
|   hello|
>>>print("|%-8s|" %a)
|hello   |
```

2.1.2 基本输入

Python 提供了 input([参数]) 内置函数从标准输入读入一行文本，默认的标准输入是键盘。input 的参数可有可无，如果有参数，会在运行界面输出参数的内容，不换行。所以经常会在 input 参数中写一些用于提示用户输入的信息。执行到 input 函数时，在运行界面输入一些数据，然后按 Enter 键，就完成了本次输入。

例：

```
>>> name=input()
张三                          #从键盘输入"张三"后,按 Enter 键完成输入
>>> name
张三                          #输出变量 name 的值
>>> name=input("请输入你的姓名:")
请输入你的姓名:张三            #在系统输出的"请输入你的姓名:"后输入"张三"
>>> print("姓名:",name)
姓名:张三
```

注意：input 返回的是 string 类型，如果想得到数字或其他类型的数据，还需要进行类型转换。

2.2 基本数据类型

2.2.1 常量和变量

1. 常量

常量指在程序运行过程中值不会改变的量。常量可以是数字，也可以是字符或字符串，还可以是一个列表、一个元组。例如：

整数常量：0、1、-3、123、-6521 等。

浮点数常量：0.2、3.1415、-15.89 等。

字符串常量：'a'、"中"、'计算机'、"Hello_World" 等。

逻辑常量：True、False。

列表常量：[1,2,3,4]、[0.1,0.3,0.5]等。

元组常量：(1,2,3)、('a', 'b', 'c') 等。

大部分高级语言，如 C、C++、Java 等有专门定义符号常量的 const 修饰符，例如 const int A=60;表示 A 是一个符号常量，A 的值是 60。符号常量定义之后值就不能再更改，若更改，就会报错。而 Python 中没有类似 const 这样的符号常量修饰符，即 Python 没有专门用于定义符号常量的语法。在 Python 中想要使用类似这种符号的常量，可以通过自定义类来实现。

2. 变量

变量是有名字的存储单元，存储单元中的值可以改变。在 Python 中，不需要事先声明

变量名及其类型，直接起个名字并赋值即可创建一个变量。

例如：

```
x = 3
```

这条语句就创建了一个变量，变量名是 x，变量的值是 3。

接着写一个 x = "Hello"，变量 x 的值就由 3 变成了字符串 "Hello"。

在 Python 中，变量没有类型，通常所说的"类型"是指变量所引用的内存中对象的类型。Python 中的变量并不直接存储值，而是存储了值的内存地址或者引用，这也是 Python 中同一个变量可以赋值为各种不同类型的值的原因。

在给变量命名时，要遵循以下规则：

①变量名必须以字母或下划线开头，后面可以跟字母、数字或下划线。但以下划线开头的变量在 Python 中有特殊含义。

②变量名区分大小写。例如 Sum 和 sum 是两个不同的变量。

③不能使用关键字作变量名。可以导入 keyword 模块后，使用 print(keyword.kwlist) 查看所有 Python 关键字。

根据上述规则，name、DAY、a123、_a、word12_和 x_y_z 等变量名是有效的，而 1a、%stu、a - b、x#yz、M.John、Hello World 等变量名是无效的。

2.2.2　数字类型

Python 中有 6 个标准的数据类型：数字（Numbers）、字符串（String）、列表（List）、元组（Tuple）、字典（Dictionaries）和集合（Sets）。本小节先来了解一下数字类型。

数字类型，顾名思义，是用来存储数值的。Python 支持的数字类型有整型（int）、浮点型（float）、布尔型（bool）和复数（complex）。

1. 整型

通常被称为整数或整数类型，是正整数、负整数或零，不带小数点。Python 支持任意大的整数，具体可以大到什么程度仅受内存大小的限制。

整数类型除了常见的十进制整数，还有：

- 二进制。以 0b 开头，每一位只能是 0 或 1。
- 八进制。以 0o 开头，每一位只能是 0、1、2、3、4、5、6、7 这 8 个数字之一。
- 十六进制。以 0x 开头，每一位只能是 0、1、2、3、4、5、6、7、8、9、a、b、c、d、e、f 之一。

2. 浮点型

浮点型也就是实数，例如 1.23、-66.7、0.1234、5.0 等。浮点型也可以使用科学计数法表示，例如 3.5e2，等同于 3.5×10^2。

由于精度的问题，对于实数运算，可能会有一定的误差，应尽量避免在实数之间直接进行相等性测试，而是应该以二者之差的绝对值是否足够小作为两个实数是否相等的依据。

```
>>> a,b=0.6,0.2
>>> a-b==0.4
False
>>> abs(a-b-0.4)<1e-6    #abs是求绝对值的函数,1e-6表示10的-6次方
True
```

3. 布尔型

从Python 2.3开始，Python中添加了布尔类型。布尔类型有两个值：True和False。

对于值为0的数字、空集（空列表、空元组、空字典等），在Python中对应的布尔类型值都是False。

4. 复数

复数由实数部分和虚数部分构成，可以用a+bj、a+bJ或者complex(a,b)表示，复数的实部a和虚部b都是浮点型。

```
>>> x=-3+5.7j
>>> x
(-3+5.7j)
>>> x.real,x.imag          #real指实部,imag指虚部
(-3.0,5.7)
```

2.2.3 字符串

在Python中，没有字符的概念，只有字符串。即使是单个字符，也是字符串。Python使用单引号、双引号、三单引号、三双引号作为定界符来表示字符串，不同的定界符之间可以互相嵌套。其中三单引号和三双引号可以定义多行的字符串。另外，Python 3.x全面支持中文，中文和英文字母都作为一个字符对待，甚至可以使用中文作为变量名。

```
>>> a='Python'        #使用单引号作为定界符
>>> b="欢迎光临!"     #使用双引号作为定界符
>>> c='''你好,
很高兴认识你'''        #使用三单引号作为定界符
>>> d='''He said,"Thank you"'''     #不同定界符之间互相嵌套
>>> a,b,c,d
('Python','欢迎光临!','你好,\n很高兴认识你','He said,"Thank you"')
```

2.2.4 列表

列表是Python中最常用的数据类型。列表是写在方括号［］之间、用逗号分隔开的元素列表，列表可以完成大多数集合类的数据结构实现。列表中元素的类型可以不相同，它支持数字，字符串甚至可以包含列表（所谓嵌套），列表中的元素是可以改变的。

示例：

```
list1 =['baidu','google',12,34]
list2 =[1,2,3,4,5]
list3 =["a","b","c","d"]
list4 =['张三','李四',['王五','马六']]
list5 =[]        #空列表
```

列表中的每个元素都有一个序号（元素的具体位置），这个序号叫索引，索引下标从0开始，然后是1、2、3、…，依此类推。可以通过“列表名[索引下标]”的形式访问列表中的元素。

```
>>>Weekday =['Monday','Tuesday','Wednesday','Thursday','Friday']
>>>print(Weekday[0])
Monday
>>>Weekday[0] =1
>>>print(Weekday[0:3])     #输出下标从0到2之间的元素
[1,'Tuesday','Wednesday']
```

2.2.5　元组

元组与列表类似，不同之处在于元组的元素不能修改。元组写在小括号（）里，元素之间用逗号隔开，元组中的元素类型也可以不相同。元组中元素的访问和列表中的一样，都是通过下标索引进行访问操作。

示例：

```
tuple1 =('a','b','c','d','e')
tuple2 =('ab',86,2.66,'cd')
tuple3 =()        #空元组
```

注意：元组中只包含一个元素时，需要在元素后面添加逗号，否则，括号会被当作运算符使用。

```
>>>num =(67)
>>>type(num)          #不加逗号是整型
<class 'int'>
>>>num =(67,)
>>>type(TupNum)       #加上逗号是元组
<class 'tuple'>
```

2.2.6　字典

字典是Python语言中唯一的映射类型，字典用花括号{}标识，它是一个无序的“键：值”对集合。字典的关键字必须为不可变类型，也就是说，list和包含可变类型的tuple不能做关键字。在同一个字典中，关键字还必须互不相同。

示例：

```
dict1 = {'name':'John','age':21}
dict2 = {1:'a',2:'b',3:'c',4:'d'}
dict3 = {1:100,0.5:50,0:0}
dict4 = {}          #空字典
```

字典中的数据是无序排列的，字典不能像列表、元组一样用下标值做索引，可以通过“字典名[键值]”的格式对字典元素进行访问。

```
>>> d1 = {'no':'001','name':'John','age':19}
>>> print(d1['age'])          #输出键为'age'的值
19
>>> d1['age'] =20             #修改键为'age'的值
>>> print(d1)                 #输出完整的字典
{'no':'001','name':'John','age':20}
>>> print(d1.keys())          #输出所有键
dict_keys(['no','name','age'])
>>> print(d1.values())        #输出所有值
dict_values(['001','John',20])
```

2.2.7 集合

集合是由不重复元素组成的无序的集。可以使用大括号 {} 或者 set()函数创建集合。注意：创建一个空集合必须用 set()而不是 {}，因为 {} 是用来创建一个空字典的。

示例：

```
set1 = {'Tom','Mary','Jack','Rose'}
set2 = {1,2.3,'abc'}
set3 = set('12345')          #等效于 set3 = {'1','2','3','4','5'}
set4 = set()                 #空集合
```

Python 语言的集合类型同数学集合类型一样，也有求集合的并集、交集、差集、对称差集运算。

```
>>> a = set('abcdefgh')
>>> b = set('alaczm')
>>> print(a)
{'f','b','d','c','g','e','h','a'}
>>> print(b)
{'z','c','m','a','l'}
>>> print(a |b)              #a 和 b 的并集(a 或 b 中存在的元素)
{'f','b','d','c','g','e','z','h','a','l','m'}
>>> print(a & b)             #a 和 b 的交集(a 和 b 中同时存在的元素)
{'c','a'}
```

```
>>>print(a-b)              #a和b的差集(a中存在且b中不存在的元素)
{'f','b','d','g','e','h'}
>>>print(a^b)              #a和b的对称差集(a和b中不同时存在的元素)
{'f','b','d','g','e','z','h','l','m'}
```

2.2.8 数据类型转换

Python 中可以通过内置的 type()函数来查询变量所指的对象类型。

```
>>>a,b,c,d=77,3.14,True,-8+5j
>>>print(type(a),type(b),type(c),type(d))
<class 'int'> <class 'float'> <class 'bool'> <class 'complex'>
```

有时需要对对象的类型进行转换。表 2-1 所列的内置函数可以执行数据类型之间的转换。这些函数返回一个新的对象，表示转换的值。

表 2-1 数据类型转换函数

函数	描述
int(x)	将 x 转换为一个整数
float(x)	将 x 转换为一个浮点数
complex(real[,imag])	创建一个复数
str(x)	将对象 x 转换为字符串
repr(x)	将对象 x 转换为表达式字符串
eval(str)	用来计算字符串中的有效 Python 表达式，并返回一个对象
list(s)	将序列 s 转换为一个列表
tuple(s)	将序列 s 转换为一个元组
dict(d)	创建一个字典，d 必须是一个（key,value）元组序列
set(s)	转换为可变集合
frozenset(s)	转换为不可变集合
chr(x)	将一个整数转换为一个字符
ord(x)	将一个字符转换为它的整数值
bin(x)	将一个整数转换为一个二进制字符串
oct(x)	将一个整数转换为一个八进制字符串
hex(x)	将一个整数转换为一个十六进制字符串

示例：

```
>>>print(int(3.6))         #浮点数转换为整数
3
>>>print(float(57))        #整数转换为浮点数
```

```
57.0
>>> print(float('123.4'))          #字符串转换为浮点数
123.4
>>> print(complex(1.5,2))          #实数转换为复数
(1.5+2j)
>>> print(complex('36'))           #字符串转换为复数
(36+0j)
>>> str(1234)                      #整数转换为字符串
'1234'
>>> str([1,2,3])                   #列表转换为字符串
'[1,2,3]'
>>> list('12345')                  #字符串转换为列表
['1','2','3','4','5']
>>> set('1112234')                 #字符串转换为集合,自动去除重复元素
{'4','2','3','1'}
>>> chr(65)                        #返回数字 65 对应的字符
'A'
>>> ord('a')                       #返回字符的 Unicode 编码值
97
>>> bin(61)                        #整数转换为二进制字符串
'0b111101'
>>> oct(95)                        #整数转换为八进制字符串
'0o137'
>>> hex(678)                       #整数转换为十六进制字符串
'0x2a6'
```

2.3 运 算 符

程序中经常需要对数据进行运算。要进行运算，就需要用到运算符。运算符是表明做何种运算的符号。Python 中的常用运算符有算术运算符、关系运算符、逻辑运算符、位运算符、成员运算符、身份运算符和赋值运算符等。

2.3.1 算术运算符

算术运算符是对数值类型数据进行运算的符号。Python 中的算术运算符见表 2-2。

表 2-2 算术运算符

运算符	描述	实例
+	加，两个对象相加或作为取正运算符	12+23 运算结果为 35
-	减，两个对象相减或作为取负运算符	5.6-2.4 运算结果为 3.2

续表

运算符	描述	实例
*	乘，两个数相乘或是返回一个被重复若干次的字符串	2.1 * 4 运算结果为 8.4；'ab' * 3 运算结果为'ababab'
/	除，两个数相除	15/4 运算结果为 3.75
%	取模，返回整除后的余数	14%4 运算结果为 2
**	幂，返回 x 的 y 次幂	4 ** 3 为 4^3，运算结果为 64
//	取整除，取商的整数部分	9//2 运算结果为 4

2.3.2 关系运算符

关系运算符又称比较运算符，用来比较两个数据的大小。如果关系成立，运算结果为 True，否则为 False。Python 中的关系运算符见表 2－3。

表 2－3 关系运算符

运算符	描述	实例
>	大于，返回 x 是否大于 y	12 > 29 运算结果为 False
<	小于，返回 x 是否小于 y	'a' < 'b'
>=	大于等于，返回 x 是否大于等于 y	6.8 >= 10 运算结果为 False
<=	小于等于，返回 x 是否小于等于 y	5 <= 5 运算结果为 True
==	等于，比较两个对象是否相等	'A' == 'a'运算结果为 False
!=	不等于，比较两个对象是否不相等	'A' != 'a'运算结果为 True

Python 中的关系运算符可以连用，要求操作数之间必须可以比较大小。

例如：

```
6 <7 <8                    #运算结果为 True
'a' <'b' >'c'              #运算结果为 False
```

2.3.3 逻辑运算符

逻辑运算符用于实现逻辑运算，用于将多个逻辑值组成一个逻辑表达式。由于 Python 中的任何数据类型都有逻辑值，所以逻辑运算符可以对任意类型数据进行操作，运算结果也可以是任意类型。表 2－4 是各种类型数据对应的布尔值。

表 2－4 各种类型数据对应的布尔值

数据类型	False	True
整型	0	其他
浮点型	0.0	其他
字符串	''	其他

续表

数据类型	False	True
列表	[ ]	其他
元组	( )	其他
字典	{ }	其他

Python 中使用“and”“or”“not”这三个单词分别作为逻辑运算“与”“或”“非”的运算符。其中，not 为单目运算符；and 和 or 为双目运算符。3 种逻辑运算符的功能见表 2-5。

表 2-5 逻辑运算符

运算符	描述	实例
not	逻辑非，若操作数的布尔值为 False，则返回 True；否则，返回 False	not 5-3 运算结果为 False
and	逻辑与，若左操作数的布尔值为 False，则返回左操作数（若为表达式，返回计算结果）；否则，返回右操作数的执行结果	8-8 and 9 运算结果为 0；5 and 'a'运算结果为'a'
or	逻辑或，若左操作数的布尔值为 True，则返回左操作数（若为表达式，返回计算结果）；否则，返回右操作数的执行结果	0 or 3.5 运算结果为 3.5；5 >3 or 0 运算结果为 True

如果在一个逻辑表达式中同时出现了多个逻辑运算符，要考虑它们的优先级。3 种逻辑运算符的优先级为 not > and > or。

例如：

```
1 or 2 and not 3
```

该表达式等同于 1 or(2 and(not 3))。首先计算 not 3 的运算结果为 False，再计算 2 and False 的结果为 False，最后计算 1 or False 的结果为 1，所以表达式的运算结果是 1。

2.3.4 位运算符

位运算符只能用来操作整数类型，它按照整数在内存中的二进制形式进行计算。Python 中的位运算符见表 2-6。

表 2-6 位运算符

运算符	描述	实例
&	按位与，参与运算的两个值，如果两个对应的二进制位都为 1，则该位的结果为 1，否则为 0	60&13 运算结果为 12
|	按位或，只要对应的两个二进制位有一个为 1，结果位就为 1	60|13 运算结果为 61
^	按位异或，当两个对应的二进制位相同时，结果为 0；相异时，结果为 1	60^13 运算结果为 49
~	按位取反，对数据的每个二进制位取反，即把 1 变为 0，把 0 变为 1	~60 运算结果为 -61

续表

运算符	描述	实例
≪	左移，把≪左边的运算数的各二进制位全部左移若干位，≪右边的数字指定移动的位数，高位丢弃，低位补0	60 << 2 运算结果为240
≫	右移，把≫左边的运算数的各二进制位全部右移若干位，≫右边的数字指定移动的位数，低位丢弃，高位补0	60 ≫2 运算结果为15

例如：

60的二进制数是00111100，13的二进制数是00001101，60 & 13 = 00111100 & 00001101 = 00001100，运算结果对应的十进制数是12。

60|13 = 00111100|00001101 = 00111101，运算结果对应的十进制数是61。

60^13 = 00111100^00001101 = 00110001，运算结果对应的十进制数是49。

~60 = ~00111100 = 11000011，运算结果对应的十进制数是 -61。

60 ≪2，把00111100左移两位得到11110000，运算结果对应的十进制数是240。

60 ≫2，把00111100右移两位得到00001111，运算结果对应的十进制数是15。

2.3.5 成员运算符

成员运算符用于成员测试，即测试一个对象是否包含另一个对象。Python中的成员运算符见表2-7。

表2-7 成员运算符

运算符	描述	实例
in	如果在指定的序列中找到值，返回True；否则，返回False	x in y，如果x在y序列中，运算结果为True；否则，为False
not in	如果在指定的序列中没有找到值，返回True；否则，返回False	x not in y，如果x不在y序列中，运算结果为True；否则，为False

例如：

`'stu' in 'student'`，运算结果是True。

`'a' not in 'student'`，运算结果是True。

6 in range(1,10)，运算结果是True。

6 in[1,2,3,4,5]，运算结果是False。

2.3.6 身份运算符

Python的身份运算符主要用于判断两个变量是否引用自同一个对象。Python中的身份运算符见表2-8。

表 2-8 身份运算符

运算符	描述	实例
is	is 判断两个标识符是不是引用自一个对象	x is y，类似 id(x) == id(y)。如果引用的是同一个对象运算，结果为 True；否则，为 False
is not	is not 判断两个标识符是不是引用自不同对象	x is not y，类似 id(a) != id(b)。如果引用的不是同一个对象，运算结果为 True；否则，为 False
注：id()函数用于获取对象的内存地址。		

例如：

```
num1 =100
num2 =100
print(num1 is num2)
```

代码运行后，输出 True。

注意区分身份运算符和比较运算符。简单来说，身份运算符的“is”用于判断两个变量引用对象是否为同一个（同一块内存空间），比较运算符的“==”用于判断两个变量的值是否相等。

2.3.7 赋值运算符

赋值运算符主要用于给变量赋值。Python 中的赋值运算符见表 2-9。

表 2-9 赋值运算符

运算符	描述	实例
=	简单的赋值运算符	c = a + b 表示将 a + b 的运算结果赋值给 c
+=	加法赋值运算符	c += a 等效于 c = c + a
-=	减法赋值运算符	c -= a 等效于 c = c - a
*=	乘法赋值运算符	c *= a 等效于 c = c * a
/=	除法赋值运算符	c/= a 等效于 c = c/a
%=	取模赋值运算符	c%= a 等效于 c = c% a
**=	幂赋值运算符	c **= a 等效于 c = c ** a
//=	取整除赋值运算符	c//= a 等效于 c = c//a

Python 中的赋值运算符支持连续赋值。例如：

```
a =b =c =100
```

=具有右结合性，从右向左分析这个表达式：c = 100 表示将 100 赋值给 c，所以 c 的值是 100；同时，c = 100 这个子表达式的值也是 100。b = c = 100 表示将 c = 100 的值赋给 b，因此 b 的值也是 100。依此类推，a 的值也是 100。所以，最终结果就是 a、b、c 三个变量的值都是 100。

也可以同时给多个变量赋不同的值。例如：

a,b,c = 1,2.3,"john"等效于 a = 1,b = 2.3,c = "john"。

例如：

```
>>> a,b = 7,9
>>> a,b
(7,9)
>>> a,b = b,a
>>> a,b
(9,7)
```

2.3.8　运算符的优先级

运算符的优先级决定了当多个运算符同时出现在一个表达式中时，运算符执行的先后顺序。Python 中运算符的优先级由高到低见表 2-10。

表 2-10　运算符优先级

优先级	运算符	运算符描述
高	**	幂
↓	~	按位取反
	+、-	正号、负号
	*、/、//、%	乘、除、取整除、取模
	+、-	加、减
	>>、<<	右移、左移
	&	按位与
	^	按位异或
	|	按位或
	>、>=、<、<=	大于、大于等于、小于、小于等于
	==、!=、	等于、不等于
	=、+=、-=、*=、/=、%=、**=、//=	赋值运算符
	is、is not	身份运算符
	in、not in	成员运算符
	not	逻辑非
	and	逻辑与
低	or	逻辑或

2.4　综合案例

【例 2-1】从键盘输入两个小数，计算它们的和、差、积、商并输出。

基本思路：定义两个变量 num1、num2 来存储两个小数，定义变量 result 来存储运算结果。键盘输入的数据本质是字符串，要通过 float 函数转为实数，然后才能进行和、差、积、商运算。

```
#计算两个小数的和、差、积、商
>>> num1 = float(input("请输入第一个数字:"))
请输入第一个数字:12.3
>>> num2 = float(input("请输入第二个数字:"))
请输入第二个数字:4.6
>>> result = num1 + num2
>>> print("两个数字的和是:",result)
两个数字的和是:16.9
>>> result = num1 - num2
>>> print("两个数字的差是:%f" % result)
两个数字的差是:7.700000
>>> result = num1* num2
>>> print("两个数字的积是:%f" % result)
两个数字的积是:56.580000
>>> result = num1/num2
>>> print("两个数字的商是:%f" % result)
两个数字的商是:2.673913
```

2.5 习　　题

一、填空题

（1）Python 语言常用的输出函数是________，输入函数是________。

（2）表达式 a = 3.89 中的 a 被称为________。

（3）[1,2.3,4.5,67] 是________类型的数据。

（4）{1:'A',2:'B',3:'C',4:'D'} 是________类型的数据。

（5）语句 a = {} 创建了一个________。

（6）Python 运算符中用来计算整商的是________。

（7）表达式 {3,4,5,6} - {1,2,3,4} 的值为________。

（8）________函数可以将一个整数字符串转换成整数。

（9）如果 a = 1、b = 2、c = 3，那么 a or b < c 的运算结果是________。

（10）如果 a = 1、b = 2、c = 3，那么 a > b or b < c and c < a 的运算结果是________。

二、判断题

（1）0o359 是一个合法的八进制数字。　　（　　）

（2）使用 Python 变量前，必须先声明。　　（　　）

（3）不能在程序中改变 Python 变量的类型。（　　）

（4）Python 中的取模运算符“%”的操作数必须是整数。（　　）

（5）Python 的字符串中如果只有一个字符，被视作字符类型。（　　）

三、程序设计题

（1）输入一个矩形的长和宽，计算矩形的面积。

（2）输入一个学生语文、数学、英语三门课的成绩，计算总分和平均分。

（3）输入一个大写字母，输出该大写字母对应的小写字母。

模块 3

Python 流程控制

在表达特定的业务逻辑时，不可避免地要使用选择结构和循环结构，并且在必要时还会对这两种结构进行嵌套。在本模块中，除了介绍这两种结构的用法之外，还对前两个模块学过的内容通过案例进行了知识的拓展。

本模块学习目标

- 熟练运用常用的选择结构
- 熟练运用 for 循环和 while 循环
- 理解带 else 子句的循环结构执行过程
- 理解 break 和 continue 语句在循环中的作用

3.1 选择结构

在登录邮箱时，如果用户名和密码正确，则登录邮箱成功；否则，屏幕会显示“用户名或密码错误”，需要重新输入。这种根据条件来做出判断的例子，在程序编写中，选择结构程序可以实现这一判断功能。

选择结构通过判断条件是否成立，来决定执行哪个分支。选择结构有多种形式，分为单分支选择结构、双分支选择结构、多分支选择结构。

3.1.1 单分支选择结构

if 语句单分支结构的语法形式如下：

```
if 条件表达式:
    语句/语句块
```

当条件表达式结果为 True 时，执行语句块；否则，该语句块将不被执行，继续执行后面的代码。如图 3-1 所示。

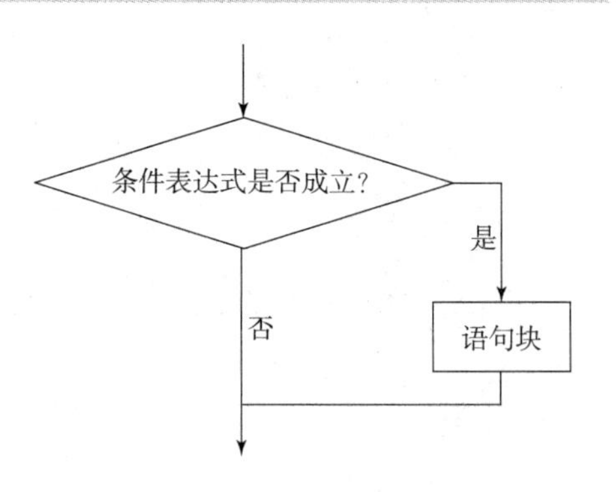

图 3-1 单分支选择结构

其中：

- if 语句末尾的冒号不能省略。
- 条件表达式：可以是逻辑表达式、关系表达式、算术表达式等所有的合法表达式；也可以是各种类型的数据，对于数值型数据（int、float、complex），非零为真，零为假，对于字符串或者集合类数据，空字符串和空集合为假，其余为真。
- 语句/语句块：可以是一条语句，也可以是多条语句。对于多条语句，缩进必须对齐一致。
- 条件表达式中，不能有赋值操作符“=”。在 Python 中，条件表达式不能出现赋值操作符“=”，避免了其他语言中经常误将关系运算符“==”写作赋值运算符“=”带来的困扰。表达式使用“=”将会报语法错误。

【例 3-1】 从键盘上输入三个数，将最大的数输出。

```
a=eval(input("请输入第一个数:"))
b=eval(input("请输入第二个数:"))
c=eval(input("请输入第三个数:"))
if a>b:
    b=a
if b>c:
    c=b
print("最大值为:{:}".format(c))
```

【运行结果】

```
请输入第一个数:56
请输入第二个数:78
请输入第三个数:8
最大值为:78
```

注意：a = eval(input("请输入一个整数:")) 语句中使用了 eval( ) 函数和 input( ) 函数。input( ) 函数接受一个标准输入数据，返回为 string 类型；eval( ) 函数将去掉字符串的两个引号，将其解释为一个数值。

3.1.2 双分支选择结构

if 语句双分支选择结构的语法形式如下：

```
if 条件表达式:
    语句块 1
else:
    语句块 2
```

当条件表达式结果为 True 时，执行语句块 1；否则，执行语句块 2。如图 3 -2 所示。

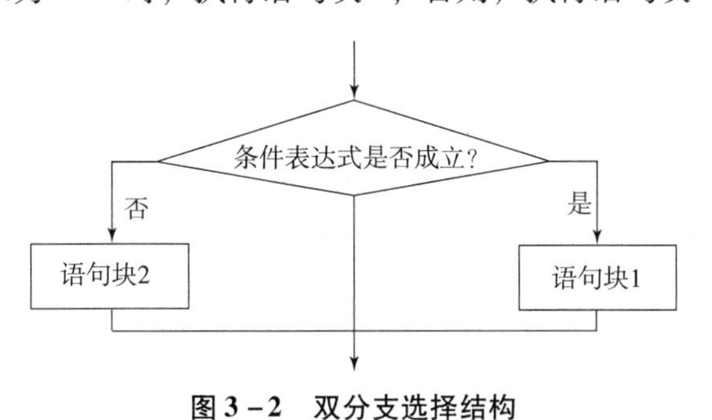

图 3 -2 双分支选择结构

【例 3 -2】 从键盘上输入一个整数，判断输入的数值是正数还是负数。

```
a =eval(input("请输入一个整数:"))
if a >=0:
    print("您输入了一个正数")
else:
    print("您输入了一个负数")
```

【运行结果】

```
请输入一个整数:7
您输入了一个正数
```

备注：Python 中有一个三目运算符，可以实现与双分支类似的效果。三目运算符的语法形式：

```
value1 if condition else value2
```

当 condition 成立时，返回 value1 的值；反之，返回 value2 的值。

【例 3 -3】用三目运算符表示。

```
a=eval(input("请输入一个整数:"))
print("您输入了一个正数")if a>0 else print("您输入了一个负数")
```

【运行结果】

```
请输入一个整数:-6
您输入了一个负数
```

3.1.3 多分支选择结构

多分支选择结构的语法格式如下：

```
if 条件表达式 1:
    语句块 1
elif 条件表达式 2:
    语句块 2
elif 条件表达式 3:
    语句块 3
…
else:
    语句块 n
```

当满足条件表达式 1 时，执行语句 1；不满足条件表达式 1，但满足条件表达式 2 时，执行语句 2；不满足条件表达式 1 和条件表达式 2，但满足条件表达式 3 时，执行语句 3；依此类推，当所有条件都不满足时，执行语句块 n。如图 3 -3 所示。

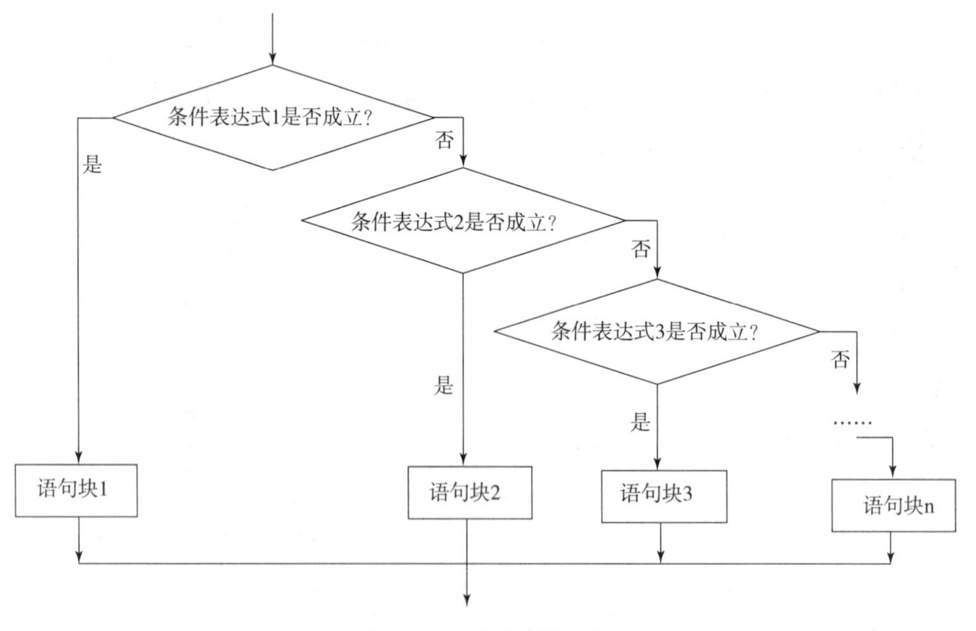

图 3 -3 多分支选择结构

其中：

- elif 是 else if 的缩写；
- 多分支结构，几个分支之间是有逻辑关系的，不能随意颠倒顺序。

【例3-4】 用多分支结构处理身体指标 BMI 问题。BMI（Body Mass Index，身体质量指标）是国际上常用的衡量人体肥胖和健康状况的标准（表3-1）。

$$BMI = 体重(kg)/身高^2(m^2)$$

表3-1 BMI国际标准

分类	国际BMI值
偏瘦	<18.5
正常	18.5~25
偏胖	25~30
肥胖	≥30

```
height = eval(input("请输入身高(米)"))
weight = eval(input("请输入体重(千克)"))
bmi = weight/pow(height,2)
print("BMI 的值为:{:.2f}".format(bmi))
index = ""
if bmi <18.5:
    index = "偏瘦"
elif 18.5 <= bmi <25:
    index = "正常"
elif 25 <= bmi <30:
    index = "偏胖"
else:
    index = "肥胖"
print("BMI 的值为:国际标准{0}".format(index))
```

【运行结果】

```
请输入身高(米)1.75
请输入体重(千克)66
BMI 的值为:21.55
BMI 的值为:国际标准  正常
```

3.1.4 选择结构的嵌套

在 if…else 语句的缩进块中可以包含其他 if…else 语句，称为嵌套 if…else 语句。在嵌套的选择结构中，根据对齐的位置来进行 else 与 if 的配对。语法格式如下：

```
if 条件表达式1:
    语句块1
```

```
    if 条件表达式2:
        语句块2
    else:
        语句块3
else:
    if 条件表达式4:
        语句块4
```

条件表达式1为真时，执行语句块1，然后判断条件表达式2；条件表达式2为真时，执行语句块2，否则执行语句块3。

条件表达式1为假时，判断条件表达式4；条件表达式4为真时，执行语句块4，否则结束整个选择结构。

上面语法中if和else的隶属关系如图3－4所示。最外层1是双分支if…else语句；内层2分为上、下两部分，上面的部分是双分支if…else语句，下面的部分是单分支if语句。

注意：使用选择结构的嵌套语句时，一定要严格控制好不同级别代码块的缩进量，代码块的缩进量决定了不同代码块的从属关系和业务逻辑是否被正确的实现，以及代码是否能被python正确理解和执行。

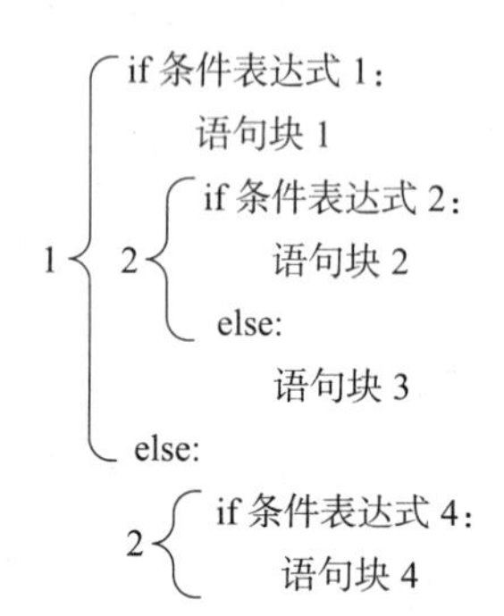

图3－4　嵌套语句if和else的隶属关系

【例3－5】 输入一个分数，判断分数的等级并输出，输入数据小于0大于100，输出“成绩不合法，请重新输入”；90以上是A，80以上是B，70以上是C，60以上是D，60以下是E。

```
score = int(input("请输入一个成绩:"))
grade = "ABCD"
if score < 0 or score > 100:
    print("成绩不合法,请重新输入")
else:
    num = score//10
    if num > 6:
        print("成绩是:{0} -- 等级是:{1}".format(score,grade[9 - num]))
    else:
        print("成绩是:{0} -- 等级是:E".format(score))
```

【运行结果】

第一种情况：

```
请输入一个成绩:200
成绩不合法,请重新输入
```

第二种情况：

```
请输入一个成绩:85
成绩是:85 -- 等级是:B
```

第三种情况：

```
请输入一个成绩:37
成绩是:37 -- 等级是:E
```

注意：以上实例使用了两个双分支语句嵌套，选择结构的嵌套语句形式不唯一，可以根据需要设计嵌套方式。

3.2 循环结构

日常生活中，有许多具有规律性的重复操作，如一年春、夏、秋、冬四季，就是按照顺序不断重复出现的；每周七天，从周日、周一、周二……直到周六，也是循环出现的。

循环结构是在一定条件下反复执行某段程序的流程结构。循环语句是由循环体及循环的终止条件两部分组成的，被反复执行的程序称为循环体，循环的终止条件决定循环体能否继续执行。

3.2.1 for 循环和 while 循环

Python 中主要有两种循环结构：while 循环和 for 循环。

1. for 循环

for 循环一般用于循环次数可以提前确定的情况，尤其适用于枚举和遍历序列或者迭代对象中元素的场合，常用于遍历字符串、列表、元组、字典、集合等序列类型，逐个获取序列中的各个元素。

for 循环语法结构：

```
for 循环变量 in 序列:
    循环体
```

for 循环又称遍历循环，由保留字 for 和 in 组成，完整遍历所有元素后结束。每次循环所获得元素放入循环变量，并执行一次语句。for 循环执行流程如图 3-5 所示。

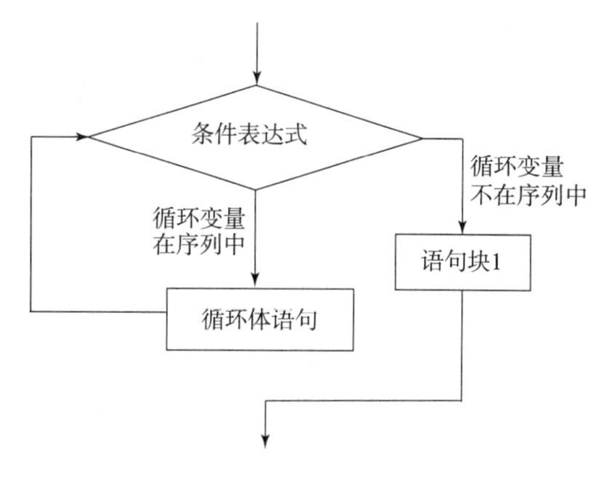

图 3-5 for 循环执行流程

【例 3-6】使用 for 循环计算 1 ~ 100 的整数的和。

```
sum=0
for i in range(1,101):
    sum+=i
print("1~100 的和是:{0}".format(sum))
```

【运行结果】

```
1~100 的和是:5050
```

注意:

range()函数是Python内置函数,用于生成一系列连续整数,语法格式为range(start,stop[,step]),多用于for循环中。range(1,101)等价于range(101),产生1~100序列值,不包括101。range(0,30,5)步长为5,产生序列[0,5,10,15,20,25]。

思考:

要求出1~100所有奇数(偶数)的和,应该如何修改例3-6的代码中的range(1,101)?

2. while循环

while循环一般用于循环次数难以提前确定的情况,也可以用于循环次数确定的情况。

while循环和if条件分支语句类似,即在条件(表达式)为真的情况下,会执行相应的代码块。不同之处在于,只要条件为真,while就会一直重复执行那段代码块。

while语句的语法格式如下:

```
while 条件表达式:
    循环体
```

当条件表达式的值为真时,执行循环体中的语句,执行完毕后,再去重新判断条件表达式的值是否为真,若仍为真,则继续重新执行循环体,直到条件表达式的值为假,才终止循环。

当条件表达式的值为假时,跳过循环体语句,执行while循环的后续语句。

while循环结构的执行流程如图3-6所示。

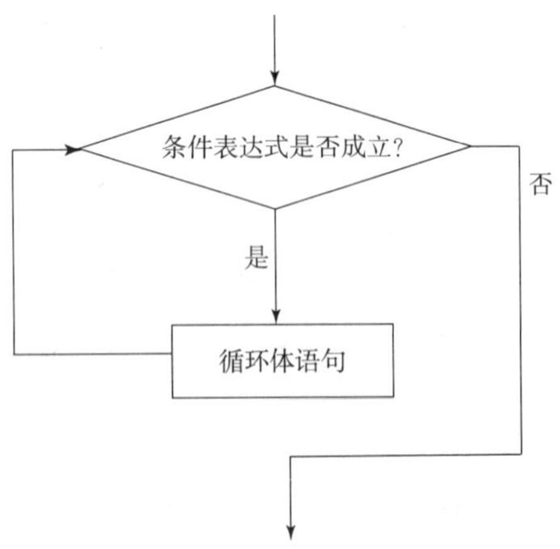

图3-6 while循环结构的执行流程

【例 3-7】使用 while 循环计算 1~100 的整数的和。

```
sum = 0
i = 0
while(i <= 100):
    sum = sum + i
    i = i + 1
print("1 - 100 的和:{0}".format(sum))
```

【运行结果】

```
1 ~ 100 的和:5050
```

i = i + 1 代表循环变量的步长为 1，如果将 i = i + 1 改为 i = i + 2，循环变量的步长为 2，求出的是 1 - 100 的所有奇数的和。

思考：

要求出 1~100 所有偶数的和，应该如何修改例 3-7 中的代码？

3. 循环结构中 else 用法

无论是 while 循环还是 for 循环，其后都可以紧跟着一个 else 代码块，它的作用是当循环条件为 False，跳出循环时，程序会最先执行 else 代码块中的代码。其语法结构为：

```
for 循环变量 in 序列:
    循环体
[else:
    else 子句代码块]
```

```
while 条件表达式:
    循环体
[else:
    else 子句代码块]
```

修改例 3-7 的代码，添加 else 代码块：

```
sum = 0
i = 0
while(i <= 100):
    sum = sum + i
    i = i + 1
else:
print("1 - 100 的和:{0}".format(sum))
```

else 代码块的用法会在讲解 break 语句时具体介绍。

【运行结果】

```
1 ~ 100 的和:5050
```

程序运行结果没有变化，读者可能会觉得 else 代码块并没有什么具体作用，因为 while 循环之后的代码即使不添加 else 代码块中，也会被执行。那么，else 代码块真的没有用吗？当然不是。else 代码块的用法会在讲解 break 语句时具体介绍。

3.2.2 break 与 continue

在执行 while 循环或者 for 循环时，只要条件表达式的值为真（True），程序就会一直执行循环体。但在某些场景，可能希望在循环结束前就强制结束循环，Python 提供了两种强制离开当前循环体的办法：break 语句和 continue 语句。

- break 语句用来提前结束 break 语句所属层次的循环，即使循环条件没有 False 条件或者序列还没被完全递归完，也会停止执行循环语句。
- continue 语句用来跳过当前循环的剩余语句，然后继续进行下一轮循环。

1. break 语句

通过例 3－8 看一下 break 语句的使用方法。

【例 3－8】将给定的字符串中的每个字符单独输出，遇到字符'h'时，停止输出，并输出“字符串中有字符'h'，输出终止!”，如果字符串中没有字符'h'，则输出“输出字符串中没有字符'h'，所有字符已输出!”。

```
str=input("请输入一个字符串:")
isfind=False
for s in str:
    if s=='h':
        isfind=True
    print("字符串中有字符'h',输出终止!")
    break
print("当前字母:{0}".format(s))
if not isfind:
    print("输出字符串中没有字符'h',所有字符已输出!")
```

【运行结果】

```
请输入一个字符串:python
当前字母:p
当前字母:y
当前字母:t
字符串中有字符'h',输出终止!
请输入一个字符串:program
当前字母:p
当前字母:r
当前字母:o
当前字母:g
当前字母:r
当前字母:a
当前字母:m
输出字符串中没有字符'h',所有字符已输出!
```

通过例3-8可以看出，字符串“python”只输出了前三个字母，因为第四个字母满足了if语句的条件，执行了break语句，结束了整个for循环，所以后面的字母都没法输出。

字符串“program”中的全部字符都输出，因为“program”中不包含字符'h'，不满足if语句的条件，break语句不会被执行，所以“program”中的所有字母都被输出。

修改例3-8的代码，使用for循环和else语句搭配。

```
str=input("请输入一个字符串:")
for s in str:
    if s=='h':
        print("字符串中有字符'h',输出终止!")
        break
    print("当前字母:{0}".format(s))
else:
    print("输出字符串中没有字符'h',所有字符已输出!")
```

通过运行程序发现，运行结果和例3-8一样。不难发现相较于传统的for循环写法，带else语句的写法更加简洁，并且少了isFound这个变量及跳出循环后的这个if判断语句。

总结：

- for里面的语句和普通的（没有else的for语句）没有区别。
- else中的语句会在循环正常执行完后执行。
- 当for中语句通过break跳出而中断时，不会执行else。

while…else结构也符合上述条件。

2. continue语句

对例3-8的代码进行修改，将break语句改成continue语句，通过运行结果对比，看一下break语句改成continue语句的区别。

```
str=input("请输入一个字符串:")
isfind=False
for s in str:
    if s=='h':
        isfind=True
        print("字符串中有字符'h',已跳过!")
        continue
    print("当前字母:{0}".format(s))
if not isfind:
    print("输出字符串中没有字符'h',所有字符已输出!")
```

【运行结果】

break语句：

```
请输入一个字符串:python
当前字母:p
```

```
当前字母:y
当前字母:t
字符串中有字符'h',输出终止!
```

continue 语句:

```
请输入一个字符串:python
当前字母:p
当前字母:y
当前字母:t
字符串中有字符'h',已跳过!
当前字母:o
当前字母:n
```

通过运行结果对比可以看出，当循环过程中，满足特定的条件后，执行 break 语句是结束整个循环，而执行 continue 语句是结束当次循环，进入下一次循环。

3.3 综合案例

【例 3 –9】根据输入的年份是否是闰年进行判断，输出对应的结果。例如，输入：1980，输出：1980 年是闰年。

```
year = int(input("请输入您要判断的年份:"))
if((year%4 ==0 and year%100!=0)or(year%400 ==0)):
    str = "是"
else:
    str = "不是"
print("{0}年{1}闰年". format(year,str))
```

【运行结果】

```
请输入您要判断的年份:1980
1980 年是闰年
```

备注：

判断闰年的条件“四年一闰，百年不闰，四百年再闰”，即能被 4 整除，但是不能被 100 整除，或者能被 400 整除的就是闰年。

【例 3 –10】一个 5 位数，判断它是不是回文数。如 12321 是回文数，个位与万位相同，十位与千位相同。

```
    ans = ["是","不是"]
i = int(input("请输入一个五位数:"))
if i <10000 or i >99999:
    print("您输入的数据不是五位数")
else:
```

```
    i = str(i)
    flag = 0
    for j in range(0,2):
        if i[j] != i[4 - j]:
            flag = 1
            break
print("{0}{1}回文".format(i,ans[flag]))
```

【运行结果】

```
请输入一个五位数:67876
67876 是回文
>>>
请输入一个五位数:12345
12345 不是回文
>>>
请输入一个五位数:999999
您输入的数据不是五位数
>>>
```

【例 3-11】输入一行字符，分别统计出其中英文字母、空格、数字和其他字符的个数。

```
import string
s = input("请输入一个字符串:")
letter = 0
space = 0
digit = 0
other = 0
for c in s:
    if c.isalpha():
        letter += 1
    elif c.isspace():
        space += 1
    elif c.isdigit():
        digit += 1
    else:
        other += 1
print("字母个数:%d\n 空格个数:%d\n 数字个数:%d\n 其他符号个数:%d\
n"%(letter,space,digit,other))
```

【运行结果】

```
请输入一个字符串:#my name is lily,I am 10 years old!!!
```

```
字母个数:23
空格个数:7
数字个数:2
其他符号个数:5
```

备注:

import string 就是引入 string 模块，使得可以调用与字符串操作相关的函数。例 3－11 调用了 string 模块中的函数 isalpha( )、isspace( )、isdigit( )，分别用于判断字符是否是字母、空格、数字。

【例 3－12】 判断 101～200 之间有多少个素数，并输出所有素数。

```
from math import sqrt
print("101 ~200 的素数:\n")
for i in range(101,201):
    flag =1
    k =int(sqrt(i))
    for j in range(2,k +1):
    if i%j ==0:
        flag =0
        break
if flag ==1:
    print(i,end =' ')
```

【运行结果】

```
101 ~200 的素数:
101 103 107 109 113 127 131 137 139 149 151 157 163 167 173 179 181 191
193 197 199
```

备注:

- 素数：是指除了 1 和它本身之外没有任何因子的数。所以求素数的基本思路是用 2～N－1 中的每个数去除以 N，如果能除尽，说明它不是素数。如果一个数能被 M 整除，那么它一定能被 sqrt(M) 整除，所以判断素数的除数范围可以缩小到 2～sqrt(N)，从而减少程序的循环次数，提高程序的执行效率。
- from math import sqrt：从 math 即数学库中导入用于开根运算的方法 sqrt( )。

3.4 习　　题

1. 输出 1～100 之间，能被 7 整除，但不能同时被 5 整除的所有整数。

2. 有一分数序列：2/1、3/2、5/3、8/5、13/8、21/13、…求出这个数列的前 20 项之和。

3. 编写程序，打印出所有的“水仙花数”。所谓水仙花数，是指一个三位数，其各位数字立方和等于该数本身。例如，153 是一个“水仙花数”，因为 $153 = 1^3 + 5^3 + 3^3$。

4. 猜数游戏。在程序中预设一个0～9之间的整数，让用户通过键盘输入所猜数字，如果大于预设的数，显示“遗憾，太大了”；如果小于预设的数，显示“遗憾，太小了”；如此循环，直至猜到该数，显示“预测N次，你猜中了!”，其中N是用户输入数字的次数。

模块 4

Python 序列

Python 序列（Sequence）是指按特定顺序依次排列的一组数据，它们可以占用一块连续的内存，也可以分散到多块内存中。在 Python 编程中，既需要独立的变量来保存一份数据，也需要序列来保存大量数据。熟练运用这些结构，可以更加快捷地解决问题。本模块将详细介绍列表（list）、元组（tuple）、字典（dict）、集合（set）这几种常用的序列。

本模块学习目标

- 掌握列表、元组、字典和集合的创建和使用
- 掌握列表、元组、字典和集合的操作
- 理解列表推导式、生成器表达式的工作原理
- 理解切片操作
- 掌握序列解包的用法

4.1 序列概述

序列是一种数据存储方式，用来存储一系列的数据，在内容中，序列就是一块用来存放多个值的连续的内存空间，这些值按一定顺序排列，可通过每个值所在位置的编号（称为索引）访问它们。

Python 中的序列结构包括列表、元组、字典和集合。列表和元组比较相似，它们都按顺序保存元素，所有的元素占用一块连续的内存，每个元素都有自己的索引，因此列表和元组的元素都可以通过索引（index）来访问。它们的区别在于：列表是可以修改的，而元组是不可修改的。字典和集合存储的数据都是无序的，每份元素占用不同的内存，其中字典元素以 key - value 的形式保存。

字符串也是一种常见的序列，Python 中序列支持以下几种通用的操作，但集合和字典不支持索引、切片、相加和相乘操作。

4.1.1 序列索引

序列中每个元素都有属于自己的编号（索引）。从起始元素开始，索引值从 0 开始递增，如图 4 – 1 所示。

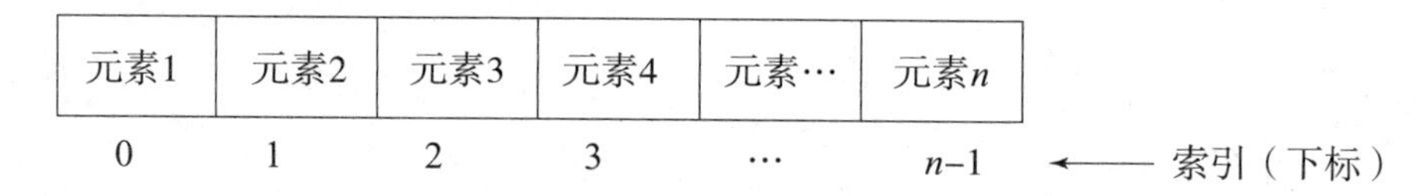

图 4 – 1　序列索引值示意图

除此之外，Python 还支持索引值是负数，此类索引从右向左计数，换句话说，从最后一个元素开始计数，索引值从 – 1 开始，如图 4 – 2 所示。

元素1	元素2	元素3	元素…	元素–1	元素n	
$-(n-1)$	$-(n-2)$	$-(n-3)$	…	–2	–1	←—— 索引（下标）

图 4 – 2　负值索引示意图

注意，在使用负值作为列序中各元素的索引值时，是从 – 1 开始，而不是从 0 开始。

无论是采用正索引值，还是负索引值，都可以访问序列中的任何元素。以字符串为例，访问“Python”的首元素和尾元素，可以使用如下代码：

```
>>> s = "Python"
>>> print(s[0]," == ",s[ -6])  #下标为 0 或 -6 的元素,第一个元素
P == P
>>> print(s[5]," == ",s[ -1])  #下标为 5 或 -1 的元素,最后一个元素
n == n
```

4.1.2 序列的内置函数

Python 提供了几个内置函数，见表 4－1，可用于实现与序列相关的一些常用操作。

表 4－1 序列相关的内置函数

方法	功能说明
len()	计算序列的长度，即返回序列中包含多少个元素
max()	找出序列中的最大元素
min()	找出序列中的最小元素
list()	将序列转换为列表
str()	将序列转换为字符串
sum()	计算元素和
sorted()	对元素进行排序
reversed()	反向序列中的元素
enumerate()	将序列组合为一个索引序列，多用在 for 循环中

```
>>> x = [1,2,3,4]
>>> sum(x)                #求所有元素的和
10
>>> max(x)                #最大值
4
>>> min(x)                #最小值
1
>>> len(x)                 #列表元素个数
4
>>> list("Python")         #字符串转换为列表
['P','y','t','h','o','n']
>>> list(enumerate(x))      #把 enumerate 对象转换为列表
                           #也可以转换成元组、集合等
[(0,1),(1,2),(2,3),(3,4)]
```

4.2 列　　表

列表是有序可变序列，包含若干元素的有序连续内存空间。在形式上，列表的所有元素都放在一对方括号中，相邻元素之间用逗号分隔，如下所示：

```
[元素 1,元素 2,元素 3,... ,元素 n]
```

格式中，元素 1 ~ 元素 n 表示列表中的元素，个数没有限制，元素类型可以是 Python 支持的任意类型。如果只有一对方括号而没有任何元素，则表示空列表。

在内容上，列表可以存储整数、小数、字符串、列表、元组等任何类型的数据，并且同一个列表中元素的类型也可以不同。例如：

```
["Python",1,[2,3,4],3.0]
```

尽管列表中可以存储字符串、整数、列表、浮点数等不同类型的数据，但是在开发中，更多的应用场景是：列表存储相同类型的数据，提高程序的可读性；通过迭代遍历，在循环体内部，针对列表中的每一项元素执行相同的操作。

列表对象常用方法见表4-2。

表4-2　列表对象常用方法

方法	分类	功能说明
append(x)	增加	将元素 x 追加至列表尾部
extend(aList)		将列表 aList 中的所有元素追加至列表尾部
insert(index,x)		在列表 index 位置处插入元素 x，该位置后面的所有元素后移并且列表中的索引加 1。如果 index 为正数且大于列表长度，则在列表尾部追加 x，如果 index 为负数且小于列表长度的相反数，则在列表头部插入元素 x
remove(x)	删除	在列表中删除首次出现的指定元素 x，该元素之后所有元素前移并且索引减 1，如果列表中不存在 x，则抛出异常
pop([index])		删除并返回列表中下标为 index 的元素，如果不指定 index，则默认为 -1，弹出最后一个元素；如果弹出中间位置的元素，则后面的元素索引减 1；如果 index 不是 [-L,L] 区间上的整数，则抛出异常
clear()		清空列表，删除列表中所有元素，保留列表对象
index(x)	查询	返回列表中第一个值为 x 的元素的索引，若不存在值为 x 的元素，则抛出异常
count(x)		返回元素 x 在列表中出现的次数
reverse()	排序	对列表所有元素进行原地逆序，首尾交换
sort(key = None, reverse = False)		对列表中的元素进行原地排序，key 用来指定排序规则，reverse 为 False 表示升序，为 True 表示降序

4.2.1　列表创建和访问

1. 列表创建

在 Python 中，创建列表的方法可分为两种。

(1) 使用 [ ] 直接创建列表

使用 [ ] 创建列表后，一般使用 = 将它赋值给某个变量，具体格式如下：

```
变量名=[元素1,元素2,元素3,...,元素n]
```

```
>>>x=[10,20,"Python",2.5,5]
>>>y=['a','b','c','d']
>>>z=[]              #创建空列表对象 z
```

经常用 list 代指列表，这是因为列表的数据类型就是 list。

```
>>>type(z)       #通过 type()函数查看列表对象 z 的数据类型
<class 'list'>
```

（2）使用 list( )函数创建列表

Python 提供了一个内置的函数 list( )，将元组、range 对象、字符串、字典、集合或其他可迭代对象转换为列表。

```
>>>list("hello")                          #将字符串转换成列表
['h','e','l','l','o']
>>>list(('Python','Java','JSP'))              #将元组转换成列表
['Python','Java','JSP']
>>>list({'name':'zhangsan','id':1,'score':98}.items())
#将字典的元素转换成列表
[('name','zhangsan'),('id',1),('score',98)]
>>>list(range(1,8,2))                       #将 range 对象转换成列表
[1,3,5,7]
>>>emptylist=list()                        #创建空列表
```

2. 列表访问

列表是有序序列，可以使用索引访问列表中的某个元素（得到的是一个元素的值），还可以使用切片访问列表中的一组元素（得到的是一个新的子列表），还可以使用 for 循环访问列表中的所有元素。这里主要介绍索引和 for 循环访问列表。

（1）使用索引访问列表元素的格式

```
listname[i]
```

其中，listname 表示列表名字，i 表示索引值。列表的索引可以是正数，也可以是负数。

```
>>>x=list("hello")
>>>x
['h','e','l','l','o']
>>>x[0]                      #使用正数索引,下标为 0 的元素,第一个元素
'h'
>>>x[-1]                       #使用负数索引,下标为 -1 的元素,最后一个元素
'o'
>>>x[8]                      #超出列表索引范围则报错
IndexError:list index out of range
```

注意：访问列表元素时，如果使用赋值运算符“ =”，则修改列表元素的值。

```
>>> x[2]=6                    #使用正数索引
>>> x
['h','e',6,'l','o']
>>> x[-2]='m'                 #使用负数索引
>>> x
['h','e',6,'m','o']
```

（2）使用 for 循环遍历列表中所有元素的语法格式

```
for 迭代变量 in 列表:
    代码块
>>> nameList=["zhangsan","lisi","wangwu"]
>>> for name in nameList:
    print("姓名:"+name)
```

运行结果如下：

```
姓名:zhangsan
姓名:lisi
姓名:wangwu
```

3. 列表删除

对于已经创建的列表，如果不再使用，可以使用 del 关键字将其删除。

实际开发中并不经常使用 del 来删除列表，因为 Python 自带的垃圾回收机制会自动销毁无用的列表，即使开发者不手动删除，Python 也会自动将其回收。

del 关键字的语法格式为：

```
del listname
```

其中，listname 表示要删除列表的名称。

```
>>> a=[1,2,3]
>>> del a                                  #删除列表对象
>>> a                                      #对象删除后无法再访问,抛出异常
NameError:name 'a' is not defined
```

4.2.2 列表添加元素

使用 + 运算符可以将多个序列连接起来，列表是序列的一种，所以也可以使用 + 进行连接，这样就相当于在第一个列表的末尾添加了另一个列表。+ 更多的是用来拼接列表，并且执行效率并不高，如果想在列表中插入元素，应该使用 Python 提供的方法。

1. append( ) 方法用于向列表尾部追加一个元素

append( ) 方法的语法格式为：

```
listname.append(obj)
```

其中，listname 表示要添加元素的列表；obj 表示要添加到列表末尾的数据，它可以是单个元素，也可以是列表、元组等。

```
>>> x=[1,2,3,4]
>>> x.apppend(5)                #在尾部追加元素
>>> x.append([6,7])             #列表[6,7]视为一个整体,添加到列表尾部
>>> x
[1,2,3,4,5,[6,7]]
```

当给 append( )方法传递列表或者元组时，此方法会将它们视为一个整体，作为一个元素添加到列表中，从而形成包含列表和元组的新列表。

2. extend( )方法用于将另一个列表中所有元素追加至列表尾部

extend( )和 append( )的不同之处在于：extend( ) 不会把列表或者元组视为一个整体，而是把它们包含的元素逐个添加到列表中。

extend( )方法的语法格式如下：

```
listname.extend(obj)
```

其中，listname 指的是要添加元素的列表；obj 表示要添加到列表末尾的数据，它可以是单个元素，也可以是列表、元组等。

```
>>> x=[1,2,3,4]
>>> x.extend(5)  #报错,int 类型数据 5 不能被遍历
TypeError:'int' object is not iterable
>>> x.extend([5])  #追加元素
>>> x
[1,2,3,4,5]
>>> x.extend([6,7]) #追加列表,列表也被拆分成多个元素
>>> x
[1,2,3,4,5,6,7]
```

3. insert( )方法用于向列表任意指定位置插入一个元素

Insert( )方法的语法格式：

```
listname.insert(index,obj)
```

其中，index 表示指定位置的索引值。insert( )会将 obj 插入 listname 列表第 index 个元素的位置。

当插入列表或者元组时，insert( )也会将它们视为一个整体，作为一个元素插入列表中，这一点和 append( )是一样的。

```
>>> x=[1,2,3,4]
>>> x.insert(0,0)
```

```
>>> x.insert(3,[5,6])
>>> x
[0,1,2,[5,6],3,4]
```

4.2.3 列表查询元素

Python 提供了 index( )和 count( )方法，它们都可以用来查找元素。

1. index( )方法

index( )方法用于返回指定元素在列表中首次出现的位置。如果该元素不存在，则抛出异常。index( )的语法格式为：

```
listname.index(obj,start,end)
```

其中，listname 表示列表名称；obj 表示要查找的元素；start 表示起始位置；end 表示结束位置。

start 和 end 参数用来指定检索范围：

start 和 end 可以都不写，此时会检索整个列表；

如果只写 start 而不写 end，那么表示检索从 start 到末尾的元素；

如果 start 和 end 都写，那么表示检索 start 和 end 之间的元素。

```
>>> x =[1,2,3,4,5,2,3,4,5,2,3,4,5]
>>> x.index(2)              #元素 2 在列表 x 中首次出现的索引
1
>>> x.index(6)              #列表 x 中没有 6,抛出异常
ValueError:6 is not in list
```

2. count( )方法

count( )方法用于返回某个元素在列表中出现的次数，如果返回 0，表示列表中不存在该元素，所以 count( )也可以用来判断列表中的某个元素是否存在。基本语法格式为：

```
listname.count(obj)
```

其中，listname 代表列表名；obj 表示要统计的元素。

```
>>> x =[1,2,3,4,5,2,3,4,5,2,3,4,5]
>>> x.count(2)  #元素 2 在列表 x 中出现的次数
3
>>> x.count(6)  #列表 x 中没有 6,返回 0
0
```

4.2.4 列表删除元素

1. del 关键字或者 pop( )方法用于根据目标元素所在位置的索引进行删除

del 是 Python 中的关键字，专门用来执行删除操作，它不仅可以删除整个列表，还可以

删除列表中的某些元素。del 可以删除列表中的单个元素，格式为：

```
del listname[index]
```

其中，listname 表示列表名称；index 表示元素的索引值。

del 也可以删除中间一段连续的元素，格式为：

```
del listname[start:end]
```

其中，start 表示起始索引；end 表示结束索引；del 会删除从索引 start 到 end 之间的元素，不包括 end 位置的元素。

pop()方法用来删除列表中指定索引处的元素，具体格式如下：

```
listname.pop(index)
```

其中，listname 表示列表名称；index 表示索引值。如果不写 index 参数，默认会删除列表中的最后一个元素，类似于数据结构中的“出栈”操作。

```
>>> x =[1,2,3,4,5,6,7,8]
>>> del x[3]                    #删除索引为 3 的元素
>>> x
[1,2,3,5,6,7,8]
>>> x.pop()                     #弹出并返回尾部元素
8
>>> x.pop(5)                    #弹出并返回指定位置的元素
7
>>> x
[1,2,3,5,6]
```

2. remove()方法用于根据元素值进行删除

remove()方法只会删除第一个和指定值相同的元素，并且必须保证该元素是存在的，否则会引发 ValueError 错误。

```
>>> x =[1,2,3,4,5,2,3,4,5]
>>> x.remove(3)                 #删除第一个值为 3 的元素
>>> x
[1,2,4,5,2,3,4,5]
```

3. clear()方法用于将列表中所有元素全部删除

clear()用来删除列表中的所有元素，也即清空列表。

```
>>> x =[1,2,3,4]
>>> x.clear()
>>> x
[]
```

4.2.5 列表排序和反转

1. sort( )方法

sort( )用于按照指定的规则对列表中所有元素进行排序，没有返回值。语法格式如下：

```
listname.sort(key=sort_fun,reverse=True)
```

其中，key 参数指定排序规则；reverse 为 False 表示升序，为 True 表示降序。

```
>>> nameList=["zhangsan","lisi","wangwu"]
>>> nameList.sort()
>>> nameList
['lisi','wangwu','zhangsan']
>>> numList=list(range(11))          #包含 11 个整数的列表
>>> import random
>>> random.shuffle(numList)          #列表 x 中的元素随机乱序
>>> numList
[8,10,7,2,9,6,1,0,5,4,3]
>>> numList.sort()                   #按默认规则升序排序
>>> numList
[0,1,2,3,4,5,6,7,8,9,10]
>>> numList.sort(key=str)            #按转换为字符串后的大小升序排序
>>> x
[0,1,10,2,3,4,5,6,7,8,9]
>>> numList.sort(reverse=True)       #按默认规则降序排序
>>> numList
[10,9,8,7,6,5,4,3,2,1,0]
```

2. reverse( )方法

reverse( )用于对列表中的所有元素进行原地逆序，首尾交换。

```
>>> nameList=["zhangsan","lisi","wangwu"]
>>> nameList.reverse()
>>> nameList
['wangwu','lisi','zhangsan']
>>> numList=[10,3,20,15,13,1]
>>> numList.reverse()
>>> numList
[1,13,15,20,3,10]
```

4.2.6 列表推导式

列表推导式（又称列表解析式）提供了一种简明扼要的方法来创建列表。它的结构是在一个方括号里包含一个表达式，然后是一个 for 语句，然后是 0 个或多个 for 或者 if 语句。

列表推导式的语法形式为：

```
[表达式 for 变量1 in 序列1 if 条件1
        for 变量2 in 序列2 if 条件2
        ...
        for 变量n in 序列n if 条件n]
```

格式中，表达式是任意的，过滤条件可有可无，取决于实际应用，可以在列表中放入任意类型的对象。返回结果是一个新的列表。

列表推导式在逻辑上等价于一个循环语句，只是形式上更加简洁。

【例4－1】使用列表推导式处理列表中的元素。

```
>>> numList = [x** 2 for x in range(10)]
```

相当于：

```
>>> numList = []
>>> for x in range(10):
        numList.append(x* x)
```

运行后，numList 列表的元素如下所示：

```
>>> numList
[0,1,4,9,16,25,36,49,64,81]
```

【例4－2】使用列表推导式列出符合条件的文件。

```
>>> import os
>>> fileList = [filename for filename in os.listdir('.') if
filename.endswith(('.exe','.py'))]
```

其中，os.listdir('.') 列出指定文件夹中所有文件和子文件；endswith() 方法判断字符串是否以指定的字符串结束。

【例4－3】在列表推导式中同时遍历多个列表或可迭代对象。

```
>>> numList = [x* y for x in range(1,5)if x >2 for y in[1,2,3]if y <3]
```

列表推导式等价于：

```
>>> numList = []
>>> for x in range(1,5):
    if x >2:
        for y in[1,2,3]:
            if y <3:
                numList.append(x* y)
```

运行后，numList 列表的元素如下所示：

```
>>> numList
[3,6,4,8]
```

4.2.7 列表切片

切片操作是访问序列中元素的另一种方法，它可以访问一定范围内的元素，通过切片操作，可以生成一个新的序列。切片除了适用于列表之外，还适用于元组、字符串、range 对象，但列表的切片操作具有最强大的功能。不仅可以使用切片来获取元素，还可以通过切片来添加、修改和删除列表中元素。

实现切片操作的语法格式如下：

```
listname[start:end:step]
```

其中，各个参数的含义分别是：

listname：表示列表的名称；

start：表示切片的开始索引位置（包括该位置），此参数也可以不指定，会默认为 0，也就是从列表的开头进行切片；

end：表示切片的结束索引位置（不包括该位置），如果不指定，则默认为列表的长度；

step：表示在切片过程中，隔几个存储位置（包含当前位置）取一次元素，也就是说，如果 step 的值大于 1，则在进行切片去列表元素时，会“跳跃式”地取元素。如果省略设置 step 的值，则最后一个冒号就可以省略。另外，step 为负整数时，表示反向切片，这时 start 应该在 end 的右侧。

1. 使用切片获取列表元素

```
>>> x =[1,2,3,4,5]
>>> x[1:4:1]          #取索引区间为[1,4](不包括下标 4 处的字符)的字符串
[2,3,4]
>>> x[ -5: -2:1]       #使用负数切片
[1,2,3]
>>> x[::]             #取整个字符串,此时[]中一个冒号也可以
[1,2,3,4,5]
>>> x[::2]            #隔 1 个字符取一个字符,区间是整个字符串
[1,3,5]
>>> x[2:9]            #结束位置大于列表长度时,从列表尾部截断
[3,4,5]
>>> x[:2]             #取索引区间为[0,2]之间(不包括索引 2 处的字符)的字符串
[1,2]
```

2. 使用切片增加列表元素

```
>>> x =[1,2,3,4,5]
```

```
>>> x[len(x):]
[]
>>> x[len(x):]=[6]        #在列表尾部增加元素
>>> x[:0]=[-1,0]          #在列表头部增加元素
>>> x[4:4]=['4']           #在列表中间位置增加元素
>>> x
[-1,0,1,2,'4',3,4,5,6]
```

3. 使用切片替换和修改列表元素

```
>>> x=[1,2,3,4,5]
>>> x[:3]=['1','2','3']      #替换列表元素,等号两边的列表长度相等
>>> x
['1','2','3',4,5]
>>> x[::2]=['a','b','c']     #隔一个修改一个
>>> x
['a','2','b',4,'c']
```

4. 使用切片删除列表元素

```
>>> x=[1,2,3,4,5]
>>> x[:3]=[]                 #删除列表前3个元素
>>> x
[4,5]
```

4.2.8 列表对象支持的运算符

1. 加法运算

Python中支持两种类型相同的序列使用“+”运算符做相加操作，它会将两个序列进行连接，但不会去除重复的元素。“类型相同”指的是“+”运算符的两侧序列要么都是列表类型，要么都是元组类型，要么都是字符串。

```
>>> x=[1,2,3]
>>> y=[4,5]
>>> x+y
[1,2,3,4,5]
```

2. 乘法运算

Python中使用数字n乘以一个序列会生成新的序列，其内容为原来序列被重复n次的结果。

```
>>>x=[1,2,3]
>>>x* 3           #运算符* 用于列表和整数相乘,表示序列重复,返回新列表
[1,2,3,1,2,3,1,2,3]
```

3. 成员测试运算

Python 中使用 in 关键字检查某元素是否为序列的成员；not in 关键字检查某个元素是否不包含在指定的序列中。

```
>>>x=[1,2,3]
>>>1 in x            #运算符 in 检查列表中是否包含某个元素
True
>>>1 not in x
False
```

4. 关系运算

Python 中使用关系运算符比较两个列表的大小，逐个比较列表中的元素，直到某个元素能够比较出大小为止。

```
>>>x=[1,2,3]
>>>y=[1,2,4,5]
>>>x>y            #关系运算符>比较两个列表的大小
False
>>>x==y
False
>>>x<y
True
```

4.3 元　　组

元组是 Python 中另一个重要的序列结构，和列表类似，元组也是由一系列按特定顺序排序的元素组成的。在形式上，元组的所有元素都放在一对小括号中，相邻元素之间用逗号分隔，如果元组中只有一个元素，则必须在最后增加一个逗号。

```
(元素1,元素2,...,元素n)
```

其中，元素 1 ~ 元素 n 表示元组中的各个元素，个数没有限制，只要是 Python 支持的数据类型就可以。

在内容上，元组可以存储整数、实数、字符串、列表、元组等任何类型的数据，并且在同一个元组中，元素的类型可以不同，例如：

```
("Pythont",1,(2,'a'),["hello",3.0])
```

元组和列表的不同之处在于：列表的元素是可以更改的，包括修改元素值、删除和插入

元素，所以列表是可变序列；而元组一旦被创建，它的元素就不可更改了，所以元组是不可变序列。通常情况下，元组用于保存无须修改的内容。

4.3.1 元组创建和访问

1. 元组创建

Python 提供了两种创建元组的方法。

(1) 使用 () 直接创建

通过 () 创建元组后，一般使用“=”将它赋值给某个变量，具体格式为：

```
变量名=(元素1,元素2,...,元素n)
>>> x=(1,2,3)
>>> y=("zhangsan","lisi")
>>> type(y)                    #通过type()函数来查看元组的数据类型
<class 'tuple'>
>>> z=('a',)                   #元组中只有一个元素,必须在后面加一个逗号
>>> type(z)
<class 'tuple'>
>>> z=('a')                    #没有逗号时,不是元组类型,是字符串类型
>>> type(z)
<class 'str'>
```

(2) 使用 tuple()函数创建元组

Python 还提供了一个内置的函数 tuple()，用来将字符串、元组、range 对象等数据类型转换为元组类型。

```
>>> tuple("Python")                        #将字符串转换成元组
('P','y','t','h','o','n')
>>> tuple([1,2,3,4])                       #将列表转换成元组
(1,2,3,4)
>>> tuple({"name":"zhangsan","id":1,"score":90})     #将字典转换成元组
('name','id','score')
>>> tuple(range(1,10))                     #将 range 对象转换成元组
(1,2,3,4,5,6,7,8,9)
>>> tuple()                                #创建空元组
()
```

2. 访问元组元素

和列表一样，可以使用索引访问元组中的某个元素（得到的是一个元素的值），也可以使用切片访问元组中的一组元素（得到的是一个新的子元组），使用 for 循环遍历元组所有元素。在实际开发中，除非能够确认元组中的数据类型，否则，针对元组的循环遍历需求并

不是很多。

（1）使用索引访问元素

```
>>> x = (1,2,3,4,5,6)
>>> x[0]
1
>>> x[-1]
6
```

（2）使用切片访问元组元素

```
>>> x[1:3]
(2,3)
>>> x[::]
(1,2,3,4,5,6)
```

（3）使用 for 循环访问所有元素

```
>>> for i in x:
    print(i,end=' ')
1 2 3 4 5 6
```

4.3.2 元组更新和删除

1. 元组更新

元组是不可变序列，元组中的元素不能被修改，只能创建一个新的元组去替代旧的元组。

```
>>> x = (10,2,12,4,5,6)
>>> x
(10,2,12,4,5,6)
>>> x = (-1,12,3,4,9)              #对元组进行重新赋值
>>> x
(-1,12,3,4,9)
```

使用运算符“+”连接多个元组，生成一个新的元组，实现向元组中添加新元素。

```
>>> x = (1,0.5,-3,7)
>>> y = (3,-5,6,9)
>>> x + y
(1,0.5,-3,7,3,-5,6,9)
>>> x
(1,0.5,-3,7)
>>> y
(3,-5,6,9)
```

2. 元组删除

当创建的元组不再使用时，可以通过 del 关键字将其删除。Python 自带垃圾回收功能，会自动销毁不用的元组，所以一般不需要通过 del 来手动删除。

```
>>> nameTuple = ("zhangsan","lisi","wangwu")
>>> nameTuple
('zhangsan','lisi','wangwu')
>>> del nameTuple
>>> nameTuple
NameError:name 'nameTuple' is not defined
```

4.3.3 生成器推导式

生成器推导式与列表推导式相似，它比列表推导式速度更快，占用的内存也更少。使用生成器对象时，可以根据需要将它转化为列表或者元组，也可以使用生成器对象__next__()方法或内置函数 next() 进行遍历，或者使用 for 循环遍历其中的元素。其具有惰性求值的特点，进行一次遍历后，便不能再次访问内部元素，即访问一次立马清空生成器对象。如果需要重新访问其中的元素，必须重新创建该生成器对象，enumerate、filter、map、zip 等其他迭代器对象也具有同样的特点。

```
>>> x = ((i +2)** 2 for i in range(10 ))   #创建生成器对象
>>> list(x)                              #将生成器对象转换为元组
[4,9,16,25,36,49,64,81,100,121]
>>> list(x)                        #遍历结束后再次访问时,内部元素已经清空
[]
>>> x = ((i +2)** 2 for i in range(10))     #重新建立一个生成器对象
>>> next(x)
4
>>> next(x)
9
>>> x.__next__()
16
>>> x.__next__()
25
>>> x = ((i +2)** 2 for i in range(10 ))
>>> for temp in x:                      #使用 for 循环遍历生成器对象中的元素
print(temp,end = " ")

4 9 16 25 36 49 64 81 100 121
>>> x =map(str,range(10))               #map 对象具有惰性求值的特点
```

```
>>> '3' in x
True
>>> '3' in x                        #'3'元素已经访问过,再次访问则不存在
False
```

4.4 字　典

Python 字典是一种无序的、可变的序列，它的元素以“键值对（key - value）”的形式存储。相对地，列表和元组都是有序的序列，它们的元素在底层是挨着存放的。

字典类型是 Python 中唯一的映射类型。“映射”是数学中的术语，简单理解，它指的是元素之间相互对应的关系，即通过一个元素，可以唯一找到另一个元素，如图 4 - 3 所示。

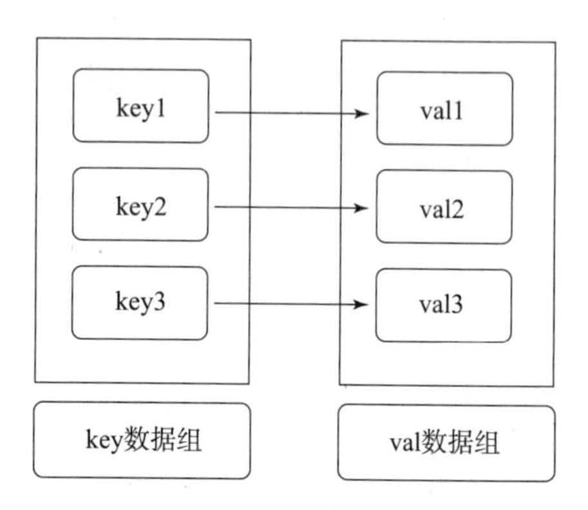

图 4 - 3　映射关系示意图

字典中，习惯将各元素对应的索引称为键（key），各个键对应的元素称为值（value），键及其关联的值称为“键值对”。字典类型所具有的主要特征见表 4 - 3。

表 4 - 3　Python 字典特征

主要特征	解释
通过键而不是通过索引来读取元素	字典类型有时也称为关联数组或者散列表（hash）。它是通过键将一系列的值联系起来的，这样就可以通过键从字典中获取指定项，但不能通过索引来获取
字典是任意数据类型的无序集合	和列表、元组不同，通常会将索引值 0 对应的元素称为第一个元素，而字典中的元素是无序的
字典是可变的，并且可以任意嵌套	字典可以在原处增长或者缩短（无须生成一个副本），并且它支持任意深度的嵌套，即字典存储的值也可以是列表或其他的字典
字典中的键必须唯一	字典中，不支持同一个键出现多次，否则，只会保留最后一个键值对
字典中的键必须不可变	字典中的值是不可变的，只能使用数字、字符串或者元组，不能使用列表

4.4.1　字典创建和访问

1. 字典创建

Python 提供了两种创建字典的方法。

(1) 使用 {} 创建字典

由于字典中每个元素都包含两部分，分别是键和值，因此，在创建字典时，键和值之间使用冒号分隔，相邻元素之间使用逗号分隔，所有元素放在大括号 {} 中。字典的键可以

是整数、字符串或者元组，只要符合唯一和不可变的特性就行；字典的值可以是 Python 支持的任意数据类型。

使用 {} 创建字典的语法格式如下：

```
dictname = {'key1':'value1','key2':'value2',...,'keyn':valuen}
```

其中，dictname 表示字典变量名；keyn:valuen 表示各个元素的键值对。需要注意的是，字典中的“键”不允许重复，而“值”是可以重复的。

```
>>> x = {'java':99,'jsp':89,'python':94}        #使用字符串作为 key
>>> scores
{'java':99,'jsp':89,'python':94}
>>> y = {(90,100):'优秀',30:[1,2,3]}         #使用元组和数字作为 key
>>> y
{(90,100):'优秀',30:[1,2,3]}
>>> z = {}                                  #创建空元组
>>> type(z)                                 #通过 type()函数查看字典类型
<class 'dict'>
```

(2) 通过 fromkeys()方法创建字典

Python 中，还可以使用 dict 字典类型提供的 fromkeys()方法创建带有默认值的字典，具体格式为：

```
dictname = dict.fromkeys(list,value = None)
```

其中，list 参数表示字典中所有键的列表；value 参数表示默认值，如果不写，则为空值 None。

```
>>> x = dict.fromkeys(['java','jsp','python'],60)
>>> x
{'java':60,'jsp':60,'python':60}
>>> y = dict.fromkeys({'a','b','c'})
>>> y
{'a':None,'b':None,'c':None}
```

(3) 通过 dict()映射函数创建字典

通过 dict()函数创建字典的方法有多种，表 4-4 罗列出了常用的几种方式，它们创建的都是同一个字典 x。

表 4-4 dict 函数常用方式

主要特征	解释
x = dict(str1 = value1,str2 = value2)	str 表示字符串类型的键，value 表示键对应的值。使用此方式创建字典时，字符串不能带引号

续表

主要特征	解释
demo = [('a',1),('b',2),('c',3)] demo = [['a',1],['b',2],['c',3]] demo = (('a',1),('b',2),('c',3)) demo = (['a',1],['b',2],['c',3]) x = dict(demo)	向 dict()函数传入列表或元组，而它们中的元素又各自是包含两个元素的列表或元组，其中第一个元素作为键，第二个元素作为值
keys = ['a','b','c'] values = [1,2,3] x = dict(zip(keys,values))	通过应用 dict() 函数和 zip() 函数，可将前两个列表转换为对应的字典

注意，无论采用以上哪种方式创建字典，字典中各元素的键都只能是字符串、元组或数字，不能是列表。列表是可变的，不能作为键。

2. 字典访问

列表和元组是通过下标来访问元素的，而字典不同，它通过键来访问对应的值。因为字典中的元素是无序的，每个元素的位置都不固定，所以字典也不能像列表和元组那样，采用切片的方式一次性访问多个元素。

（1）使用键来访问字典元素

语法格式为：

```
dictname[key]
```

其中，dictname 表示字典变量的名字；key 表示键名。注意，键必须是存在的，否则会抛出异常。

```
>>> demo = (['a',1],['b',2],['c',3])
>>> x = dict(demo)
>>> x['a']                    #键存在
1
>>> x['d']                    #键不存在
KeyError:'d'
```

除了上面这种方式外，Python 更推荐使用 dict 类型提供的 get()方法来获取指定键对应的值。当指定的键不存在时，get()方法不会抛出异常。

（2）使用 get()方法访问字典元素

语法格式为：

```
dictname.get(key[,default])
```

其中，dictname 表示字典变量的名字；key 表示指定的键；default 用于指定要查询的键不存在时，此方法返回的默认值，如果不手动指定，会返回 None。

```
>>> x = dict(name ='zhangsan',age = 32)
>>> x
```

```
{'name':'zhangsan','age':32}
>>> x.get('name')
'zhangsan'
>>> x.get('id','该键不存在')          #指定键不存在时返回指定的默认值
'不存在'
```

（3）使用for循环遍历字典中所有元素

可以对字典对象进行迭代或者遍历，默认是遍历字典的键，通过字典对象的items()方法可以遍历字典的元素，values方法可以遍历字典的值。

```
>>> infoDict = {'name':'zhangsan','score':[99,90],'age':18,'sex':
'female'}
>>> infoDict
{'name':'zhangsan','score':[99,90],'age':18,'sex':'female'}
>>> infoDict.items()                #查看字典中的所有元素
dict_items([('name','zhangsan'),('score',[99,90]),('age',18),
('sex','female')])
>>> infoDict.keys()                 #查看字典中的所有键
dict_keys(['name','score','age','sex'])
>>> infoDict.values()               #查看字典中的所有值
dict_values(['zhangsan',[99,90],18,'female'])
>>> for item in infoDict:           #默认遍历字典的键
    print(item)

name
score
age
sex
>>> for item in infoDict.items():   #指定遍历字典的元素
    print(item)

('name','zhangsan')
('score',[99,90])
('age',18)
('sex','female')
>>> for item in infoDict.values():     #指定遍历字典的值
    print(item)

zhangsan
[99,90]
```

```
18
female
```

3. 字典删除

和删除列表、元组一样，手动删除字典也可以使用 del 关键字，Python 自带垃圾回收功能，会自动销毁不用的字典，所以一般不需要通过 del 来手动删除。

```
>>> x = {'a',1}
>>> del x
```

4.4.2 字典添加与修改

为字典添加新的键值对很简单，直接给不存在的 key 赋值即可，具体语法格式如下：

```
dictname[key] =value
```

其中，dictname 表示字典名称；key 表示新的键；value 表示新的值，只要是 Python 支持的数据类型都可以。

```
>>> x = {'name':'zhangsan','score':[99,90],'age':18,'sex':'female'}
>>> x['id'] =1
>>> x
{'name':'zhangsan','score':[99,90],'age':18,'sex':'female','id':1}
```

Python 字典中键的名字不能被修改，只能修改值。字典中各元素的键必须是唯一的，因此，如果新添加元素的键与已存在元素的键相同，那么键所对应的值就会被新的值替换掉，以此达到修改元素值的目的。

```
>>> x = {'name':'zhangsan','score':[99,90],'age':18,'sex':'female'}
>>> x['name'] ='lisi'
>>> x
{'name':'lisi','score':[99,90],'age':18,'sex':'female'}
```

当以指定键为下标，为字典元素赋值时，有两种含义：

①若键存在，则表示修改该键对应的值。

②若键不存在，则表示添加一个新的“键:值”对，即添加一个新的元素。

使用字典对象的 update()方法可以将另一个字典的“键:值”一次性全部添加到当前字典对象。在执行 update()方法时，如果被更新的字典中已包含对应的键值对，那么原 value 会被覆盖；如果被更新的字典中不包含对应的键值对，则该键值对被添加进去。

```
>>> x = {'jsp':90,'python':95}
>>> x.update({'java':93,'jsp':80})
>>> x
{'jsp':80,'python':95,'java':93}
```

4.4.3 字典删除元素

如果要删除字典中的键值对，可以使用 del 语句。

```
>>> x = {'a':1,'b':2,'c':3}
>>> del x['a']
>>> x
{'b':2,'c':3}
```

还可以使用字典对象的 pop( ) 和 popitem( ) 方法删除字典中的键值对。pop( ) 用来删除指定的键值对，而 popitem( ) 用来随机删除一个键值对。

```
>>> x = {'a':1,'b':2,'c':3}
>>> x.popitem()                    #删除一个元素,如果字典为空,则抛出异常
('c',3)
>>> x.pop('a')                      #删除指定键对应的元素
1
>>> x
{'b':2}
{}
```

使用字典对象的 clear( ) 方法清空字典对象的所有元素。

```
>>> x = {'a':1,'b':2,'c':3}
>>> x
{'a':1,'b':2,'c':3}
>>> x.clear()
>>> x
{}
```

4.4.4 字典应用案例

【例 4 – 4】 随机生成 100 名学生学号，默认密码为 123456。

基本思路：利用字典 fromkeys( ) 方法创建带有默认值的字典。

```
stuId = []
x = {}
for i in range(100):
    temp = '2020%.3d' % (i + 1)
    stuId.append(temp)
x = x.fromkeys(stuId,'123456')
print("学号\t\t\t\t 密码")
for(key,value)in x.items():
    print("%s\t\t\t\t%s" % (key,value))
```

运行结果如下：

```
  学号              密码
202000001         123456
202000002         123456
202000003         123456
202000004         123456
202000005         123456
202000006         123456
...(略去更多输出结果)
```

4.5 集　　合

Python 中的集合和数学中的集合概念一样，用来保存不重复的元素，即集合中的元素都是唯一的，互不相同。

从形式上看，和字典类似，Python 集合会将所有元素放在一对大括号 {} 中，相邻元素之间用“,”分隔，如下所示：

```
{元素 1,元素,...,元素 n}
```

其中，元素 1 ~ 元素 n 表示集合中的各个元素，个数没有限制。

从内容上看，同一集合中，只能存储不可变的数据类型，包括整型、浮点型、字符串、元组，无法存储列表、字典、集合这些可变的数据类型，否则抛出异常。

4.5.1 集合创建和访问

1. 集合创建

Python 提供了两种创建 set 集合的方法，分别是使用 {} 创建和使用 set() 函数将列表、元组等类型数据转换为集合。

（1）使用 {} 创建

在 Python 中，创建 set 集合可以像列表、元素和字典一样，直接将集合赋值给变量，从而实现创建集合的目的，其语法格式如下：

```
setname = {元素 1,元素 2,...,元素 n}
```

其中，setname 表示集合的名称。

```
>>> x = {1,'a',(1,2,3),3.0}
>>> x
{'a',1,3.0,(1,2,3)}
>>> x = {1,[1,2]}              #异常,集合中不能存储列表、字典、集合可变的类型
TypeError:unhashable type:'list'
>>> x = {}                     #创建空集合
```

```
>>> x
{}
>>> type(x)                    #通过 type 查看集合对象 x 的类型
<class 'dict'>
```

(2) 使用 set()函数创建集合

set()函数为 Python 的内置函数，其功能是将字符串、列表、元组、range 对象等可迭代对象转换成集合。该函数的语法格式如下：

```
setname=set(iteration)
```

其中，iteration 表示字符串、列表、元组、range 对象等数据。

```
>>> x=set("python")
>>> x
{'p','h','y','o','n','t'}
>>> y=set([1,2,3,4,2,3,5,6,7,1])             #转换时自动去掉重复元素
>>> y
{1,2,3,4,5,6,7}
>>> z=set()                                  #空集合
{}
```

注意，如果要创建空集合，只能使用 set()函数实现。因为直接使用一对 {}，Python 解释器会将其视为一个空字典。

2. 集合访问

由于集合中的元素是无序的，因此无法向列表那样使用下标来访问元素。在 Python 中，访问集合元素最常用的方法是使用循环结构，将集合中的数据逐一读取出来。

```
>>> x={1,'a',(1,2,3),3.0}
>>> for item in x:
    print(item,end=" ")

a 1 3.0(1,2,3)
```

3. 集合删除

和其他序列类型一样，也可以使用 del() 语句手动删除集合。

```
>>> a={1,2,3}
>>> b={1,'a','c'}
>>> del a
>>> del(b)
```

4.5.2 集合操作与运算

1. 向集合中添加元素

使用集合对象的 add( )方法向集合中添加元素。如果元素已存在，则忽略该操作。该方法的语法格式为：

```
setname.add(element)
```

其中，setname 表示要添加元素的集合；element 表示要添加的元素内容。

需要注意的是，使用 add( )方法添加的元素，只能是数字、字符串、元组或者布尔类型（True 和 False）值，不能添加列表、字典、集合这类可变的数据，否则抛出异常。

```
>>> x = {1,2,3}
>>> x.add(4)
>>> x
{1,2,3,4}
>>> x.add([1,2])              #异常,集合中不能添加列表、字典、集合类型元素
TypeError:unhashable type:'list'
```

集合对象的 update( )方法合并另外一个集合到当前集合中，并自动去掉重复元素。

```
>>> x.update({5,6})
>>> x
{1,2,3,4,5,6}
```

2. 向集合中删除元素

使用集合对象的 remove( )方法删除集合中的元素。如果被删除元素本就不包含在集合中，则此方法会抛出异常。该方法的语法格式如下：

```
setname.remove(element)
```

其中，setname 表示要删除元素的集合；element 表示要删除的元素内容。

```
>>> x = {'a','b','c','d'}
>>> x.remove('b')
>>> x
{'a','d','c'}
>>> x.remove('e')
KeyError:'e'
```

如果不想在删除失败时令解释器提示 KeyError 错误，还可以使用 discard( )方法，此方法和 remove( )方法的用法完全相同，唯一的区别就是，当删除集合中的元素的操作失败时，此方法不会抛出任何错误。

```
>>> x.discard('e')
```

集合对象的pop()方法用于随机删除并返回集合中的一个元素，如果集合为空，则抛出异常。

```
>>> x.pop()
'a'
```

集合对象的clear()方法用于清空集合中的所有元素。

```
>>> x.clear()
```

4.5.3 集合对象支持的运算符

集合最常做的操作就是进行交集、并集、差集及对称差集运算。图4-4中，有两个集合，分别为set1 = {1,2,3} 和set2 = {3,4,5}，它们既有相同的元素，也有不同的元素。

以这两个集合为例，分别做不同运算的结果见表4-5。

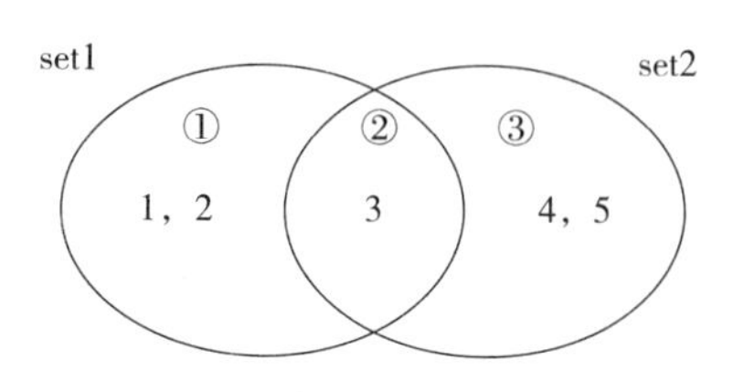

图4-4 集合示意图

表4-5 set集合运算

运算操作	运算符	功能说明	例子
交集	&	取两个集合公共的元素	>>> set1&set2 {3}
并集	|	取两个集合全部的元素	>>> set1|set2 {1,2,3,4,5}

差集	-	取一个集合中另一个集合没有的元素	>>> set1 - set2
			{1,2}
			>>> set2 - set1
			{4,5}

对称差集	^	取集合A和B中不属于A&B的元素	>>> set1^set2 {1,2,4,5}

4.5.4 集合应用案例

【例4-5】在指定范围内生成指定数量的随机不重复且有序数字。

基本思路：利用集合元素不重复的特点，使用random模块中的randint()函数生成一个随机数，然后使用集合对象的add方法把随机数添加到集合中。如果集合中已经存在数字，则会自动忽略；如果不存在，则会放入。最后利用sorted方法对集合进行排序。

```
import random

def randomNumbers(count,start,end):
    numSet = set()
```

```
    for i in range(count):
        num = random.randint(start,end)
        numSet.add(num)
    return sorted(numSet)

inputStr = input("请输入随机数个数,开始位置和结束位置中间用逗号分隔:")
countStr,startStr,endStr = inputStr.split(",")
print(countStr,startStr,endStr)
count = int(countStr)
start = int(startStr)
end = int(endStr)
resultSet = randomNumbers(count,start,end)
print(resultSet)
```

执行程序某次运行结果如下：

```
请输入随机数个数,开始位置和结束位置中间用逗号分隔:10,1,100
[29,30,34,35,48,58,61,66,67,96]
```

4.6 习　　题

1. Python 中的可变数据类型有________________，不可变数据类型有________________。

2. 已知 x = list(range(5))，则表达式 x[::2] 的值为________________。

3. 表达式 ['a','b','c'] * 2 的值为________________。

4. 简述列表和元组的区别。

5. 编写程序，对列表 [3,5,9,1,10,2] 进行升序排序并输出。

6. 编写程序，输出字典 {'java':99,'jsp':89,'python':94} 的 key 与 value。向其中插入字典 {'英语':60}，并输出新的字典。

模块 5

函　　数

在实际开发中，把可能需要反复执行的代码封装为函数，然后在需要执行该段代码功能的地方调用封装好的函数，这样不仅可以实现代码的复用，更重要的是，可以保证代码的一致性，只需要修改该函数代码，则所有调用位置就可以得到体现。同时，把大任务拆分成多个函数也是分治法和模块化设计的基本思路，这样有利于将复杂问题简单化。本模块将详细介绍 Python 中函数的使用。

本模块学习目标

- 掌握函数定义的调用方法
- 掌握位置参数、默认值参数、关键字参数、可变长度参数、解包参数列表、特殊参数、传值与传址参数的用法
- 理解变量的作用域
- 掌握 lambda 表达式的用法
- 掌握生成器函数的用法
- 理解递归函数的执行过程
- 掌握常用的内置函数的用法
- 理解并掌握高阶函数的用法

函数是组织好的，可重复使用的，用来实现单一或相关联功能的代码段。Python 中函数的应用非常广泛，前面内容中已经接触过多个函数，比如 input()、print()、range()、len() 函数等，这些都是 Python 的内置函数，可以直接使用。除了可以直接使用的内置函数外，Python 还支持自定义函数，即将一段有规律的、可重复使用的代码定义成函数，从而达到一次编写、多次调用的目的。

例如，前面学习了 len()函数，通过它可以直接获得一个字符串的长度。比如用 len()函数获取 Python 官网地址的字符串长度代码如下所示：

```
>>> #用 len()函数获取字符串"https://www.python.org/"的长度
>>> str = "https://www.python.org/"
>>> print(len(str))
23
```

不妨设想一下，如果没有 len()函数，要想获取一个字符串的长度，该如何实现呢？此时，就需要循环遍历字符串中的每一个字符，进行计数，最后输出计数器的数值，如：

```
>>> #如果没有 len()函数,求字符串"https://www.python.org/"的长度
>>> n = 0                                            #n 为计数器
>>> for c in "https://www.python.org/":
    n = n + 1
>>> print(n)
23
```

获取一个字符串长度是常用的功能，在一个程序中可能会用到很多次，如果每次都写这样一段重复的代码，不但费时费力，而且容易出错。

函数的本质就是一段有特定功能、可以重复使用的代码，这段代码已经被提前编写好了，并且为其起一个名字。在后续编写程序过程中，使用这个名字就可以调用这段代码，并能够实现这段代码同样的功能，如同重新写一遍这段代码一样。

5.1 函数的定义和调用

5.1.1 定义函数

1. 基本语法格式

Python 中，定义函数的基本语法格式如下：

```
def 函数名([参数 1,参数 2,…,参数 n]):
        函数体
        [return[表达式]]
```

其中，用 [ ] 括起来的为可选择部分，既可以使用，也可以省略。

格式说明：

①def：函数代码块以 def 关键字开头，后接函数名、圆括号（）和冒号:。

②函数名：函数名必须是一个符合 Python 语法规则的标识符，但不建议读者使用 a、b、c 这类简单的标识符作为函数名，函数名最好能够体现出该函数的功能。

③圆括号（）：圆括号内是参数列表，但在创建函数时，即使函数不需要参数，也必须保留一对空的“()”，否则 Python 解释器将提示“invaild syntax”错误。

④参数列表［参数 1，参数 2，…，参数 n］：参数列表又可叫作形参列表，是可选项，即一个函数可以有参数，也可以没有参数，若有多个参数，则多个参数之间用逗号分隔。其作用是告诉调用者，要完成该功能，需要提供哪些数据。不需要为参数指定数据类型，Python 解释器会根据实参的值自动推断。

⑤冒号:：函数内容以冒号起始，并且按 Enter 键缩进。

⑥函数体：是实现特定功能的多行代码。函数体的第一行语句可以选择性地使用文档字符串（用于存放函数说明）

⑦［return[表达式]］：整体作为函数体的可选项，用于设置该函数的返回值，表达式的值就是返回值，不带表达式的 return 会返回 None。函数执行完毕并退出时，也会返回 None。也就是说，一个函数，可以有返回值，也可以没有返回值，是否需要根据实际情况而定。return 语句一般写在函数体后，也可以根据需要写在函数体中，当程序执行了 return 语句，则函数执行结束并立即返回，其后面的代码便不再执行了。

简单来说，定义一个函数要使用 def 语句，依次写出函数名、括号、括号中的参数和冒号，然后在缩进块中编写函数体，函数的返回值用 return 语句返回。

【例 5 -1】 编写函数，用来输出“Hello World!”。

```
#无参数,无返回值的函数
def hello():
    "打印 hello world! 向世界问好!"
#文档字符串,用于在生成文档时说明函数功能
    print("Hello World!")
hello()
```

【例 5 -2】 编写函数，计算长方形的面积。

```
#有参数,有返回值的函数
def area(width,height):
#两个形参 width、height 分别用于接收长方形的宽度和长度
    area =width* height
return area                    #返回长方形的面积
```

【例 5 -3】 自定义函数用于返回指定字符串的长度。

```
#自定义 my_len()函数,用于计算指定字符串的长度
def my_len(str):               #形参 str,用于接收指定的字符串
    length =0
    for c in str:
```

```
        length = length +1
    return length                    #返回计算所得的字符串的长度 length
```

2. 空函数

如果想定义一个没有任何功能的空函数，可以使用 pass 语句作为占位符。

```
#定义个空函数,没有实际意义
def pass_exmp():
    pass
```

5.1.2 调用函数

调用函数也就是执行函数，如果把创建的函数理解为一个具有某种用途的工具，那么调用函数就相当于使用该工具。调用函数的基本语法格式如下所示：

```
[返回值接收变量 =]函数名([实参列表])
```

格式说明：

①函数名：指的是要调用的函数的名称。

②实参列表：指的是依据创建函数时各个形参的要求传入实际的参数值。

③返回值接收变量：如果该函数有返回值，可以通过一个变量来接收该值，当然，也可以不接收。

④圆括号（）：即使在调用函数时没有实参列表，圆括号也不可以省略。

例如，可以调用 hello()、area()、my_len() 和 pass_exmp() 函数：

```
>>> hello()                          #不带参数和返回值的函数调用
Hello World!
>>> area(3,4)                        #带有参数和返回值的函数调用,3,4 为实参
12
>>> str ='https://www.python.org/'
>>> length = my_len(str)             #用变量接收函数调用的返回值,str 为实参
>>> length                           #length 变量被赋值成字符串的长度 23
23
>>> pass_exmp()                      #空函数的调用,没有任何返回结果
>>>
```

5.2 函数的参数

定义函数的时候，把参数的名字和位置确定下来，函数的接口定义就完成了。对于函数的调用者来说，只需要知道如何传递正确的参数，以及函数将返回什么样的值就可以了，函数内部的复杂逻辑被封装起来，调用者无须了解。

Python 的函数定义非常简单，但灵活度却非常大。除了正常定义的必选参数外，还可以

使用默认参数、可变参数和关键字参数，使得函数定义出来的接口不但能处理复杂的参数，还可以简化调用者的代码。

5.2.1 位置参数

位置参数是必需参数，调用函数时，实参传入的顺序必须与形参保持一致，实参的数量也必须和函数定义时的形参的数量保持一致。

1. 位置参数实参的数量必须与形参一致

例5-2的area()函数在定义时采用的就是位置参数，在调用时必须传入两个参数，否则会报错。

```
>>> area(3)                    #调用时传入一个参数,结果出现异常
Traceback(most recent call last):
  File "<pyshell#20>",line 1,in <module>
    area(3)
TypeError:area()missing 1 required positional argument:'height'
>>> area(2,4)                  #传入两个参数,则返回正常的面积8
8
```

2. 位置参数实参传入顺序必须与形参一致

【例5-4】 定义一个函数power(x,n)，用于计算x^n，函数代码如下：

```
def power(x,n):
    s=1
    while n>0:
        n=n-1
        s=s* x
    return s
```

函数有两个参数：x和n，这两个参数都是位置参数，调用函数时，传入的两个值必须按照位置顺序依次赋给参数x和n。调用时，参数位置不同，则含义也不同。

```
>>> power(2,3)             #计算2³,返回值为8
8
>>> power(3,2)             #计算3²,返回值为9
9
```

5.2.2 默认值参数

默认值参数是指在定义函数时对一个或多个参数指定默认值。调用函数时，可以不为设置了默认值的参数传值，此时系统会使用该参数的默认值。当然，也可以通过显示的传值来替换其默认值。

1. 带有默认值参数的语法格式

定义带有默认值参数的函数的语法格式如下：

```
def 函数名(参数1,参数2,...,参数n-1=默认值,参数n=默认值):
    函数体
```

使用默认值参数时，需要注意：

①位置参数必须在前，默认值参数在后。

②默认值参数在一个函数中可以有多个。

③调用时，遵循位置参数的调用规范。在调用有多个默认值的函数时，对于使用了默认值的参数，其右侧的所有参数也必须使用默认值（使用关键字参数调用的情况除外）。

④当一个函数中的某个参数的改动不大时，就可以考虑将这个参数设置为默认参数。比如一个人的民族，这种参数就可以设置为默认参数。

例如，重写例5-4中power(x,n)函数，默认计算x^2，代码如下：

```
def power(x,n=2):
    s=1
    while n>0:
        n=n-1
        s=s* x
    return s
```

调用此函数时，如果只为第一个参数传递实参，则第二个参数使用默认值“2”；如果为第二个参数传递实参，则使用实参值替换默认值“2”。

```
>>> power(2)                    #使用默认值"2"
4
>>> power(2,3)                  #为默认值参数传递实参"3",替换默认值"2"
8
```

2. 默认值参数的陷阱

默认值参数为可变对象（列表、字典及大多数类实例）时，只会在函数定义时初始化一次，后续的所有调用共享同一个对象。也就是前一次调用函数时对默认值参数的改变会保存下来，作为新的默认值在后续的函数调用中起作用。

```
>>> def f(a,L=[]):              #L作为默认值被初始化为空列表
    L.append(a)
    return L

>>> f(1)                        #第一次调用函数f()时,默认值为[]
[1]                             #第一次调用后,L值变为[1],作为新的默认值
```

```
>>> f(2)                    #第二次调用函数 f()时,默认值为[1]
[1,2]                       #第二次调用函数 f()后,默认值为[1,2]
>>> f(3)                    #第三次调用函数 f()时,默认值为[1,2]
[1,2,3]                     #第三次调用函数 f()后,默认值为[1,2,3]
```

即在函数的多次调用中共享默认值参数 L，如果不想要在后续调用之间共享默认值参数，则可以改写这个函数：

```
>>> def f(a,L=None):
    if L is None:
        L=[]
    L.append(a)
    return L

>>> f(1)
[1]
>>> f(2)
[2]
>>> f(3)
[3]
```

5.2.3　关键字参数

函数调用时，无论是位置参数还是默认值参数，只要为参数传递实参，实参顺序就必须与形参的顺序保持一致。

使用关键字参数与位置参数、默认值参数不同，关键字参数允许函数调用时实参的顺序与声明时形参的顺序不一致，因为 Python 解释器能够用参数名匹配参数值。

关键字参数是指，在调用函数时，通过形参的参数名来给函数传递参数，而不用关心参数列表定义时的顺序。

使用关键参数有两个优势：

①由于不必担心参数的顺序，使用函数变得更加简单了。

②对于默认值参数，假设其他参数都用默认值，可以只给想要改变的那些默认值参数显示传值，而不必关心其所在位置前面的默认值参数是否都显示传值。

【例 5-5】 定义打印用户信息函数，其中年龄参数默认值为 20，性别参数默认值为“男”。

```
def print_user_info(name,age=20,sex='男'):
    #打印用户信息
    print('昵称:{}  年龄:{}  性别:{}'.format(name,age,sex))
    return
```

用关键字参数调用 print_user_info( ) 函数示例如下：

```
>>>print_user_info('张三')
#用位置参数和默认值调用函数
昵称:张三 年龄:20 性别:男
>>>print_user_info('李四',sex='女')
#用位置参数、默认值参数和关键字参数调用函数
昵称:李四  年龄:20  性别:女
>>>print_user_info(sex='女',name='王五',age=18)
#用关键字参数调用函数,参数顺序被完全打乱
昵称:王五  年龄:18  性别:女
```

5.2.4 可变长度参数

在 Python 函数中，还可以定义可变长度参数。顾名思义，可变长度参数就是传入的参数个数是可变的，可以是 1 个、2 个，也可以是任意个，还可以是 0 个。其包括可变长度的位置参数、可变长度的关键字参数。

1. 可变长度的位置参数

可变长度的位置参数的标志是在定义函数时的形参数名前面加一个“ * ”号，其定义时的语法格式如下：

```
def 函数名([普通参数列表,]* args[其他参数列表]):
    函数体
```

说明：

①参数 args 就是一个可变长度的位置参数。传入的参数个数可以是 0 个到任意多个，多个参数之间用逗号分隔。

②在可变数量的参数之前，可能会出现零个或多个普通参数。

③出现在 args 参数之前的普通参数都是“仅位置参数”，也就是说，它们在函数调用时只能作为位置参数传值，不能使用关键字传值和默认值。

④出现在 args 参数之后的任何形式参数都是“仅关键字参数”，也就是说，它们在函数调用时只能作为关键字参数传值而不能是位置参数传值。

⑤出现在普通参数和关键字参数之间的任意多个参数值都会被打包为一个元组，并将元组赋值给 args，若可变长度的参数值是 0 个，则 args 会被赋值成一个空元组。

【例 5 -6】可变长度的位置参数示例。

```
>>>def vartuple(a,b,c=200,* args,d,e=100):
    print(a,b,c,args,d,e)
>>>vartuple(1,2,3,d=4)
#1,2,3 按位置传值给 a,b,c;4 按关键字传值给 d;e 为默认值;
# 期间没有可变参数,所以 args 打印结果为空元组
1 2 3()4 100
```

```
>>> vartuple(1,2,d=4)
#1,2 按位置传值给 a,b;4 按关键字传值给 d;c 采用的是默认值
#期间没有可变参数,所以 args 打印结果为空元组
1 2 200()4 100
>>> vartuple(1,2,3,4,5,e=6,d=7)
#1,2,3 按位置传值给 a,b,c;6,7 按关键字传值给 e,d
#期间的 4,5 被打包为元组赋值给可变长度变量 args
#不存在 c 使用默认值,同时 args 不为空的情况
1 2 3(4,5)7 6
>>> vartuple(1,2,3,4,5)             #d 不赋值时,会报缺少关键字参数错误
Traceback(most recent call last):
  File "<pyshell#61>",line 1,in <module>
    vartuple(1,2,3,4,5)
TypeError:vartuple()missing 1 required keyword-only argument:'d'
>>> vartuple(1,d=6)             #不为 a,b 赋值时,会报缺少位置参数错误
Traceback(most recent call last):
  File "<pyshell#62>",line 1,in <module>
    vartuple(1,d=6)
TypeError:vartuple()missing 1 required positional argument:'b'
>>>
```

【例 5-7】 print() 函数中的可变长度位置参数。

print() 方法用于打印输出，是 Python 中最常见的一个函数。该函数的定义如下：

```
def print(*objects,sep=' ',end='\n',file=sys.stdout):
    函数体
```

其中 objects 参数就是一个可变长度的位置参数，表示输出的对象。输出多个对象时，需要用逗号分隔。如需为 sep、end、file 这几个默认值参数赋值，则必须采用关键字传值的方法，不能使用位置传值的方法。

```
>>> print("Hello World")#字符串类型可以直接输出
Hello World
>>> a=1
>>> b="Hello World"
>>> print(a,b)          #可以一次输出多个对象,对象之间用逗号分隔
1 Hello World
>>> print("www","python","org",sep=".")  #设置间隔符
www.python.org
```

【例 5-8】 定义一个函数，将任意多个字符串以指定的连接符连接为一个字符串。

```
>>> def concat(* args,sep="/"):
    return sep.join(args)
>>> concat("earth","mars","venus")
'earth/mars/venus'
>>> concat("earth","mars","venus",sep=".")
'earth.mars.venus'
```

2. 可变长度的关键字参数

可变长度的位置参数允许传入0个或任意多个参数，这些参数值在函数调用时自动组装为一个tuple（元组）。而可变长度的关键字参数允许传入0个或任意多个含参数名的参数，这些关键字参数在函数内部自动组装为一个dict（字典），定义时需在参数名前加“**”作为标志，如“**kw”，kw即为可变长度的关键字参数。其语法格式如下：

```
def 函数名([其他参数列表,]** kw):
    函数体
```

说明：

①可变长度的关键字参数kw，会接收所有参数列表之外，以关键字参数传值的所有参数，并将其打包为字典。

②若无其他参数列表以外的关键字参数，则kw为空字典。

③定义时，kw之后不能有其他任何参数。

④调用时，参数列表之外的关键字参数可以出现在位置参数之后的任意位置。

【例5-9】可变长度的关键字参数示例。

```
>>> def person(name,age,** kw):
# kw为可变长度的关键字参数,位于参数列表最后
    print('name:',name)
    print('age:',age)
    print('other:',kw)
    for i,v in kw.items():
        print(i,v)

>>> person('张三',30)
# 无其他参数时,kw值为空字典{}
name:张三
age:30
other:{}
>>> person(city='北京',name='李四',age=35)
# city为参数列表外的参数,被kw接收
name:李四
```

```
age:35
other:{'city':'北京'}
city 北京
>>> person('王五',sex='女',job='数据分析工程师',age=45)
# sex、job 可以位于位置参数"王五"之后的任意位置
name:王五
age:45
other:{'sex':'女','job':'数据分析工程师'}
sex 女
job 数据分析工程师
```

5.2.5 解包参数列表

1. 用"*"操作符解包位置参数列表

调用函数时，当实参已经在列表、元组、字符串、字典等可迭代对象中时，即可迭代对象的每一个元素对应着函数调用的位置参数。这时，可以使用"*"操作符来编写函数调用，以便从可迭代对象中解包参数。

例如一个接收三个参数的函数 func()，其代码如下：

```
def func(a,b,c):                #func 函数接收三个参数
    print(a,b,c)
```

调用该函数时，若三个实参已存放在列表 list0 中：

```
list0 =[1,2,3]              #三个实参分别为列表 list0 的三个元素
```

那么，在调用时，可以利用下标访问的方式来传参：

```
>>> func(list0[0],list0[1],list0[2])  #利用下标访问的方式来传参
1 2 3
```

也可以将 list0 的元素先解包，并赋值给新的变量，再利用新的变量来传参：

```
>>> j,k,h = list0              #先进行序列解包
>>> func(j,k,h)                #再进行传参
1 2 3
```

以上两种方式虽然可行，但却烦琐，而利用"*"操作符可以直接将 list0 解包，其每一个元素变成位置参数传入函数：

```
>>> func(* list0)              #用* 解包列表作为位置参数
1 2 3
```

同样，* 也可以用来解包其他可迭代对象：

```
>>> tuple0 =(4,5,6)
```

```
>>> func(* tuple0)              #用* 解包元组传参
4 5 6
>>> str0 = "中国强"
>>> func(* str0)                #用* 解包字符串
中国强
>>> dict0 = {'a':7,'b':8,'c':9}
>>> func(* dict0)
#用* 解包字典时,默认解包字典的键作为位置参数
a b c
>>> func(* dict0.items())
#用字典的 items()方法将字典的键值对打包为元组,作为位置参数
('a',7)('b',8)('c',9)
>>> func(* dict0.values())
#用字典的 values()方法可以将字典的值解包为位置参数
7 8 9
```

2. 用“ ** ”操作符解包关键字参数列表

和“ * ”操作符解包位置参数列表类似，“ ** ”操作符把该字典解包为关键字参数传入函数，其中键被解包为关键字，值被解包为实参值。需要注意的是，“ ** ”操作符只能用来解包字典。

```
>>> def func1(a,b,c):                    #func 函数接收三个参数
print(a,b,c)
>>> dict1 = {'a':1,'b':2,'c':3}
>>> func1(** dict1)
#相当于关键字参数调用 func1(a =1,b =2,c =3)
1 2 3
>>> dict1 = {'b':2,'c':3}
>>> func1(1,** dict1)                    #与普通位置参数配合使用
1 2 3
>>> func1(** dict1,a =4)                 #与关键字参数配合使用
4 2 3
>>> dict1 = {'b':2,'d':3}                #字典中包含形参中不存在的关键字 d
>>> func1(5,** dict1)
#报异常关键字错误,即字典中的键需与形参关键字名称一致
Traceback(most recent call last):
  File "<pyshell#106>",line 1,in <module>
    func1(5,** dict1)
TypeError:func1()got an unexpected keyword argument 'd'
```

3. 用解包参数列表为可变参数传值

以例5-8 concat( ) 的调用为例来示范解包位置参数为可变长度位置参数传值:

```
>>> def concat(* args,sep = "/"):
    return sep.join(args)
>>> list2 =["I","love","China","!"]
>>> concat(* list2)
'I/love/China/!'
>>> concat(* list2,sep =' ')
'I love China !'
```

以例5-9 person( ) 的调用为例来示范解包关键字参数为可变长度关键字参数传值:

```
>>> def person(name,age,** kw):
    print('name:',name)
    print('age:',age)
    print('other:',kw)
    for i,v in kw.items():
        print(i,v)
>>> extra = {'city':'北京','job':'工程师'}
>>> person('张三',30,** extra)
# 1. ** extra 实现字典解包,传值给** kw;
# 2. ** kw 又将其打包为字典赋值给 kw;
# 3. 结果 extra、kw 的值都是{'city':'北京','job':'工程师'}
name:张三
age:30
other:{'city':'北京','job':'工程师'}
city 北京
job 工程师
>>> extra = {'age':'40','city':'北京','job':'工程师'}
>>> person('李四',** extra)
# 1. ** extra 实现字典解包,其中 age 以关键字参数传值;
# 2. city、job 不在形参列表中,故由可变参数** kw 接收;
# 3. ** kw 又将 city、job 打包为字典赋值给 kw;
# 4. 结果 kw 的值为{'city':'北京','job':'工程师'}
name:李四
age:40
other:{'city':'北京','job':'工程师'}
city 北京
job 工程师
```

5.2.6 特殊参数

默认情况下，函数的参数传递形式可以是位置参数或是显式的关键字参数。为了确保可读性和运行效率，可以在定义函数时限制允许的参数传递形式，这样开发者只需查看函数定义即可确定参数项是仅按位置、既按位置又按关键字，还是仅按关键字传递。

例如，如下的函数定义：

```
def f(pos1,pos2,/,pos_or_kwd,* ,kwd1,kwd2):
```

其中，pos1、pos2 是仅限位置参数；pos_or_kwd 是位置或关键字参数；kwd1、kwd2 是仅限关键字参数。

这里“/”和“*”是可选的，其中“/”是 Python 3.8 的新增用法。如果使用这些符号，则表明可以通过何种形参将参数值传递给函数：仅限位置、位置或关键字，以及仅限关键字。

①如果函数定义中未使用“/”和“*”，则参数可以按位置或按关键字传递给函数。

②仅限位置形参要放在“/”之前。这个“/”被用来从逻辑上分隔仅限位置形参和其他形参。在“/”之后的形参可以为位置或关键字参数、仅限关键字参数。

③要将形参标记为仅限关键字参数，即指明该形参必须以关键字参数的形式传入实参，应在参数列表的第一个仅限关键字形参之前放置一个“*”。

④如果函数定义中已经有了一个可变参数，后面跟着的仅关键字参数就不再需要一个特殊分隔符“*”了。

【例 5-10】特殊参数示例。

```
 >>> def f(a,b,/,c,d,* ,e,f):
     print(a,b,c,d,e,f)
 >>> f(10,20,30,d=40,e=50,f=60)          #正确的调用方法
 10 20 30 40 50 60
 >>> f(10,b=20,c=30,d=40,e=50,f=60)  #b不能使用关键字参数的形式
 Traceback(most recent call last):
   File "<pyshell#119>",line 1,in <module>
     f(10,b=20,c=30,d=40,e=50,f=60)
 TypeError:f()got some positional-only arguments passed as keyword
arguments:'b'
 >>> f(10,20,30,40,50,f=60)              #e必须使用关键字参数的形式
 Traceback(most recent call last):
   File "<pyshell#120>",line 1,in <module>
     f(10,20,30,40,50,f=60)
 TypeError:f()takes 4 positional arguments but 5 positional arguments
(and 1 keyword-only argument)were given
```

5.2.7 传值与传址参数

参数传递分为传值和传址两种。一般而言，不可变数据类型的参数传递为传值方式，例

如数字、字符串、元组等；可变数据类型的参数传递为传址方式，例如列表、字典等。

传值方式是指不可变数据类型在参数传递过程中，将实参对象复制一份传递给了形参，使得实参、形参指向不同的对象；传址方式是指可变数据类型在参数传递过程中，将实参所指向的对象的地址复制了一份传递给了形参，使得实参、形参指向了同一对象。其在内存中的状态如图 5－1 和图 5－2 所示。

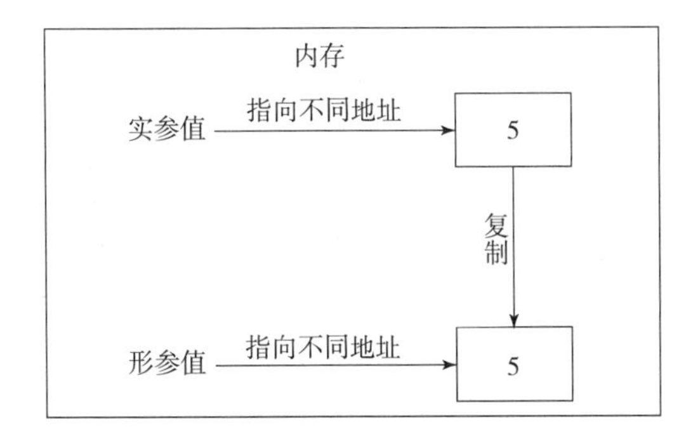

图 5－1　传值参数内存情况

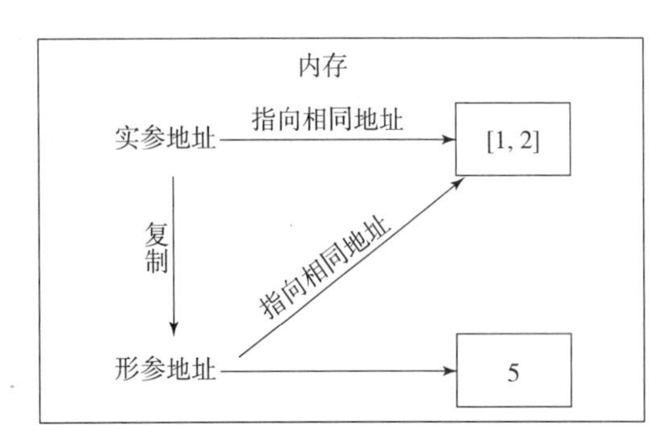

图 5－2　传址参数内存情况

【例 5－11】按传值方式传递参数，形参、实参值互不影响。

```
>>> def fun(int_x):               #整数类型的参数为传值方式传递
      int_x=int_x* 2              #在函数内部改变了形参的值
      print("inside:",int_x)
>>> int_s=5;
>>> print("before",int_s)         #调用函数前,实参值为 5
before 5
>>> fun(int_s)                    #调用函数中,形参值改变为 10
inside:10
>>> print("after",int_s);         #调用函数后,实参值依然为 5
after 5
```

【例 5－12】按传址方式传递参数，形参、实参操作的是同一对象，故会相互影响。

```
>>> def fun(dict_x):                          #字典类型的参数为传址方式传递
      dict_x["name"]="aaa"
      print("inside:",dict_x)
>>> dict_s={"name":"xxx","age":30};          #实参值
>>> print("before",dict_s)
before {'name':'xxx','age':30}                #调用函数之前的值
>>> fun(dict_s)
inside:{'name':'aaa','age':30}                #调用函数中,name 值被改变
>>> print("after",dict_s);
after {'name':'aaa','age':30}
#调用函数后,name 值也是被改变后的值
```

5.3 变量的作用域

变量作用域（Scope）是指变量的有效范围，就是变量在哪个范围以内可以被使用。有些变量可以在整段代码的任意位置使用，有些变量只能在函数内部使用，有些变量只能在for循环内部使用。

一般而言，变量的作用域由变量的定义位置决定，在不同位置定义的变量，它的作用域是不一样的。位置包括模块内（函数体外）、函数体内、程序块内。模块内（函数体外）定义的变量称为全局变量；函数体内定义的变量称为局部变量；程序块内定义的变量也称为局部变量，只是作用范围更小了，如for循环就是一个程序块，程序块内还可以包含子程序块，子程序块中定义的变量只在子程序块内起作用。

变量作用域由大到小为：

- 全局变量
- 函数体内局部变量
- 程序块内局部变量
- 子程序块内局部变量

如图5－3所示。

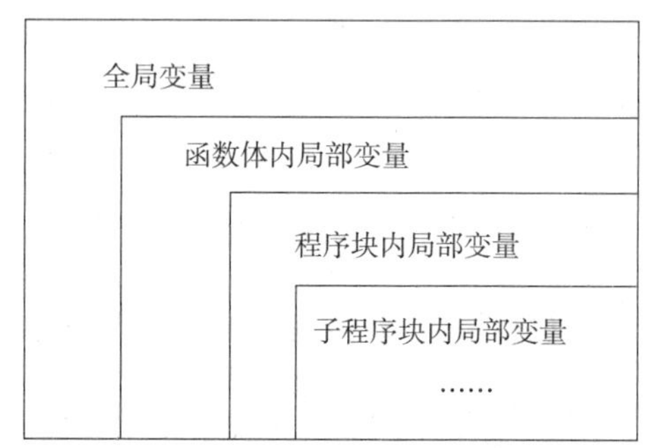

图5－3　用len()函数获取字符串长度

小作用域可以调用大作用域的变量，而大作用域调用小作用域的变量则会因超出范围而报错。

1. 局部变量

在函数内部定义的变量，它的作用域也仅限于函数内部，出了函数就不能使用了。通常将这样的变量称为局部变量（Local Variable）。

原理是，当函数被执行时，Python会为其分配一块临时的存储空间，所有在函数内部定义的变量都会存储在这块空间中。而在函数执行完毕后，这块临时存储空间随即会被释放并回收，该空间中存储的变量自然也就无法再被使用了。

【例5－13】局部变量示例。

```
>>> def demo():
    add = "https://www.python.org/"
#在函数内部定义变量add,即局部变量
    print("函数内部 add =",add)
>>> demo()                              #在函数内部使用,正常
函数内部 add = https://www.python.org/
>>> print("函数外部 add =",add)
#在函数外部直接使用局部变量add,会报NameError的异常,因add已被销毁
Traceback(most recent call last):
  File "<pyshell#125>",line 1,in <module>
    print("函数外部 add =",add)
NameError:name 'add' is not defined
```

注意：函数的形参也是函数的局部变量。

2. 全局变量

在所有函数的外部定义的变量称为全局变量（Global Variable）。和局部变量不同，全局变量的默认作用域是整个程序，即全局变量既可以在各个函数的外部使用，也可以在各函数内部使用。

定义全局变量有两种方式：

①在函数体外直接定义全局变量。

【例5－14】 在函数体外直接定义全局变量示例。

```
>>> add = "https://www.python.org/"
#在函数外部定义变量 add,即全局变量
>>> def demo():
print("在函数体内访问全局变量 add = ",add)
#在函数内部使用全局变量,正常
>>> demo()
在函数体内访问全局变量 add = https://www.python.org/
>>> print("在函数体外访问全局变量 add = ",add)
#在函数外使用全局变量,正常
在函数体外访问全局变量 add = https://www.python.org/
```

②在函数体内使用 global 关键字定义全局变量。当在函数体内使用 global 关键字修饰变量时，该变量被提升为全局变量。

【例5－15】 使用 global 关键字定义全局变量示例。

```
>>> def demo():
    global add
#用 global 将局部变量 add 提升为全局变量
    add = "https://www.python.org/"
    print("函数体内访问:",add)
>>> demo()
函数体内访问:https://www.python.org/
>>> print('函数体外访问:',add)
#在函数体外,依然可以使用 add 全局变量
函数体外访问:https://www.python.org/
```

3. 特殊情况

①当全局变量的名称和函数体内局部变量的名称相同时，局部变量的权限大于全局变量，即在函数体内定义的局部变量将隐藏与其名称相同的全局变量。

【例5－16】 局部变量覆盖与其同名的全局变量示例。

```
>>> add = "全局变量"                                 #定义全局变量 add
>>> def demo():
    add = "局部变量"                                 #定义局部变量 add
    print("函数体内访问,add 为:",add)                #局部变量 add 隐藏了全局变量 add
>>> demo()
函数体内访问,add 为:局部变量
>>> print('函数体外访问,add 为:',add)                #在函数体外,add 依然为全局变量
函数体外访问,add 为:全局变量
```

②如果要将局部变量或嵌套函数引入全局环境中使用，这就需要用到闭包的概念了。

5.4 lambda 表达式

在 Python 中，可以用 lambda 关键字来创建一个小的匿名函数，该函数只是一个表达式，所以叫作 lambda 表达式。所谓匿名，意即不需要给函数指定名字，而用 def 定义的函数必须有一个明确的函数名。

lambda 函数的语法结构如下：

```
lambda[参数列表]:表达式
```

①关键字 lambda 表示匿名函数。

②冒号前面的表示函数参数列表。lambda 表达式可以有 0 到多个参数。

③冒号后面是表达式，匿名函数有个限制条件，就是只能有 1 个表达式。

④匿名函数不用写 return，返回值就是表达式的结果。

⑤用匿名函数有个好处，即因为函数没有名字，所以不必担心函数名冲突。

⑥匿名函数也是一个函数对象，也可以把匿名函数赋值给一个变量，再利用变量来调用该函数，即将其变为一个有名称的具名函数。

【例 5-17】 利用 lambda 表达式计算 $f(x) = x^2$。

```
>>> f = lambda x:x* x
>>> f(5)
25
```

等同于以下标准函数：

```
>>> def f(x):
    return x* x
>>> f(5)
25
```

【例 5-18】 用 lambda 表达式计算 $f(x,y,z) = x + y + z$。

```
>>> f = lambda x,y,z:x + y + z
>>> f(1,2,3)
6
```

等同于以下标准函数:

```
>>> def f(x,y,z):
    return x + y + z
>>> f(1,2,3)
6
```

lambda 的主体是一个表达式,而不是一个代码块。仅仅能在 lambda 表达式中封装有限的逻辑进去,所以通常用于单行函数,可以省去定义函数的过程,让代码更加简洁,对于不需要多次复用的函数,使用 lambda 表达式可以在用完之后立即释放,提高程序执行的性能。例如,高阶函数的参数大多使用 lambda 表达式。

5.5 生成器函数

前面内容已经给大家介绍过,利用生成器表达式可以创建一个生成器对象。创建生成器对象还有第二种方法,那就是利用函数。如果一个函数中包含 yield 关键字,那么这个函数就不再是一个普通函数,而是一个生成器(generator)函数。调用这个生成器函数就可以创建一个生成器对象。

yield 的作用类似于 return,用于返回值,但是 return 是一次返回所有值,而 yield 只返回一个值,并且记住这个返回的位置,暂停程序执行,下次迭代时(如用__next__()方法访问时),代码从暂停 yield 的下一条语句开始执行,直到遇到下一个 yield 或者满足结束条件结束函数为止。

【例 5-19】 生成器函数示例。

```
>>> def gen_function():
    for i in range(10):
        yield i                  #有 yield 关键字的函数,即生成器函数
>>> g = gen_function()           #调用生成器函数,创建了一个生成器对象 g
>>> type(g)                      #g 的数据类型为 generator 生成器
<class 'generator'>
>>> g.__next__()                 #用__next__()方法访问生成器元素
0
>>> next(g)                      #用内置函数 next()访问生成器元素
1
>>> for i in g:                  #用 for 循环迭代访问生成器元素
    print(i,end = " ")
2 3 4 5 6 7 8 9
```

【例 5-20】 包含多个 yield 关键字的生成器函数示例。

```
>>> def gen_function2():
    print('step 1')
    yield(1)
```

```
    print('step 2')
    yield(3)
    print('step 3')
    yield(5)
>>> gen = gen_function2()     #由函数创建生成器对象 gen
>>> print(next(gen))          #第一次迭代,遇到第一个 yield,程序暂停,返回 1
step 1
1
>>> print(next(gen))          #第二次迭代,从 print('step 2')开始执行
                              #遇到第二个 yield,程序暂停,返回 3
step 2
3
>>> print(next(gen))          #第三次迭代,从 print('step 3')开始执行
                              #遇到第三个 yield,程序暂停,返回 5,程序结束
step 3
5
>>> print(next(gen))          #第四次迭代,由于程序已结束,会出现异常
Traceback(most recent call last):
  File "<pyshell#30>",line 1,in <module>
    print(next(gen))
StopIteration
```

生成器函数在数据科学领域中很常用，这是因为储存数据时可以用列表存储，但是当数据特别大时，建立一个列表的储存数据会占用很大内存。而生成器是“惰性”求值的，也就是说，生成器是“按需”生产数据的，不会出现大量数据抢占内存的情况，它可以说是一个不怎么占计算机资源的一种方法。

5.6 递归函数

在函数内部可以调用其他函数。如果一个函数在内部调用自身，这个函数就是递归函数。

【例 5-21】 计算 n 的阶乘。

n!=1 * 2 * 3 * … * (n-1) * n，按照从 1 开始一直乘到 n 这种递推的思路，程序可以这样来写：

```
>>> def fact(n):              #递推的方式:从小往大顺势推算
    sum = 1
    for i in range(1,n+1):
        sum = sum* i
    return sum
```

```
>>> fact(5)
120
```

换个思路，f(n) = n! = n * (n - 1) * (n - 2) * ··· * 3 * 2 * 1 = n * (n - 1)! = n * f(n - 1)，也就是说，如果得到（n - 1）!，那么利用 n * f(n - 1) 就可以得到 n! 了；同样，如果想得到（n - 1）!，那么只要知道（n - 2）!，就可以利用（n - 1）*（n - 2）! 得到了；依此类推，直到需要计算 1! 时，就可以明确返回 1! 为 1，结束递归。下一步就是一层一层地将计算结果返回上一级，直到返回 f(n - 1) 的值，并由 n * f(n - 1) 计算出 f(n)。调用返回过程如图 5 - 4 所示。

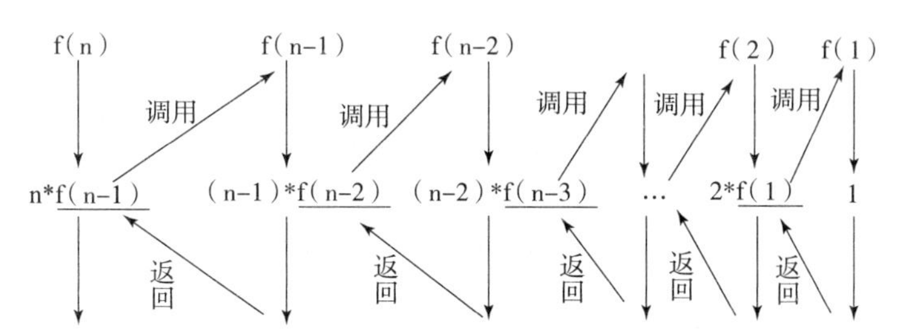

图 5 - 4 n 的阶乘的递归调用返回示意图

程序代码如下：

```
>>> def f(n):
#递归的方式:从结果开始追溯
    if n ==1:
        return 1
    return n* f(n -1)

>>> f(5)
120
```

f(5) 的执行过程如下：

f(5)

第一步，调用：5 * f(4)

第二步，调用：5 * (4 * f(3))

第三步，调用:5 * (4 * (3 * f(2)))

第四步，调用:5 * (4 * (3 * (2 * f(1))))

第五步，返回:5 * (4 * (3 * (2 * 1)))

第六步，返回:5 * (4 * (3 * 2))

第七步，返回:5 * (4 * 6)

第八步，返回：5 * 24

第九步，计算最终结果：120

递归函数的特性：

①必须有一个明确的结束条件；

②每次递归调用时，问题的性质要保持不变，问题规模相比上次递归都应有所减少；
③相邻两次重复之间有紧密的联系，比如，前一次的输出作为后一次的输入；
④递归效率不高，递归深度不可太大，否则会导致栈溢出，报 RecursionError 错误。

【例 5-22】用递归实现 1~100 以内的整数加法。

```
>>> def sum(n):
    if n >0:
        return n + sum(n -1)
#递归调用函数本身,将 n 的问题转化为 n -1 的问题
    else:
        return 0                    #递归结束条件
>>> sum(100)
5050
```

【例 5-23】汉诺塔问题：有三个立柱 A、B、C。A 柱上穿有大小不等的圆盘 N 个，较大的圆盘在下，较小的圆盘在上。要求把 A 柱上的圆盘全部移到 C 柱上，保持大盘在下、小盘在上的规律（可借助 B 柱）。每次移动只能把一个柱子最上面的圆盘移到另一个柱子的最上面。请输出移动过程。

```
>>> i =0
>>> def hannuo(n,a,b,c):
    # 把变量 i 全局化,如果不全局化,只可访问读取,不能进行操作修改
    global i
    if n ==1:
        i +=1
        print('移动第',i,'次',a,' --> ',c)
    else:
        #1. 把 a 柱上 n -1 个圆盘移动到 B 柱上
        hannuo(n -1,a,c,b)
        #2. 把 A 柱上最大的圆盘移动到 C 柱子上
        hannuo(1,a,b,c)
        #3. 把 B 柱上 n -1 个圆盘移动到 C 柱子上
        hannuo(n -1,b,a,c)
>>> hannuo(3,'A','B','C')
移动第 1 次 A --> C
移动第 2 次 A --> B
移动第 3 次 C --> B
移动第 4 次 A --> C
移动第 5 次 B --> A
移动第 6 次 B --> C
移动第 7 次 A --> C
```

5.7　常用内置函数

Python 解释器内置了很多函数和类型，可以在任何时候使用它们。Python 3.8 常用的内置函数大致可分为几大类：输入输出函数、字符串相关函数、数据类型相关函数、进制转换相关函数、数学计算相关函数、迭代器类函数、面向对象相关函数、其他系统函数及高阶函数。见表 5－1。

表 5－1　内置函数列表

<table>
<tr><th colspan="2">函数类型</th><th>相关函数</th><th>备注</th></tr>
<tr><td colspan="2">输入输出函数</td><td>input( )、output( )、open( )</td><td>在模块 2 和 8 中介绍</td></tr>
<tr><td colspan="2">字符串相关函数</td><td>str( )、len( )、ord( )、eval( )、format( )、repr( )、ascii( )</td><td>在模块 7 中介绍</td></tr>
<tr><td colspan="2">数据类型相关函数</td><td>bool( )、int( )、float( )、complex( )、list( )、tuple( )、set( )、dict( )、hash( )、bytearray( )、frozenset( )</td><td>在模块 2 和 4 中介绍</td></tr>
<tr><td colspan="2">进制转换相关函数</td><td>bin( )、byetes( )、chr( )、hex( )、oct( )</td><td>在模块 2 中介绍</td></tr>
<tr><td colspan="2">数学计算相关函数</td><td>abs( )、divmod( )、min( )、max( )、sum( )、pow( )、round( )</td><td></td></tr>
<tr><td colspan="2">迭代器函数</td><td>range( )、enumerate( )、iter( )、reversed( )、zip( )</td><td></td></tr>
<tr><td colspan="2">面向对象相关函数</td><td>property( )、setattr( )、getattr( )、hasattr( )、delattr( )、issubclass( )、super( )、@ class-method、@ staticmethod</td><td>在模块 6 中介绍</td></tr>
<tr><td rowspan="6">系统函数</td><td>帮助函数</td><td>dir( )、help( )</td><td></td></tr>
<tr><td>取值函数</td><td>next( )、all( )、any( )、id( )</td><td></td></tr>
<tr><td>类型判断函数</td><td>isinstance( )、type( )</td><td></td></tr>
<tr><td>获取变量或属性值函数</td><td>globals( )、locals( )、vars( )</td><td></td></tr>
<tr><td>编程环境相关函数</td><td>breakporint( )、callable( )、exec( )、compile( )、memoryview( )</td><td>不常用函数，本书不做介绍</td></tr>
<tr><td>其他函数</td><td>slice( )、__import__( )</td><td>不常用函数，本书不做介绍</td></tr>
<tr><td colspan="2">高阶函数</td><td>map( )、filter( )、sorted( )</td><td></td></tr>
</table>

本模块接下来的内容将对数学计算相关函数、迭代器函数、部分系统函数及高阶函数的使用做进一步的介绍，在其他模块中有介绍的函数，本模块不再赘述。

5.7.1 数学计算相关函数

1. abs(x)

abs() 函数返回数的绝对值。参数 x 为数值表达式，可以是整数、浮点数、复数。如果参数是一个复数，则返回它的模。

```
>>> abs(-40)
40
>>> abs(100.10)
100.1
>>> a = 2 - 5j                    #复数
>>> abs(a)                        #返回复数的模
5.385164807134504
```

2. divmod(a,b)

divmod() 函数接收两个数字类型（非复数）参数，返回一个包含商和余数的元组(a//b,a%b)。

```
>>> divmod(9,3)
(3,0)
>>> divmod(9,2)
(4,1)
>>> divmod(9,-4)                  #Python 取余数的机制:
#r = a - n* [a//n],这里 r 是余数,a 是被除数,n 是除数
(-3,-3)
>>> divmod(-9,4)
(-3,3)
```

3. min(x,y,z,…[,key])

min() 方法返回给定参数的最小值，参数可以为序列。key 参数指定排序函数使用的参数。

```
>>> min(80,100,1000)
80
>>> min(-20,100,400)
-20
>>> min(-80,-20,-10)
-80
>>> min('10','100','400',key = len)     #按长度求最小值
'10'
```

```
>>> min([1,2,3])             #序列元素最小值
1
>>> min((1,2,3),(4,))        #两个序列中最小的一个
(1,2,3)
```

4. max(x,y,z,…[,key])

max() 方法返回给定参数的最大值，参数可以为序列。key 参数指定排序函数使用的参数。

```
>>> max(80,100,1000)
1000
>>> max(-20,100,400)
400
>>> max(-80,-20,-10)
-10
>>> max('10','100','400',key=len)       #按长度求最大值
'100'
>>> max([1,2,3])                        #序列元素最大值
3
>>> max((1,2,3),(4,))                   #两个序列中最大的一个
(4,)
```

5. sum(iterable[,start])

sum() 方法对系列进行求和计算。参数 iterable 为可迭代对象；start 默认为 0，表示对 iterable 的项求和后再加上 start 的值并返回总和。iterable 的项通常为数字，start 值则不允许为字符串。

```
>>> sum([1,2,3])
6
>>> sum((1,2,3),1)            #可迭代对象的和为6,加上 start 1 后,总和为7
7
```

6. pow(x,y[,z])

pow() 用于计算 x^y，如果 z 在存在，则再对结果进行取模，其结果等效于 pow(x,y)%z。

```
>>> pow(2,3)
8
>>> pow(2,3,3)             #求2³后,对3求模
2
```

7. round(x[,n])

round() 方法返回 x 的四舍五入值，参数 x 为数字表达式，n 表示保留小数点位数。

```
>>> round(3.1415926)
3
>>> round(3.1415926,1)
3.1
>>> round(3.1415926,4)
3.1416
>>> round(-3.1415926,3)
-3.142
```

5.7.2 迭代相关函数

1. range([start,]stop[,step])

range() 函数生成一段左闭右开的、整数范围的、不可变的、可迭代的 range 对象，参数 start 表示计数从 start 开始，默认从 0 开始，例如，range(5) 等价于 range(0,5)；stop 表示计数到 stop 结束，但不包括 stop。例如，range(0,5) 生成的对象的元素为 0,1,2,3,4，但没有 5；step 表示步长，默认为 1，例如，range(0,5) 等价于 range(0,5,1)。

range() 函数的特性：

①range() 函数有三种形式：range(stop)、range(start,stop)、range(start,stop,step)。

②range() 函数生成的是一个可迭代对象，但不是迭代器，不可用 next() 方法遍历。

③生成的是左闭右开区间的整数范围。

④函数具有惰性求值的特性。

⑤参数只接收整数，包括负数。

⑥生成的 range 对象为不可变序列对象。

⑦range 对象支持切片。

⑧最常用于 for 循环。

```
>>> for i in range(1,5):          #元素包括1,2,3,4,不包括5,即左闭右开区间
    print(i)
1
2
3
4
>>> range(5)
#只有一个参数时,该参数为 stop 的实参,start 默认为 0,step 默认为 1
range(0,5)
```

```
>>> r = range(1,5)
#有两个参数时,第一个参数为 start 值,第二个参数为 stop 值,step 默认为 1
>>> type(r)                            #其类型为 range 类型
<class 'range'>
>>> next(r)
#range 对象并非迭代器,不可以通过 next()函数访问
Traceback(most recent call last):
  File "<pyshell#162>",line 1,in <module>
    next(r)
TypeError:'range' object is not an iterator
>>> lr = list(r)                        #可以通过 list 函数转换为列表
>>> lr
[1,2,3,4]
>>> list(range(1,10,2))                 #步长为 2 的 range 对象
[1,3,5,7,9]
>>> list(range( -5,5,2))                #起始计数为负数
[ -5, -3, -1,1,3]
>>> list(range( -5, -1,2))              #起始、结束计数为负数
[ -5, -3]
>>> list(range( -5, -10, -2))           #步长为负数
[ -5, -7, -9]
```

2. iter(object)

iter() 函数用来生成迭代器。参数 object 为支持迭代的集合对象，如字符串、列表、元组、集合、字典等。

所谓迭代器，是指可以被 next() 函数调用并不断返回下一个值的对象。

生成器都是迭代器对象，但是字符串、列表、元组、集合、字典、range 对象等，虽然是可迭代对象（Iterable），但却不是迭代器对象。可以通过 iter() 函数变成迭代器。

```
>>> st = "China"                        #由字符串创建迭代器
>>> iter(st)
<str_iterator object at 0x0000019270BD4DF0>
>>> lst = [1,2,3]
>>> iter(lst)                           #由列表创建迭代器
<list_iterator object at 0x0000019270BF43D0>
>>> tup = (1,2,3)
>>> iter(tup)                           #由元组创建迭代器
<tuple_iterator object at 0x0000019270BF4700>
>>> se = {1,2,3}
```

```
>>> iter(se)                              #由集合创建迭代器
<set_iterator object at 0x0000019270BE5680>
>>> dic={1:'a',2:'b',3:'c'}
>>> iter(dic)                             #由字典的 key 创建迭代器
<dict_keyiterator object at 0x0000019270BE9E00>
>>> iter(dic.values())                    #由字典的 values 创建迭代器
<dict_valueiterator object at 0x00000192709F7EA0>
>>> ra=range(1,5)
>>> iter(ra)                              #由 range 对象创建迭代器
<range_iterator object at 0x0000019270BF1570>
```

迭代器对象的特性:

①可以通过 next( ) 内置函数访问。

②可以通过__next__( ) 方法、for 循环等方式访问。

③具有惰性求值特性。

④元素只能被遍历一次。

```
>>> lst=[1,2,3,4,5]
>>> ilst=iter(lst)
>>> next(ilst)          #通过 next()内置函数访问元素
1
>>> ilst.__next__()     #通过__next__()方法访问元素
2
>>> for i in ilst:              #通过 for 循环访问元素
print(i)
3
4
5
>>> list(ilst)          #第二次遍历时,元素为空,只能遍历一次
[]
```

3. enumerate(iterable,[start=0])

enumerate( ) 函数返回一个 enumerate（枚举）对象，参数 iterable 为可迭代对象，start 为下标起始位置，默认为 0。enumerate 对象为 iterable 对象的索引序列每一个元素，也就是说，enumerate 对象的元素为 iterable 对象对应位置上的元素下标和该元素组成的元组。

enumerate 对象为迭代器对象，具有迭代器的特性。

```
>>> lis=['a','b','c']
>>> elis=enumerate(lis)                    #枚举列表
>>> elis                                   #elis 为 enumerate 对象
<enumerate object at 0x0000019270B83940>
```

```
>>> list(elis)
#将 enumerate 转换为列表,查看其中元素,位置从 0 开始
[(0,'a'),(1,'b'),(2,'c')]
>>> st ='I love China!'
>>> est = enumerate(st,1)          #枚举字符串对象
>>> next(est)                      #通过 next()内置函数访问
(1,'I')
>>> est.__next__()                 #通过迭代器的__next__()方法访问
(2,' ')
>>> for k in est:                  #通过 for 循环访问,k 为元组
        print(k,end=' ')
(3,'l')(4,'o')(5,'v')(6,'e')(7,' ')(8,'C')(9,'h')(10,'i')(11,'n')
(12,'a')(13,'!')
>>> list(est)
#第二次遍历 enumerate 对象,其内容为空,符合迭代器特性
[]
>>> tup = (1,2,3)
>>> for k,v in enumerate(tup,4):   #枚举元组对象,下标从 4 开始
#通过 for 循环访问,将元组解包分别赋值给 k,v
        print(k,end=' ')
        print(v,end=' ')
        print((k,v))
4 1(4,1)
5 2(5,2)
6 3(6,3)
```

4. reversed(seq)

reversed() 函数返回一个反转的迭代器（reversed 对象）。参数 seq 为要转换的序列，可以是字符串、列表、元组或 range 对象。

```
>>> # 字符串
str ='China'
>>> rstr = reversed(str)
>>> print(type(rstr))
<class 'reversed'>
>>> list(rstr)
['a','n','i','h','C']
>>> # 列表
lis = [1,2,4,3,5]
```

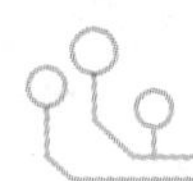


```
>>> list(reversed(lis))
[5,3,4,2,1]
>>> # 元组
tup = tuple(range(1,10))
>>> tuple(reversed(tup))
(9,8,7,6,5,4,3,2,1)
>>> # range
ra = range(3,9)
>>> rra = reversed(ra)
>>> next(rra)
8
>>> rra.__next__()
7
>>> for i in rra:
print(i,end=' ')
6 5 4 3
```

5. zip(*iterables)

zip() 函数，又称为拉链函数，其作用是创建一个聚合了来自每个可迭代对象中的元素的迭代器（zip 对象）。zip 对象的元素为元组，其中的第 i 个元组包含来自每个参数序列或可迭代对象的第 i 个元素。当所输入可迭代对象中最短的一个被耗尽时，迭代器将停止迭代；当只有一个可迭代对象参数时，它将返回一个单元组的 zip 对象；不带参数时，它将返回一个空 zip 对象。

```
>>> a = [1,2,3]
>>> b = ('a','b','c')
>>> zab = zip(a,b)
>>> for i in zab:
     print(i)
(1,'a')
(2,'b')
(3,'c')
>>> c = range(1,5)
>>> zabc = zip(a,b,c)
>>> list(zabc)                #a、b 长度为 3,c 长度为 4,zip 对象长度为 3
[(1,'a',1),(2,'b',2),(3,'c',3)]
>>> list(zip(c))              #zip()函数只有一个参数时
[(1,),(2,),(3,),(4,)]
>>> znone = zip()
```

```
>>> type(znone)          #zip()函数参数为空时,返回空的 zip 对象
<class 'zip'>
>>> list(znone)          #zip 对象为空
[]
```

5.7.3 系统函数

1. dir([object])

dir() 用于返回属性列表。object 参数可以是对象、变量、类型。dir() 函数不带参数时，返回当前范围内的变量、方法和定义的类型列表；带参数时，返回参数的属性、方法列表。如果参数包含方法__dir__()，该方法将被调用。如果参数不包含__dir__()，该方法将最大限度地收集参数信息。

```
>>> dir()#返回当前范围内的变量、方法和定义的类型列表
['__annotations__','__builtins__','__doc__','__loader__','__name__',
'__package__','__spec__','f','fact','g','gen','gen_function','gen_
function2','hannuo','i','sum']

>>> dir(list)#返回数据类型 list 的属性、方法列表。与 dir([])返回内容一致
['__add__','__class__','__contains__','__delattr__','__delitem__','_
_dir__','__doc__','__eq__','__format__','__ge__','__getattribute__','__
getitem__','__gt__','__hash__','__iadd__','__imul__','__init__','__init_
subclass__','__iter__','__le__','__len__','__lt__','__mul__','__ne__','_
_new__','__reduce__','__reduce_ex__','__repr__','__reversed__','__rmul__
','__setattr__','__setitem__','__sizeof__','__str__','__subclasshook__
','append','clear','copy','count','extend','index','insert','pop','re-
move','reverse','sort']
```

2. help([object])

help() 函数用于查看函数或模块用途的详细说明。object 参数为对象。如果实参是一个字符串，则在模块、函数、类、方法、关键字或文档主题中搜索该字符串，并在控制台上打印帮助信息；如果实参是其他任意对象，则会生成该对象的帮助页。

```
>>> help('sys')                  #模块 sys 的帮助信息
Squeeze text(360 lines)          #受篇幅所限,此处省略,读者可自行测试
>>> help('str')                  #类型 str 的帮助信息
Squeeze text(423 lines)
>>> a = []
>>> help(a)                      #列表对象 a 的帮助信息
Squeeze text(137 lines)
```

```
>>> help(a.append)          #列表的方法 append 的帮助信息
Help on built-in function append:
append(object,/)method of builtins.list instance
    Append object to the end of the list.
```

3. next(iterator[,default])

next() 返回迭代器对象的下一个元素。参数 iterator 为迭代器对象。default 为可选参数，用于设置在没有下一个元素时返回该默认值，如果不设置，又没有下一个元素，则会触发 StopIteration 异常。

```
>>> it=iter(range(10))
>>> while True:
    try:
        print(next(it),end=' ')
    except StopIteration as e:
#当迭代器中元素为空时,
#再用 next()获取元素,会产生 StopIteration 异常
        print(e.with_traceback)
        break
0 1 2 3 4 5 6 7 8 9 <built-in method with_traceback of StopIteration object at 0x0000019270B93DC0>
>>> itm=iter(['a','b','c'])
>>> while True:
    x=next(itm,'迭代器已空')          #当迭代器为空时,返回'迭代器已空'
    print(x)
    if(x=='迭代器已空'):
        break
a
b
c
迭代器已空
```

4. all(iterable)

all() 函数用于判断给定的可迭代参数 iterable 中的所有元素是否都为 True，如果迭代器 iterable 的所有元素都为真，或者迭代器为空，则返回 True；否则，迭代器 iterable 的任意一个元素是 0、空、None、False，则返回 False。

```
>>> all(['a','b','c','d'])        # 列表 list,元素都不为空或 0
True
>>> all(['a','b','','d'])         # 列表 list,存在一个为空的元素
```

```
False
>>>all([0,1,2,3])              # 列表 list,存在一个为 0 的元素
False
>>>all(('a','b','c','d')) # 元组 tuple,元素都不为空或 0
True
>>>all(('a','b','','d'))  # 元组 tuple,存在一个为空的元素
False
>>>all((0,1,2,3))              # 元组 tuple,存在一个为 0 的元素
False
>>>all([])                     #空列表
True
>>>all(())                     # 空元组
True
```

5. any(iterable)

any() 函数用于判断给定的可迭代参数 iterable 是否全部为 False，如果全部为 False，则返回 False；如果有一个为 True，则返回 True。

```
>>>any(['a','b','c','d'])      # 列表 list,元素都不为空或 0
True
>>>any(['a','b','','d'])       # 列表 list,存在一个为空的元素
True
>>>any([0,'',False])           # 列表 list,元素全为 0,'',false
False
>>>any(('a','b','c','d'))      # 元组 tuple,元素都不为空或 0
True
>>>any(('a','b','','d'))       # 元组 tuple,存在一个为空的元素
True
>>>any((0,'',False))           # 元组 tuple,元素全为 0,'',false
False
>>>any([])# 空列表
False
>>>any(())# 空元组
False
```

6. id(object)

id() 函数返回对象的唯一标识符，标识符是一个整数。object 为对象。在此对象的生命周期中保证是唯一且恒定的。两个生命期不重叠的对象可能具有相同的 id() 值。

```
>>>a ='Hello'
```

```
>>> id(a)
1728468087856
>>> b = 123
>>> id(b)
140726161692128
```

7. isinstance(object,classinfo)

isinstance()函数来判断一个对象是否是一个已知的类型。参数 object 为实例对象。classinfo 可以是直接或间接类名、基本类型或者由它们组成的元组。

如果参数 object 是参数 classinfo 的实例或者是其子类的实例，则返回 True；否则，返回 False。

如果 classinfo 是类型对象元组，那么，如果 object 是其中任何一个类型或其子类的实例，就返回 True；否则，将引发 TypeError 异常。

```
>>> a = 10
>>> isinstance(a,int)
True
>>> isinstance(a,str)
False
>>> isinstance(a,(float,int,list))     #是元组中的一个,返回 True
True
```

8. type(object)

type()函数只有一个参数时，返回对象的类型，参数 object 为对象。

```
>>> type(1)
<class 'int'>
>>> type('a')
<class 'str'>
>>> type([1,2,3])
<class 'list'>
>>> type((4,))
<class 'tuple'>
>>> type({5,6})
<class 'set'>
>>> type({1:'a',2:'b',3:'c'})
<class 'dict'>
>>> type(range(5))
<class 'range'>
```

9. globals( )

globals( ) 函数会以字典类型返回当前位置的全部全局变量。

```
>>> a = 10
>>> globals()
{'__name__':'__main__','__doc__':None,'__package__':None,'__loader__':<class '_frozen_importlib.BuiltinImporter'>,'__spec__':None,'__annotations__':{},'__builtins__':<module 'builtins'(built-in)>,'a':10}
```

10. locals( )

locals( ) 函数会以字典类型返回当前位置的全部局部变量。

```
>>> def sum0(a):
        global b
        b = 1
        print('局部变量:',locals())
        print('全局变量:',globals())
        return a + b
>>> sum0(1)
局部变量:{'a':1}
全局变量:{'__name__':'__main__','__doc__':None,'__package__':None,'__loader__':<class '_frozen_importlib.BuiltinImporter'>,'__spec__':None,'__annotations__':{},'__builtins__':<module 'builtins'(built-in)>,'a':10,'sum0':<function sum0 at 0x00000205DBDD7D30>,'b':1}
2
```

11. vars([object])

vars( ) 函数返回对象 object 的属性和属性值的字典对象。参数 object 为模块、类、对象。如果没有参数，就打印当前调用位置的属性和属性值，类似于 locals( ) 函数。

```
>>> vars()
{'__name__':'__main__','__doc__':None,'__package__':None,'__loader__':<class '_frozen_importlib.BuiltinImporter'>,'__spec__':None,'__annotations__':{},'__builtins__':<module 'builtins'(built-in)>,'a':10,'sum0':<function sum0 at 0x00000205DBE08CA0>,'b':1}
>>> class cla():
        c = 1
        pass

>>> vars(cla)
```

```
mappingproxy({'__module__':'__main__','c':1,'__dict__':<attribute
'__dict__' of 'cla' objects>,'__weakref__':<attribute '__weakref__' of
'cla' objects>,'__doc__':None})
```

5.7.4 常用高阶函数

高阶函数是指，一个函数就可以接收另一个函数作为参数。本小节将介绍 Python 内置函数中的高阶函数，包括 map( )、filter( )、sorted( )，以及标准库 functools 中的 reduce( ) 函数。

1. map(function,iterable,…)

map( ) 函数将传入的函数 function 依次作用到可迭代对象 iterable 的每个元素，并把结果作为新的迭代器 map 对象返回，原可迭代对象 iterable 保持不变。参数 function 为函数，iterable 为一个或多个可迭代对象，可迭代对象的个数应与 function 函数的参数个数一致。

```
>>> def f(x):                          #f 函数用于求平方值
    return x* x
>>> r=map(f,[1,2,3,4,5,6,7,8,9])  #把单参函数映射到一个可迭代对象上
>>> type(r)
<class 'map'>
>>> list(r)
[1,4,9,16,25,36,49,64,81]
>>> def add(x,y):
    return x+y

>>> add0=map(add,range(5),range(5,10))
#把双参函数映射到两个可迭代对象上
>>> list(add0)
[5,7,9,11,13]
>>> list(map(lambda x,y:x* y,range(5),range(5)))
[0,1,4,9,16]
```

2. reduce(function,iterable)

reduce( ) 函数为非内置函数，使用时需要从标准库 functoos 导入。

reduce( ) 函数把一个函数作用在一个可迭代对象上，利用该函数对可迭代对象中的元素进行累积。这个函数的 function 参数必须接收两个参数，reduce 先对 iterable 对象中的第一、二个元素进行 function 函数运算，得到的结果再与第三个数据用 function 函数运算，最后得到一个结果。

```
>>> from functools import reduce      #使用 reduce 前需要先导入
>>> def add(x,y):
```

```
    return x + y
>>> r = reduce(add,[1,2,3,4,5])    # 计算列表中所有元素之和:1 +2 +3 +4
+5
>>> type(r)
#reduce()函数返回的结果不是迭代器对象,而是依据函数 function 的返回值类型
而变
<class 'int'>
>>> r
15
>>> reduce(lambda x,y:x + y,[1,2,3,4,5])  # 使用 lambda 匿名函数
15
```

3. filter(function,iterable)

filter() 函数用于过滤序列，过滤掉不符合条件的元素，返回一个 filter 迭代器对象。参数 function 为判断函数，iterable 为可迭代对象。函数将 iterable 的每个元素作为参数传递给函数 function 进行判断，返回 True 或 False。返回 True 的元素被保留，返回 False 的元素被丢弃。

```
>>> def is_odd(n):
    return n % 2 ==1
>>> lis = [1,2,3,4,5,6,7,8,9,10]
>>> flis = filter(is_odd,lis)
>>> type(flis)                    #函数返回的是一个 filter 迭代器对象
<class 'filter'>
>>> list(flis)                    #过滤得到列表中的所有奇数元素,偶数被抛弃
[1,3,5,7,9]
>>> def compace(x):
    return x > 5
>>> result = filter(compace,range(10))      #过滤掉小于 5 的元素
>>> for i in result:
    print(i,end = ' ')
6 7 8 9
```

4. sorted(iterable,key = None,reverse = False)

sorted() 函数对所有可迭代的对象进行排序操作，返回一个新的列表，原可迭代对象保持不变。参数 iterable 为可迭代对象；参数 key 为函数，key 函数只能有一个参数，key 函数将作用于可迭代对象的每一个元素上，并根据 key 函数返回的结果进行排序，默认为 None，即不做转换，按元素类型自身的规则排序；参数 reverse 为排序规则，reverse 等于 True 时，降序排序，reverse 等于 False 时，升序排序（默认）。

```
>>> li =[ -1,2,3,8,4,6]
>>> sli = sorted(li)                        #对列表进行升序排序
>>> type(sli)                               #sorted 函数返回值类型为 list 列表
<class 'list' >
>>> sli
[ -1,2,3,4,6,8]
>>> stup = sorted((36,5, -12,9, -21),key = abs)
#通过 key 函数指定按照元素的绝对值排序
>>> type(stup)               #sorted 函数对元组排序,返回值类型仍为 list 列表
<class 'list' >
>>> stup
[5,9, -12, -21,36]
>>> sorted([ 'bob','about','Zoo','Credit'],key = str.lower,reverse =
True)
                             #忽略大小写的降序排序
[ 'Zoo','Credit','bob','about']
```

5.8 综合案例

【例 5 -24】 判断学生成绩的等级。

```
>>> import random
>>> def get_level(score):          #等级判断函数
    if 90 < score <=100:
        return 'A'
    elif 80 < score <= 90:
        return 'B'
    else:
        return 'C'
>>> def main():
    for i in range(10):
        score = random.randint(1,100)        #通过随机数构造学生成绩
        print("学生{0}的成绩为:{1},等级为:{2}".format(i,score,get_
level(score)))
>>> main()#调用 main 函数
学生 0 的成绩为:59,等级为:C
学生 1 的成绩为:85,等级为:B
学生 2 的成绩为:19,等级为:C
学生 3 的成绩为:98,等级为:A
```

```
学生 4 的成绩为:28,等级为:C
学生 5 的成绩为:54,等级为:C
学生 6 的成绩为:84,等级为:B
学生 7 的成绩为:37,等级为:C
学生 8 的成绩为:72,等级为:C
学生 9 的成绩为:51,等级为:C
```

【例 5-25】给定一组数字 a,b,c,…，请计算 a2 + b2 + c2 + …，请利用可变长度参数定义函数计算。

```
>>> def calc(* numbers):
    sum = 0
    for n in numbers:
        sum = sum + n* n
    return sum
>>> calc(1,2)
5
>>> calc(0)
0
```

【例 5-26】用生成器函数实现斐波那契数列。

斐波那契数列（Fibonacci sequence），又称黄金分割数列，因数学家列昂纳多·斐波那契以兔子繁殖为例而引入，故又称为“兔子数列”，即假设兔子在出生两个月后就具有生殖能力，每一对兔子每个月都生一对兔子，生出来的兔子在出生两个月之后，每个月也可以生一对兔子，那么从一对小兔开始，几个月后一共有多少对兔子。实际上是这样一个数列：1、1、2、3、5、8、13、21、34、…在数学上，斐波纳契数列以如下被以递归的方法定义：$F(1)=1$，$F(2)=1$，$F(n)=F(n-1)+F(n-2)(n\geqslant 2,n\in N^*)$。

```
>>> def fib(n):                        #计算 n 个月后有多少对兔子
    a = b = 1
    for i in range(n):
        yield a                        #yield 关键字
    a,b = b,a + b
>>> f = fib(10)
>>> for i in f:
    print(i,end = " ")
1 1 2 3 5 8 13 21 34 55
>>> f = fib(10000)
>>> for i in f:
    if i >100:                     #惰性求值,只计算到第一个大于 100 的元素
        print(i)
```

```
        break
144
```

【例 5-27】递归打印＊。

```
>>> def digui(n):
    if n==0:
        print('')
        return
    print('* '* n)         #第 1 行有 n 个* 号
    digui(n-1)             #第 2 行有 n-1 个* 号,依此类推
>>> digui(5)
*****
****
***
**
*

>>> #调整打印和递归调用的顺序
def digui(n):
    if n==0:
        print('')
        return
    digui(n-1)            #先递归调用,再打印* ,结果相反
    print('* '* n)
>>> digui(5)
*
**
***
****
*****
```

5.9 习　　题

一、选择题

1. 下面的程序执行后，输出结果为（　　）。

```
def func():
    print(x)
```

```
    x = 100
func()
```

A. 0　　B. 100　　C. 程序出现异常　　D. 程序编译失败

2. 下面关于函数的说法，错误的是（　　）。

A. 函数可以减少代码的重复，使得程序更加模块化

B. 在不同的函数中可以使用相同名字的变量

C. 调用函数时，传入参数的顺序和函数定义时的顺序可以不同

D. 函数体中如果没有 return 语句，也会返回一个 None 值

3. 下列有关函数的说法中，正确的是（　　）。

A. 函数的定义必须在程序的开头

B. 函数定义后，其中的程序就可以自动执行

C. 函数定义后，需要调用才会执行

D. 函数体与关键字 def 必须左对齐

4. 下列函数调用使用的参数传递方式是（　　）。

```
result = sum(num1,num2,num3)
```

A. 位置参数　　B. 关键字参数　　C. 默认值参数　　D. 可变长度参数

5. 使用（　　）关键字创建自定义函数。

A. function　　B. func　　C. def　　D. procedure

6. 使用（　　）关键字声明匿名函数。

A. function　　B. func　　C. def　　D. lambda

二、判断题

1. 函数的名称可以随意命名。（　　）

2. 不带 return 的函数代表返回 None。（　　）

3. 默认情况下，参数值和参数名是跟函数声明定义的顺序匹配的。（　　）

4. 函数定义完成后，系统会自动执行其内部的功能。（　　）

5. 函数体以冒号起始，并且是缩进格式的。（　　）

6. 带有默认值的参数一定位于参数列表的末尾。（　　）

7. 局部变量的作用域是整个程序，任何时候使用都有效。（　　）

8. 匿名函数就是没有名字的函数。（　　）

9. a = [1,2,3,4,5]，则 a.sort(reverse = True) == sorted(a,reverse = True) == reversed(a)。（　　）

10. 用 iter() 函数可以生成一个迭代器。（　　）

三、填空题

1. 函数可以有多个参数，参数之间使用________分隔。

2. 使用________语句可以返回函数值并退出函数。

3. 函数能处理比声明时更多的参数，它们是________参数。

4. 在函数里面调用另外一个函数，这就是函数________调用。

5. 如果想在函数中修改全部变量，需要在变量的前面加上________关键字。

四、简答题

1. 简述可迭代对象、迭代器、生成器的区别与联系。

2. 什么是高阶函数？常用的高阶函数有哪些？其功能是什么？

五、编程题

1. 打印九九乘法表。

2. 输出所有的水仙花数。所谓水仙花数，是指一个三位数，各个位上的数的立方相加在一起等于这个三位数，比如153，$1^3+5^3+3^3=153$。

模块 6

面向对象程序设计

Python 是面向对象的解释型高级动态编程语言，完全支持面向对象的基本功能。本模块介绍 Python 面向对象程序设计的基本概念及应用，包括创建类和对象、数据成员和成员方法、继承及特殊方法等。

本模块学习目标

- 掌握类的创建语法
- 掌握对象的创建语法
- 理解数据成员与成员方法的区别
- 理解属性的工作原理
- 了解继承的基本概念
- 了解特殊方法的概念与工作原理

6.1 创建类和对象

Python 设计时就是一门面向对象的语言，在 Python 中，秉承“一切皆对象”，也就是说，在 Python 中见到的一切都是对象。

在编程中，想要实现同样的功能，可能会很好多种编写方法。随着编写方法的不断聚类，出现了三种主要的程序编程典范，分别是面向过程编程、函数式编程、面向对象编程。

面向过程编程的思想是让程序从头到尾一步步执行，环环相扣。对于小程序和小脚本来说，面向过程是最方便的。但是面向过程也有致命的缺点，即代码的重复利用率极低，假如程序中有 10 次需要拿到列表里数字元素的最小值，那么就要重复编写 10 次这个代码；如果不要求最小值了，而要求最大值，就要更改程序 10 次。

于是函数便应运而生了，函数的出现大大增加了代码的重复利用率，并且修改起来也特别方便，程序也容易扩展。只要将上面的需求编写为一个函数，每次使用时调用函数即可，当需求变了以后，直接修改函数的代码块就可以解决。

面向对象编程就是物以类聚，人以群分。例如，有一个职业叫作医生（类），这是一个抽象的存在；李四（对象）是一个医生，这是一个具体而真实的存在。下面认识面向对象核心的几个概念。

类（class）：用来描述属性和方法的集合。

方法：类中定义的函数。

对象：类的实例化。

Python 在设计之初就是一门面向对象编程语言，特点就是：一切皆对象。字符串、列表、字典等都是类，每当创建一个具体的字符串时，就相当于创建了类的实例化对象，这个具体的对象就可以使用字符串类里的方法，这是为什么不同数据类型拥有不同的方法。

```
>>>print(type(''))
<class 'str'>
>>>print(type([]))
<class 'list'>
>>>print(type({}))
<class 'dict'>
>>>print(type(()))
<class 'tuple'>
```

Python 使用 class 关键字来定义类，class 关键字之后是一个空格，接下来是类的名字，如果派生自其他基类，则需要把所有基类放到一对圆括号中并使用逗号分隔，然后是一个冒号，最后换行并定义类的内部实现。

类名的首字母一般要大写；可以按照自己的习惯定义类名，并在整个系统的设计和实现中保持风格一致。

基本语法如下：

```
class 类名:
    '''
    类的帮助信息
    '''
    类的代码块(可以是语句、函数、类)
```

可以看到类的定义和函数的定义差不多，举例如下：

```
class MyClass:
    """A simple example class"""
    i =12345
    def f(self):
        return 'hello world'
```

创建类时用变量形式表示对象特征的成员称为数据成员，用函数形式表示对象行为的成员称为成员方法，数据成员和成员方法统称为类的成员。定义了类之后，就可以用来实例化对象，并通过“对象名．成员”的方式来访问其中的数据成员和成员方法，例如：

```
>>> x =MyClass()  # 实例化对象并赋给局部变量 x
>>> x.i           #访问数据成员
12345
>>> x.f()          #调用对象的成员方法
hello world
```

使用上面的实例化操作来创建一个空的对象。很多类都倾向于将对象创建为有初始状态的，因此，类可能会定义一个名为__init__() 的特殊方法，其中参数 self 是类的实例化对象本身，像下面这样：

```
def __init__(self):
    self.data =[]
```

如果类定义了__init__() 方法，那么类的实例化操作会自动调用__init__() 方法。所以，在下例中，可以这样创建一个新的实例：

```
x =MyClass()
```

当然，出于弹性的需要，__init__() 方法可以有其他参数。事实上，参数通过__init__() 传递到类的实例化操作上。例如：

```
>>> class Complex:
        def __init__(self,realpart,imagpart):
            self.r =realpart
            self.i =imagpart


>>> x =Complex(3.0, -4.5)
```

```
>>> x.r,x.i
(3.0, -4.5)
```

6.2 数据成员和成员方法

6.2.1 私有成员与共有成员

私有成员在类的外部不能直接访问，一般是在类的内部进行访问和操作，或者在类的外部通过调用对象的公有成员方法来访问，而公有成员是可以公开使用的，既可以在类的内部进行访问，也可以在外部程序中使用。

从形式上看，在定义类的成员时，如果成员名以两个下划线开头但是不以两个下划线结束，则表示是私有成员，否则就不是私有成员。

Python 并没有对私有成员提供严格的访问保护机制，通过一种特殊方式“对象名._类名__xxx”也可以在外部程序中访问私有成员，但这会破坏类的封装性，不建议这样做。

```
>>> class A:
        def __init__(self,value=0):  #构造方法,创建对象时自动调用
            self.__value=value     #私有数据成员
        def setValue(self,value):    #公有成员方法,需要显式调用
            self.__value=value     #在类的内部可以直接访问私有成员
        def show(self):#公有成员方法
            print(self.__value)

>>> a=A()
>>> a.show()                    #在类的外部可以直接访问非私有成员
0
>>> a._A__value                 #在外部使用特殊形式访问对象的私有数据成员
0
```

在 Python 中，以下划线开头的变量名和方法名有特殊的含义，尤其是在类的定义中。

- _xxx：受保护成员，不能用“from module import *”导入。
- __xxx__：系统定义的特殊成员。
- __xxx：私有成员，只有类对象自己能访问，子类对象不能直接访问这个成员，但在对象外部可以通过“对象名._类名__xxx”这样的特殊方式来访问。

Python 中不存在严格意义上的私有成员，下面是另一个例子。

```
>>> class Fruit:
        def __init__(self):
            self.__color='Red'
            self.price=1
```

```
>>> apple = Fruit()
>>> apple.price                 # 显示对象公有数据成员的值
1
>>> print(apple.price,apple._Fruit__color)  # 显示对象私有数据成员的值
1 Red
>>> apple.price = 2             # 修改对象公有数据成员的值
>>> apple._Fruit__color = "Blue"  # 修改对象私有数据成员的值
>>> print(apple.price,apple._Fruit__color)
2 Blue
>>> print(apple.__color)  #不能直接访问对象的私有数据成员,出错
AttributeError:Fruit instance has no attribute '__color'
```

6.2.2　数据成员

数据成员可以大致分为两类：属于对象的数据成员和属于类的数据成员。属于对象的数据成员一般在构造方法__init__( ) 中定义，也可以在其他成员方法中定义。在定义和在实例方法中访问数据成员时，以 self 作为前缀，同一个类的不同对象（实例）的数据成员之间互不影响；属于类的数据成员是该类所有对象共享的，不属于任何一个对象，在定义类时，这类数据成员一般不在任何一个成员方法的定义中。

在类的外部，属于对象的数据成员只能通过对象名访问；而属于类的数据成员可以通过类名或对象名访问。

```
class Car(object):
    """定义一个车的类"""
    price = 100000              # 属于类的对象成员
    def __init__(self,c):        # 构造函数,初始化作用
        self.color = c          # 属于对象的数据成员

car1 = Car("Red")               # 实例化对象
car2 = Car("Blue")
print(car1.color)                # 访问对象的数据成员
print(Car.price)                 # 访问类的对象成员
Car.price = 110000              # 修改类的属性
Car.name = "BMW"               # 增加类的属性
car1.color = "Yellow"            # 修改实例的属性
print(car1.color,Car.price,Car.name)
```

运行结果如下：

```
Red
100000
Yellow 110000 BMW
```

6.2.3 方法

Python 类的成员方法可以分为实例方法、静态方法和类方法三种。

所有实例方法都必须至少有一个名为 self 的参数，并且必须是方法的第一个形参（如果有多个形参的话），self 参数代表当前对象。在实例方法中访问实例成员时，需要以 self 为前缀，但在外部通过对象名调用对象方法时，并不需要传递这个参数。如果在外部通过类名调用属于对象的公有方法，需要显式地为该方法的 self 参数传递一个对象名，用来明确指定访问哪个对象的成员。

静态方法和类方法都可以通过类名和对象名调用，但不能直接访问属于对象的成员，只能访问属于类的成员。静态方法和类方法不属于任何实例，不会绑定到任何实例，也不依赖于任何实例的状态，与实例方法相比，能够减少很多开销。一般以 cls 作为类方法的第一个参数，表示该类自身，在调用类方法时，不需要为该参数传递值，静态方法则可以不接收任何参数。

示例如下：

```
class Foo:
      def __init__(self,name):    #构造函数
            self.name = name
      def ord_func(self):
            """ 定义实例方法,至少有一个 self 参数 """
            print self.name
            print('实例方法')
      @ classmethod
      def class_func(cls):
            """ 定义类方法,至少有一个 cls 参数 """
            print('类方法')
      @ staticmethod
      def static_func():
            """ 定义静态方法,无默认参数"""
            print('静态方法')

f = Foo("綦老师")
f.ord_func()
Foo.class_func()
f.class_func()
Foo.static_func()
f.static_func()
```

1. 实例方法

实例方法参数要有 self，并且是第一个参数，使用的时候必须要实例化，调用的时候会

传一个 self，而用类来调用则没有实例化，self 找不到对象地址。

```
class Person:
    def __init__(self,name,gender):
        self.name = name
        self.gender = gender
    def get_name(self):        #实例方法,必须要实例化才能使用
        return self.name
#调用实例方法的第一种写法:直接用类名 + 实例化调用
print(Person("綦老师","Male").get_name())
#但是这种方法实例没有存到变量里,所以只能使用一次
#调用实例方法的第二种写法:1. 先做实例化;2. 用实例名 + 方法名
qilaoshi = Person("綦老师","Male")     #实例化
print(qilaoshi.get_name())
```

2. 类方法

用 classmethod 来声明类方法，需要加默认参数 cls，类方法使用的时候不需要实例化，类方法可以通过类名和对象名调用，示例如下：

```
class Person:
    count = 0                          #类变量
    def __init__(self,name,gender):#构造方法
        self.name = name
        self.gender = gender
        Person.count += 1
    def get_name(self):                 #实例方法
        return self.name
#类方法:可以使用类变量,不能使用实例变量
@ classmethod                          #加 classmethod 修饰符才能标识为类方法
def get_instance_count(cls):
return Person.count
@ classmethod
def create_a_instance(cls):
        return Person("张","女")
#类方法里虽然不可以使用实例变量,但是可以创建实例
print(Person.count)
Person("綦老师","Male")
print(Person.count)
print(Person.get_instance_count())                         #用类调用
print(Person("綦老师","Male").get_instance_count())    #用实例调用
```

3. 静态方法

静态方法用 staticmethod 修饰符来声明，不需要加默认参数 self 和 cls；同样，静态方法也是不需要实例化就可以使用。静态方法可以通过类名和对象名调用，示例如下：

```
class Person:
    count = 0 #类变量
    nation = "中国"
    def __init__(self,name,gender):
        self.name = name
        self.gender = gender
        Person.count += 1
    def get_name(self):                         #实例方法,必须要实例化
        return self.name
    @staticmethod
#静态方法:不需要参数 self 和 cls
def get_nation():
        return Person.nation

print(Person.get_nation())                              #类名调用
print(Person("綦老师","Male").get_nation())              #实例调用
```

6.2.4 属性

类对象属性分为类属性与实例属性。类属性相当于全局变量，是实例对象共有的属性；实例对象的属性为实例对象私有的属性。类属性就是类对象所拥有的属性，它被所有类对象的实例对象（实例方法）所共有，在内存中只存在一个副本，这个和 C++ 中类的静态成员变量有点类似。

下面的代码创建 People 类对象，并实例化。对于公有的类属性，在类外可以通过类对象和实例对象访问，但对于私有的类属性，不能这样做。

```
class People(object):
    name = 'Jack'     #类属性(公有)
    __age = 12        #类属性(私有)

p = People()           #创建实例对象
print(p.name)          #通过实例对象打印类属性:name
print(People.name)     #通过类对象打印类属性:name
print(p.__age)         #错误,不能在类外通过实例对象访问私有的类属性
print(People.__age)    #错误,不能在类外通过类对象访问私有的类属性
```

```
#结果如下:
# Jack
# Jack
# AttributeError:'People' object has no attribute '__age'
# AttributeError:type object 'People' has no attribute '__age'
```

下面的代码创建 People 类对象，并实例化，通过实例对象访问实例属性（对象属性），并可以修改其值。

```
class People(object):
address ='山东'                    # 类属性
def __init__(self):
self.name ='xiaowang'  # 实例属性
self.age =20            # 实例属性

p =People()        #创建实例对象
p.age =12          # 通过实例对象调用实例属性,更改实例属性值
print(p.address)  # 通过实例对象调用类属性,并打印
print(p.name)     # 通过实例对象调用实例属性,并打印
print(p.age)      # 通过实例对象调用实例属性,并打印

#结果如下:
# 山东
# xiaowang
#12

print(People.address)  # 通过类对象调用类属性,并打印
print(People.name)     # 错误(程序会报错),通过类对象调用实例属性,并打印
print(People.age)      # 错误(程序会报错),通过类对象调用实例属性,并打印

#结果:
# 山东
# AttributeError:type object 'People' has no attribute 'name'
# AttributeError:type object 'People' has no attribute 'age'
```

如果需要在类外修改类属性，必须通过类对象去引用，然后进行修改。如果通过实例对象去引用，会产生一个同名的实例属性，这种方式修改的是实例属性，不会影响到类属性，并且之后如果通过实例对象去引用该名称的属性，则实例属性会强制屏蔽掉类属性，即引用的是实例属性，除非删除了该实例属性，下面的实例说明了这一点。

```
class People(object):
```

```
    country='china'     #类属性

print(People.country)    #china
p=People()
print(p.country)         #china
p.country='japan'
print(p.country)         #实例属性会屏蔽掉同名的类属性:japan
print(People.country)    #china
del p.country            #删除实例属性
print(p.country)
#实例属性被删除后,再调用同名称的属性,会调用类属性:china
```

6.3 继　　承

继承是用来实现代码复用和设计复用的机制，是面向对象程序设计的重要特性之一。设计一个新类时，如果可以继承一个已有的设计良好的类，然后再进行二次开发，无疑会大幅度减少开发工作量。

在继承关系中，已有的、设计好的类称为父类或基类，新设计的类称为子类或派生类。派生类可以继承父类的公有成员，但是不能继承其私有成员。如果需要在派生类中调用基类的方法，可以使用内置函数 super() 或者通过“基类名.方法名()”的方式来实现这一目的。

1. 单继承

Python 中大部分是单继承，单继承即只有一个父类的继承，单继承的派生类的定义如下所示：

```
class DerivedClassName(BaseClassName):
    <statement-1>
    ...
    <statement-N>
```

BaseClassName（示例中的基类名）必须与派生类定义在一个作用域内。除了类，还可以用表达式，基类定义在另一个模块中时使用以下语法。

```
class DerivedClassName(modname.BaseClassName):
```

Python 支持多继承，需要注意圆括号中基类的顺序。若是基类中有相同的方法名，而在子类使用时未指定，则 Python 从左至右搜索查找基类中是否包含该方法。

【例 6-1】 下面的示例定义了 people、student 类，student 是 people 的派生类，属于单继承，代码如下：

```
class people:                          #基类定义
    name =''                           #定义基本属性
    age =0
    __weight =0
#定义私有属性,私有属性在类外部无法直接进行访问
    def __init__(self,n,a,w):  #定义构造方法
        self.name =n
        self.age =a
        self.__weight =w
    def speak(self):
        print("%s 说:我 %d 岁。" %(self.name,self.age))

class student(people):                         #定义派生类 student
    grade =''
    def __init__(self,n,a,w,g):
        people.__init__(self,n,a,w)     #调用父类的构造函数
        self.grade =g
    def speak(self):                    #重写父类的方法
        print("%s 说:我 %d 岁了,我在读 %d 年级"%(self.name,self.age,
self.grade))

s =student('ken',10,60,3)
s.speak()
```

执行以上程序输出结果为：

```
ken 说:我 10 岁了,我在读 3 年级
```

2. 多继承

Python 支持多继承，多继承即有多个父类的继承。多继承的类定义形式如下：

```
class DerivedClassName(Base1,Base2,Base3):
    <statement -1 >
    …
 <statement -N >
```

需要注意圆括号中父类的顺序，若是父类中有相同的方法名，而在子类使用时未指定，则 Python 从左至右搜索查找父类中是否包含该方法。

【例 6 -2】 下面的示例定义了 people、student 类，student 是 people 的派生类，定义了 speaker 演说家类，定义的 sample 类是 speaker、student 类的派生类，是多继承。

```
class people:                           #基类定义
    name =''                            #定义基本属性
    age =0
    __weight =0
#定义私有属性,私有属性在类外部无法直接进行访问
    def __init__(self,n,a,w):     #定义构造方法
    self.name =n
    self.age =a
    self.__weight =w
def speak(self):
    print("%s 说:我 %d 岁。"%(self.name,self.age))

class student(people):      #定义派生类 student
    grade =''
    def __init__(self,n,a,w,g):
        people.__init__(self,n,a,w)  #调用父类的构造函数
        self.grade =g
    def speak(self):          #重写父类的方法
        print("%s 说:我 %d 岁了,我在读 %d 年级"%(self.name,self.age,
self.grade))

class speaker():              #另一个类,多重继承之前的准备
    topic =''
    name =''
    def __init__(self,n,t):
        self.name =n
        self.topic =t
    def speak(self):
        print("我叫 %s,我是一个演说家,我演讲的主题是 %s"%(self.name,
self.topic))

class sample(speaker,student):         #多重继承
    a =''
    def __init__(self,n,a,w,g,t):
        student.__init__(self,n,a,w,g)
        speaker.__init__(self,n,t)

test =sample("Tim",25,80,4,"Python")
test.speak()          #方法名同,默认调用的是在括号中排在前面的父类的方法
```

执行以上程序输出结果为：

```
我叫 Tim,我是一个演说家,我演讲的主题是 Python
```

6.4　特殊方法与运算符重载

Python 类有大量的特殊方法，其中比较常见的是构造函数和析构函数，除此之外，Python 还支持大量的特殊方法，运算符重载就是通过重写特殊方法实现的。

Python 中类的构造函数是__init__()，一般用来为数据成员设置初值或进行其他必要的初始化工作，在创建对象时被自动调用和执行。如果用户没有设计构造函数，Python 将提供一个默认的构造函数来进行必要的初始化工作。

Python 中类的析构函数是__del__()，一般用来释放对象占用的资源，在 Python 删除对象和收回对象空间时被自动调用和执行。如果用户没有编写析构函数，Python 将提供一个默认的析构函数进行必要的清理工作。

在 Python 中，除了构造函数和析构函数之外，还有大量的特殊方法支持更多的功能，例如，运算符重载和自定义类对内置函数的支持就是通过在类中重写特殊方法实现的。在自定义类时，如果重写了某个特殊方法，即可支持对应的运算符或内置函数，具体实现什么功能完全由程序员根据实际需要来定义。表 6 – 1 列出了其中一部分比较常用的特殊方法，完整列表在 https://docs.python.org/3/reference/datamodel.html#special – method – names 中查看。

表 6 – 1　Python 类的特殊方法

方法	功能说明
__new__()	类的静态方法，用于确定是否要创建对象
__init__()	构造方法，创建对象时自动调用
__del__()	析构方法，释放对象时自动调用
__add__()	+
__sub__()	-
__mul__()	*
__truediv__()	/
__floordiv__()	//
__mod__()	%
__pow__()	**
__eq__()、__ne__()、__lt__()、__le__()、__gt__()、__ge__()	==、!=、<、<=、>、>=
__lshift__()、__rshift__()	<<、>>
__and__()、__or__()、__invert__()、__xor__()	&、|、~、^

续表

方法	功能说明
__iadd__()、__isub__()	+=、-=，很多其他运算符也有与之对应的复合赋值运算符
__pos__()	一元运算符 +，正号
__neg__()	一元运算符 -，负号
__contains__()	与成员测试运算符 in 对应
__radd__()、__rsub__()	反射加法、反射减法，一般与普通加法和减法具有相同的功能，但操作数的位置或顺序相反，很多其他运算符也有与之对应的反射运算符
__abs__()	与内置函数 abs() 对应
__bool__()	与内置函数 bool() 对应，要求该方法必须返回 True 或 False
__bytes__()	与内置函数 bytes() 对应
__complex__()	与内置函数 complex() 对应，要求该方法必须返回复数
__dir__()	与内置函数 dir() 对应
__divmod__()	与内置函数 divmod() 对应
__float__()	与内置函数 float() 对应，要求该方法必须返回实数
__hash__()	与内置函数 hash() 对应
__int__()	与内置函数 int() 对应，要求该方法必须返回整数
__len__()	与内置函数 len() 对应
__next__()	与内置函数 next() 对应
__reduce__()	提供对 reduce() 函数的支持
__reversed__()	与内置函数 reversed() 对应
__round__()	与内置函数 round() 对应
__str__()	与内置函数 str() 对应，要求该方法必须返回 str 类型的数据
__repr__()	打印、转换，要求该方法必须返回 str 类型的数据
__getitem__()	按照索引获取值
__setitem__()	按照索引赋值
__delattr__()	删除对象的指定属性
__getattr__()	获取对象指定属性的值，对应成员访问运算符“.”
__getattribute__()	获取对象指定属性的值，如果同时定义了该方法与__getattr__()，那么__getattr__() 将不会被调用，除非在__getattribute__() 中显式调用__getattr__() 或者抛出 AttributeError 异常
__setattr__()	设置对象指定属性的值
__base__()	该类的基类
__class__()	返回对象所属的类

续表

方法	功能说明
__dict__()	对象所包含的属性与值的字典
__subclasses__()	返回该类的所有子类
__call__()	包含该特殊方法的类的实例可以像函数一样调用
__get__()	定义了这三个特殊方法中任何一个的类称作描述符（descriptor），描述符对象一般作为其他类的属性来使用，这三个方法分别在获取属性、修改属性值或删除属性时被调用
__set__()	
__delete__()	

Python 同样支持运算符重载，可以对类的专有方法进行重载，实例如下：

```
class Vector:
    def __init__(self,a,b):
        self.a=a
        self.b=b
    def __str__(self):
        return 'Vector(%d,%d)' %(self.a,self.b)
    def __add__(self,other):
        return Vector(self.a+other.a,self.b+other.b)

v1=Vector(2,10)
v2=Vector(5,-2)
print(v1+v2)
```

以上代码执行结果如下：

```
Vector(7,8)
```

6.5　综合案例

6.5.1　自定义数组

【例6-3】自定义一个数组类，支持数组与数字之间的四则运算，数组之间的加法运算、内积运算和大小比较，数组元素访问和修改，以及成员测试等功能。

基本思路：对列表进行封装和扩展，对外提供接口模拟数组的操作，假装自己是一个数组，把外部对数组的操作转换为内部对列表的操作，重载了列表与数字之间的四则运算，实现数组操作的基本要求。

源程序代码设计如下：

```
class MyArray:
```

```
    '''All the elements in this array must be numbers'''

    def __IsNumber(self,n):
        return isinstance(n,(int,float,complex))

    def __init__(self,* args):
        if not args:
            self.__value=[]
        else:
            for arg in args:
                if not self.__IsNumber(arg):
                    print('All elements must be numbers')
                    return
            self.__value=list(args)

#重载运算符+
#数组中每个元素都与数字n相加,或两个数组相加,返回新数组
def __add__(self,n):
    if self.__IsNumber(n):
        #数组中所有元素都与数字n相加
        b=MyArray()
        b.__value=[item+n for item in self.__value]
        return b
    elif isinstance(n,MyArray):
        #两个等长的数组对应元素相加
        if len(n.__value)==len(self.__value):
            c=MyArray()
            c.__value=[i+j for i,j in zip(self.__value,n.__value)]
            #for i,j in zip(self.__value,n.__value):
            #  c.__value.append(i+j)
            return c
        else:
            print('Lenght not equal')
    else:
        print('Not supported')

#重载运算符-
#数组中每个元素都与数字n相减,返回新数组
def __sub__(self,n):
```

```
        if not self.__IsNumber(n):
            print(' - operating with ',type(n),' and number type is not supported.')
            return
        b = MyArray()
        b.__value = [item - n for item in self.__value]
        return b

    # 重载运算符*
    # 数组中每个元素都与数字 n 相乘,返回新数组
    def __mul__(self,n):
        if not self.__IsNumber(n):
            print('* operating with ',type(n),' and number type is not supported.')
            return
        b = MyArray()
        b.__value = [item* n for item in self.__value]
        return b

    # 重载运算符/
    # 数组中每个元素都与数字 n 相除,返回新数组
    def __truediv__(self,n):
        if not self.__IsNumber(n):
            print(r'/ operating with ',type(n),' and number type is not supported.')
            return
        b = MyArray()
        b.__value = [item/n for item in self.__value]
        return b

    # 重载运算符//
    # 数组中每个元素都与数字 n 整除,返回新数组
    def __floordiv__(self,n):
        if not isinstance(n,int):
            print(n,' is not an integer')
            return
        b = MyArray()
        b.__value = [item//n for item in self.__value]
        return b
```

```
    # 重载运算符%
    # 数组中每个元素都与数字 n 求余数,返回新数组
    def __mod__(self,n):
        if not self.__IsNumber(n):
            print(r'% operating with ',type(n),' and number type is not
supported.')
            return
        b=MyArray()
        b.__value=[item%n for item in self.__value]
        return b

    # 重载运算符**
    # 数组中每个元素都与数字 n 进行幂计算,返回新数组
    def __pow__(self,n):
        if not self.__IsNumber(n):
            print('** operating with ',type(n),' and number type is not
supported.')
            return
        b=MyArray()
        b.__value=[item** n for item in self.__value]
        return b

    def __len__(self):
        return len(self.__value)

    # 直接使用该类对象作为表达式来查看对象的值
    def __repr__(self):
        # equivalent to return 'self.__value'
        return repr(self.__value)

    # 支持使用 print()函数查看对象的值
    def __str__(self):
        return str(self.__value)

    # 追加元素
    def append(self,v):
        assert self.__IsNumber(v),'Only number can be appended.'
        self.__value.append(v)
```

```
    #获取指定下标的元素值,支持使用列表或元组指定多个下标
    def __getitem__(self,index):
        length = len(self.__value)
        #如果指定单个整数作为下标,则直接返回元素值
        if isinstance(index,int)and 0 <= index < length:
            return self.__value[index]
        #使用列表或元组指定多个整数下标
        elif isinstance(index,(list,tuple)):
            for i in index:
            if not(isinstance(i,int)and 0 <= i < length):
                return 'index error'
            result = []
            for item in index:
                result.append(self.__value[item])
            return result
        else:
            return 'index error'

    #修改元素值,支持使用列表或元组指定多个下标,同时修改多个元素值
    def __setitem__(self,index,value):
        length = len(self.__value)
        #如果下标合法,则直接修改元素值
        if isinstance(index,int)and 0 <= index < length:
            self.__value[index] = value
        #支持使用列表或元组指定多个下标
        elif isinstance(index,(list,tuple)):
            for i in index:
                if not(isinstance(i,int)and 0 <= i < length):
                    raise Exception('index error')
    #如果下标和给的值都是列表或元组,并且个数一样,则分别为多个下标的元素修改值
            if isinstance(value,(list,tuple)):
                if len(index) == len(value):
                    for i,v in enumerate(index):
                        self.__value[v] = value[i]
                else:
                    raise Exception('values and index must be of the same
length')
            #如果指定多个下标和一个普通值,则把多个元素修改为相同的值
```

```
        elif isinstance(value,(int,float,complex)):
            for i in index:
                self.__value[i]=value
        else:
            raise Exception('value error')
    else:
        raise Exception('index error')

#支持成员测试运算符in,测试数组中是否包含某个元素
def __contains__(self,v):
    return v in self.__value

#模拟向量内积
def dot(self,v):
    if not isinstance(v,MyArray):
        print(v,' must be an instance of MyArray.')
        return
    if len(v)!=len(self.__value):
        print('The size must be equal.')
        return
    return sum([i*j for i,j in zip(self.__value,v.__value)])

#重载运算符==,测试两个数组是否相等
def __eq__(self,v):
    assert isinstance(v,MyArray),'wrong type'
    return self.__value==v.__value

#重载运算符<,比较两个数组大小
def __lt__(self,v):
    assert isinstance(v,MyArray),'wrong type'
    return self.__value<v.__value

if __name__=='__main__':
#作为程序直接运行,其__name__属性被自动设置为字符串"__main__"
    print('Please use me as a module.')
```

将上面的程序保存为MyArray.py文件，可以作为Python模块导入并使用其中的数组类。

```
>>> from MyArray import MyArray          #导入模块中的自定义类 MyArray
>>> x = MyArray(1,3,5,7,9,11)            #实例化对象
>>> y = MyArray(2,4,6,8,10,12)
>>> len(x)                               #返回数组的长度
6
>>> x + 5                                #每个元素加5,返回新数组,原数组不变
[6,8,10,12,14,16]
>>> x* 3                                 #每个元素乘以3,返回新数组
[3,9,15,21,27,33]
>>> x.dot(y)                             #计算两个数组(一维向量)的内积
322
>>> x.append(13)                         #在数组尾部追加新元素
>>> x
[1,3,5,7,9,11,13]
>>> x.dot(y)
The size must be equal.
>>> x[9] =15                             #试图修改元素的值,下标越界
Exception:index error
>>> x/2
[0.5,1.5,2.5,3.5,4.5,5.5,6.5]
>>> x//2
[0,1,2,3,4,5,6]
>>> x% 3
[1,0,2,1,0,2,1]
>>> x[2]                                 #返回指定位置的元素值
5
>>> 'a' in x                             #测试数组中是否包含某个元素
False
>>> 3 in x
True
>>> x < y                                #比较数组大小
True
>>> x = MyArray(1,3,5,7,9,11)
>>> x + y                                #两个数组中对应元素相加,返回新数组
[3,7,11,15,19,23]
>>> x[[2,3,5]]                           #查看多个位置上的元素值
[5,7,11]
>>> x[[2,3]] = [8,9]                     #同时修改多个元素的值
>>> x
```

```
[1,3,8,9,9,11]
>>> x[[1,3,5]]=0                              #同时为多个元素赋值为相同的值
>>> x
[1,0,8,0,9,0]
>>>
```

6.5.2 自定义矩阵

【例6-4】实现一个简单的二维矩阵运算类，该类可以将双层列表初始化为二维矩阵，并可以进行矩阵加法和矩阵乘法。

基本思路：使用assert断言来判断初始化时输入的是否是列表。在进行矩阵加法和矩阵乘法时，也使用断言来判断两个矩阵的维度是否满足要求。需要注意的是，为了使矩阵运算更具有通用性，矩阵加法和乘法的结果也应初始化为矩阵类，这样可以连续进行多次加法和乘法运算。

程序设计代码如下：

```
class Matrix(object):
    def __init__(self,list_a):
    assert isinstance(list_a,list),"输入格式不是列表"
    self.matrix=list_a
    self.shape=(len(list_a),len(list_a[0]))
    self.row=self.shape[0]
    self.column=self.shape[1]

def build_zero_value_matrix(self,shape):
    """
    建立零值矩阵,用来保存矩阵加法和乘法的结果
    :param shape:
    :return:
    """
    assert isinstance(shape,tuple),"shape 格式不是元组"
    zero_value_mat=[]
    for i in range(shape[0]):
        zero_value_mat.append([])
        for j in range(shape[1]):
            zero_value_mat[i].append(0)
    zero_value_matrix=Matrix(zero_value_mat)
    return zero_value_matrix

def matrix_addition(self,the_second_mat):
```

```
        """
        矩阵加法
        :param the_second_mat:
        :return:
        """
        assert isinstance(the_second_mat,Matrix),"输入的第二个矩阵不是矩
阵类"
        assert the_second_mat.shape==self.shape,"两个矩阵维度不匹配,不能
相加"
        result_mat=self.build_zero_value_matrix(self.shape)
        for i in range(self.row):
            for j in range(self.column):
                result_mat.matrix[i][j]=self.matrix[i][j]+the_second_
mat.matrix[i][j]
    return result_mat
    def matrix_multiplication(self,the_second_mat):
        """
        矩阵乘法
        :param the_second_mat:
        :return:
        """
        assert isinstance(the_second_mat,Matrix),"输入的不是矩阵类"
        assert self.shape[1]==the_second_mat.shape[0],"第一个矩阵的列数
与第二个矩阵的行数不匹配,不能相乘"
        shape=(self.shape[0],the_second_mat.shape[1])
        result_mat=self.build_zero_value_matrix(shape)
        for i in range(self.shape[0]):
            for j in range(the_second_mat.shape[1]):
                number=0
                for k in range(self.shape[1]):
                    number+=self.matrix[i][k]* the_second_mat.matrix
[k][j]
                result_mat.matrix[i][j]=number

        return result_mat

    list_1=[[1,1],[2,2]]
    list_2=[[2,2],[3,3]]
    list_3=[[1,1,1],[2,2,2]]
```

```
mat1 =Matrix(list_1)
mat2 =Matrix(list_2)
print(mat1.matrix,mat2.matrix)
mat4 =mat1.matrix_addition(mat2)
print(mat4.matrix)
mat3 =Matrix(list_3)
print(mat3.matrix)
mat5 =mat1.matrix_multiplication(mat3)
print(mat5.matrix)
```

运行结果如下：

```
[[1,1],[2,2]][[2,2],[3,3]]
[[3,3],[5,5]]
[[1,1,1],[2,2,2]]
[[3,3,3],[6,6,6]]
```

6.5.3 自定义队列

【例6-5】设计自定义双端队列类，模拟入队、出队等基本操作。

问题描述：双端队列是指在左、右两侧都可以入队和出队的一种数据结构。入队是指在队列的头部或尾部增加一个元素，出队是指删除队列头部或尾部的一个元素。

基本思路：在列表进行封装和扩展，对外提供接口模拟双端队列的操作，把外部对双端队列的操作转换为内部对列表的操作。在列表头部使用 insert() 方法插入一个元素来模拟左端入队操作，使用 pop() 方法删除列表头部元素来模拟左端出队操作，右端入队和出队操作的思路类似。

源程序代码如下：

```
class Deque(object):
    """双端队列"""
    def __init__(self):
        """构造方法"""
        self.items =[]

    def __del__(self):
        """析构方法"""
        del self.items

    def is_empty(self):
        """判断队列是否为空"""
```

```
        return self.items ==[]

    def add_front(self,item):
        """在队头添加元素"""
        self.items.insert(0,item)

    def add_rear(self,item):
        """在队尾添加元素"""
        self.items.append(item)

    def remove_front(self):
        """从队头删除元素"""
        return self.items.pop(0)

    def remove_rear(self):
        """从队尾删除元素"""
        return self.items.pop()

    def size(self):
        """返回队列大小"""
        return len(self.items)

if __name__ =="__main__":#直接运行程序,属性__name__被自动设置为字符串"__main__"
    deque = Deque()
    deque.add_front(1)
    deque.add_front(2)
    deque.add_rear(3)
    deque.add_rear(4)
    print(deque.size())
    print(deque.remove_front())
    print(deque.remove_front())
    print(deque.remove_rear())
    print(deque.remove_rear())
    del deque
```

运行结果如下:

```
4
2
```

```
1
4
3
```

6.6 习　　题

1. 设计自定义栈类，模拟入栈、出栈，判断栈是否为空、是否已满及改变栈大小等操作。

2. 自定义三维向量类。模拟三维空间的向量，实现向量的缩放操作和向量之间的加法和减法运算。

3. 设计二叉树类，模拟二叉树创建、插入子节点及前序遍历、中序遍历和后序遍历算法，同时还支持二叉树中任意子树的节点遍历。

模块 7

字符串与正则表达式

字符串是 Python 中最常见的一种数据类型。本模块将介绍字符串的编码、转义字符、字符串格式化的方法、字符串的常见运算和常用方法。

正则表达式用于检查一个字符串是否与某种模式匹配，并完成查找、替换、分隔等复杂的字符串处理任务。在涉及各种字符串操作的程序中，使用正则表达式能在很大程度上简化开发的复杂度和开发的效率。本模块将介绍正则表达式的语法、re 模块常用方法和 match 对象常用方法。

本模块学习目标

- 了解常见的字符串编码方式
- 熟悉常用的转义字符的含义
- 掌握字符串常用运算符
- 掌握字符串常用方法
- 掌握正则表达式的语法
- 掌握 re 模块常用方法
- 了解 match 对象常用方法

7.1 字符串概述

在 Python 中，字符串使用单引号、双引号、三单引号或三双引号作为定界符，并且不同的定界符之间可以互相嵌套。Python 字符串属于不可变序列，不能直接对字符串对象进行元素增加、修改与删除等操作，切片操作也只能访问其中的元素而无法使用切片来修改字符串中的字符。

7.1.1 字符串编码

1. ASCII 码

因为计算机只能处理数字，如果要处理字符串，就必须先把字符串转换为数字。最早的字符串编码是美国标准信息交换码 ASCII 码，仅对 10 个数字、26 个英文字母的大小写及一些常用符号进行了编码。ASCII 码采用 1 个字节来对字符进行编码，所以最多只能表示 256 个符号。

2. GB 2312 编码

要处理中文，显然 1 个字节是不够的，至少需要 2 个字节，所以，中国制定了 GB 2312 编码，用来把中文编进去。GB 2312 编码使用 1 个字节表示英文，2 个字节表示中文。

3. Unicode 编码

全世界有上百种语言，日本把日文编到 Shift_JIS 里，韩国把韩文编到 Euc - kr 里，各国有各国的标准，就会不可避免地出现冲突。结果就是，在多语言混合的文本中，会有乱码出现。因此，Unicode 编码应运而生。Unicode 编码把所有语言都统一到一套编码里，这样就不会再有乱码问题了。Unicode 标准也在不断发展，但最常用的是用两个字节表示一个字符。

4. UTF -8 编码

如果写的文本全部是英文，用 Unicode 编码则比用 ASCII 编码多一倍的存储空间，因此又出现了把 Unicode 编码转化为“可变长编码”的 UTF - 8 编码。UTF - 8 编码把一个 Unicode 字符根据不同的数字大小编码成 1 ~6 个字节，常用的英文字母被编码成 1 个字节，汉字通常是 3 个字节，只有很生僻的字符才会被编码成 4 ~6 个字节。如果要传输的文本中包含大量英文字符，用 UTF -8 编码就能节省空间。

Python 3.x 完全支持中文字符，默认使用 UTF - 8 编码格式。无论是一个数字、英文字母，还是一个汉字，在统计字符串长度时，都按一个字符对待和处理。

7.1.2 转义字符

当要在字符串中使用特殊字符时，需要用转义字符来表示。Python 用反斜杠“ \ ”来定义转义字符。Python 中的转义字符见表 7－1。

表 7－1　转义字符

转义字符	描述
\a	蜂鸣器响铃。现在的计算机很多都不带蜂鸣器了，所以响铃不一定有效
\b	退格（Backspace 键），将光标位置移到前一列
\f	换页符，将光标位置移到下一页开头
\n	换行符，将光标位置移到下一行开头
\r	回车符（Enter 键）
\t	水平制表符（Tab 键），一般相当于四个空格
\v	垂直制表符
\\	一个反斜线字符“\”
\'	一个单引号字符
\"	一个双引号字符
\oyy	八进制数表示的字符，yy 代表八进制数字，例如\o12 代表换行
\xyy	十六进制数表示的字符，yy 代表十六进制数，例如\x0a 代表换行
\other	其他的字符以普通格式输出
\	在字符串行尾的续行符，即一行未完，转到下一行继续写

示例：

```
>>>print("I\'m a student.")
I'm a student.
>>>print("C:\\Program\\Python")
C:\Program\Python
>>>print('Hello\nWorld')
Hello
World
>>>print('\101')
A
>>>print('姓名\t性别\t年龄\n\
张三\t男\t22')
姓名	性别	年龄
张三	男	22
```

为了避免对字符串中的转义字符进行转义，可以使用原始字符串。在字符串前面加上字母 r 或 R 表示原始字符串，其中的所有字符都表示原始的含义而不会进行任何转义。

```
>>>print('d:\tools\note')        # \t 被转义为制表符,\n 被转义为换行符
d:ools
ote
>>>print(r'd:\tools\note')       #原始字符串,任何字符都不转义
d:\tools\note
```

7.2　字符串操作

7.2.1　字符串格式化

在模块 2 中介绍了使用% 运算符对字符串进行格式化，本节将介绍两种新的字符串格式化方法。

1. format 函数

从 Python 2.6 开始新增了一种字符串格式化的函数 format，它增强了字符串格式化的功能。format 函数的基本使用格式是：

```
<模板字符串>.format(<逗号分隔的参数>)
```

format 函数使用方式非常灵活：

（1）按照默认顺序使用

```
>>>a=35
>>>b=67
>>>print("a 和 b 的值分别是{}和{}".format(a,b))
```

结果：

```
a 和 b 的值分别是 35 和 67
```

（2）设置指定位置，可以多次使用

```
>>>a=35
>>>b=67
>>>print("a 和 b 的值分别是{0}和{1},较小的数是{0}".format(a,b))
```

结果：

```
a 和 b 的值分别是 35 和 67,较小的数是 35
```

（3）设置 format 参数的值

```
>>>print("a 和 b 的值分别是{a}和{b}".format(a=35,b=67))
```

结果：

```
a 和 b 的值分别是 35 和 67
```

（4）通过字典设置参数

```
>>>site={"name":"百度","url":"www.baidu.com"}
```

```
>>>print("网站名:{name},地址:{url}".format(** site))
```

结果:

```
网站名:百度,地址:www.baidu.com
```

(5) 通过列表索引设置参数

```
>>>site=["百度","www.baidu.com"]
>>>print("网站名:{0[0]},地址:{0[1]}".format(site))
# "0"是必需的
```

结果:

```
网站名:百度,地址:www.baidu.com
```

2. 字面量格式化字符串

从 Python 3.6 开始支持一种新的字符串格式化方式，称为字面量格式化字符串（Formatted String Literals）。字面量格式化字符串以“f”开头，后面跟着字符串，字符串中的表达式用大括号“{ }”括起来，它会将变量或表达式计算后的值替换进去。

```
>>>name='Moto'
>>>print(f"Hello {name}")
Hello Moto
>>>width=12
>>>height=6
>>>print(f"宽为{width},高为{height}的矩形的面积是:{width* height}")
```

结果:

```
宽为12,高为6的矩形的面积是:72
```

7.2.2 字符串运算

可以使用字符串运算符完成对字符串的常用操作。Python 中常见的字符串运算符见表 7-2。

表 7-2　常见的字符串运算符

运算符	描述
+	字符串连接
*	重复输出字符串
[ ]	通过索引获取字符串中的字符
[:]	截取字符串中的一部分，遵循“左闭右开”原则，例如，str[0:2] 只包含索引值为 0 和 1 的字符
in	成员运算符，如果字符串中包含给定的字符，返回 True
not in	成员运算符，如果字符串中不包含给定的字符，返回 True

1. “+”运算符

可以使用“+”运算符将多个字符串连接在一起。

```
>>> str1 = "信息工程系"
>>> str2 = "2020 级"
>>> str3 = "学生"
>>> print(str1 + str2 + str3)
```

结果：

```
信息工程系 2020 级学生
```

如果要连接的都是字符串常量，也可以省略“ + ”运算符。直接将字符串常量紧挨着写在一起。

```
>>> print("字符串""连接""运算符")
```

结果：

```
字符串连接运算符
```

很多时候需要将字符串和数字拼接在一起，而 Python 不允许直接拼接数字和字符串，可以借助 str( ) 函数先将数字转换成字符串，然后再进行拼接。

```
>>> name = "张三"
>>> age =19
>>> print(name + "的年龄是" + str(age) + "岁")
```

结果：

```
张三的年龄是 19 岁
```

2. “ * ” 运算符

如果一个字符串需要重复出现多次，可以使用“ * ”运算符。使用格式如下：

```
字符串* n,(n 是重复出现的次数)
>>> str1 = "Hello"
>>> print(str1* 3)
```

结果：

```
HelloHelloHello
```

3. “[ ]” 运算符

Python 中的字符串可以被索引，字符串的第一个字符的索引值为 0，第二个字符的索引值为 1，依此类推。可以使用“字符串［索引值］”的形式访问字符串中的单个字符。

```
>>> print("Hello"[0]
H
>>> str = "Student"
>>> print(str,"第 4 个字母是:",str[3])
```

结果：

```
Student 第 4 个字母是:d
```

Python 还支持在索引中使用负数，这将会从右往左进行计数。索引值为 -1 代表字符串最后一个字符，-2 代表字符串从右边数第 2 个字符，依此类推。

```
>>> str = "Student"
>>> print(str,"最后一个字母是:",str[-1])
```

结果：

```
Student 最后一个字母是:t
```

需要注意的是，Python 字符串不能被改变，向一个索引位置赋值会导致错误。

```
>>> str = "Student"
>>> str[1] = "T"              #错误用法
Traceback(most recent call last):
  File "<pyshell#28>",line 1,in <module>
    str[1] = "T"
TypeError:'str' object does not support item assignment
```

4. “[:]” 运算符

“[:]” 运算符用于从字符串中截取子串。使用格式如下：

```
字符串[m:n]
```

m 代表子串第一个字符的索引值，n-1 代表子串最后一个字符的索引值。如果子串第一个字符的索引值为 0，可以省略 m 不写；如果子串最后一个字符是字符串的最后一个字符，可以省略 n 不写。

```
>>> s = "计算机科学与技术"
>>> print(s[3:5])
'科学'
>>> print(s[:3])
计算机
>>> print(s[3:])
科学与技术
```

5. “in” 和 “not in” 运算符

“in” 和 “not in” 是成员运算符，顾名思义，就是用来检测给定的字符或子串是否是一个字符串中的成员。即字符串中是否包含给定的字符或子串。

```
>>> if 'He' in s:
    print('"He"在变量 s 中')
else:
    print('"He"不在变量 s 中')
```

```
"He"在变量 s 中
>>> if 'W' not in s:
    print('"W"不在变量 s 中')
else:
    print('"W"在变量 s 中')
"W"在变量 s 中
```

7.2.3 字符串常用方法

除了支持使用加号运算符连接字符串、使用乘号运算符对字符串进行重复、使用索引访问字符串以外，很多内置函数和标准库对象也支持对字符串的操作。另外，Python 字符串也提供了大量的方法支持字符串判断、转换、查找、替换、分割等操作。

1. 字符串判断方法

（1）isalnum 方法

格式：s.isalnum( )

作用：如果字符串 s 中至少有一个字符并且所有字符都是字母或数字，则返回 True；否则，返回 False。

```
>>> s1 = "abc123def"
>>> s1.isalnum()
True
>>> s2 = "a123.4"
>>> s2.isalnum()
False
```

（2）isalpha 方法

格式：s.isalpha( )

作用：如果字符串 s 中至少有一个字符并且所有字符都是字母，则返回 True；否则，返回 False。

```
>>> s1 = "Hello"
>>> s1.isalpha()
True
>>> s2 = "Hello World"
>>> s2.isalpha()
False
```

（3）isdigit 方法

格式：s.isdigit( )

作用：如果字符串 s 中只包含数字，则返回 True；否则，返回 False。

```
>>> s1 = "0123456"
>>> s1.isdigit()
```

```
True
>>> s2 = "3.1415926"
>>> s2.isdigit()
False
```

(4) isnumeric 方法

格式：s.isnumeric()

作用：如果字符串 s 中只包含各种数字字符，则返回 True；否则，返回 False。

```
>>> s1 = "一二叁肆千"
>>> s1.isnumeric()
True
>>> s2 = "123.45"
>>> s2.isnumeric()
False
```

(5) isspace 方法

格式：s.isspace()

作用：如果字符串 s 中只包含空白，则返回 True；否则，返回 False。

```
>>> s1 = "  "
>>> s1.isspace()
True
>>> s2 = " 1 2 3 "
>>> s2.isspace()
False
```

(6) istitle 方法

格式：s.istitle()

作用：如果字符串 s 是标题化的（即所有单词都是以大写字母开头，其余字母均为小写），则返回 True；否则，返回 False。

```
>>> s1 = "Python 程序"
>>> s1.istitle()
True
>>> s2 = "PyCharm"
>>> s2.istitle()
False
```

(7) isupper 方法

格式：s.isupper()

作用：如果字符串 s 中包含至少一个区分大小写的字符，并且所有这些（区分大小写的）字符都是大写，则返回 True；否则，返回 False。

```
>>> s1 = "我正在学习 Python 语言"
```

```
>>> s1.isupper()
True
>>> s2 = "我正在学习 Python 语言"
>>> s2.isupper()
False
```

(8) startswith 方法

格式：s.startswith(str[,start][,end])

作用：检查字符串 s 是否是以指定子字符串 str 开头，如果是，则返回 True；否则，返回 False。start：指定检索开始的起始位置索引为 start，如果不指定，则默认从头开始检索；end：指定检索的结束位置索引为 end-1，如果不指定，则默认一直检索到结束。

```
>>> s1 = "www.python.org"
>>> s1.startswith("www")
True
>>> s1.startswith("www",1,10)
False
>>> s1.startswith("www",0,2)
False
```

(9) endswith 方法

格式：s.endswith(str[,start][,end])

作用：检查字符串 s 指定范围是否是以指定子字符串 str 结尾，如果是，则返回 True；否则，返回 False。

start：指定检索开始的起始位置索引为 start，如果不指定，则默认从头开始检索；end：指定检索的结束位置索引为 end-1，如果不指定，则默认一直检索到结束。

```
>>> s1 = "www.python.org"
>>> s1.endswith("org")
True
>>> s1.endswith("org",1,13)
False
```

2. 字符串转换方法

(1) lower 方法

格式：s.lower()

作用：将字符串 s 中的所有大写字母转换为小写字母，转换完成后，返回新得到的字符串。如果字符串中原本就都是小写字母，则该方法会返回原字符串。

```
>>> s1 = "Hello World!"
>>> s2 = s1.lower()
>>> s1
```

```
'Hello World!'
>>> s2
'hello world!'
```

（2）upper 方法

格式：s.upper( )

作用：将字符串 s 中的所有小写字母转换为大写字母，转换完成后，返回新得到的字符串。如果字符串中原本就都是大写字母，则该方法会返回原字符串。

```
>>> s1 = "Hello World!"
>>> s2 = s1.upper()
>>> s2
'HELLO WORLD!'
>>> s3 = "我的英文名字是 JACK"
>>> s4 = s3.upper()
>>> s4
'我的英文名字是 JACK'
```

（3）capitalize 方法

格式：s.capitalize( )

作用：将字符串 s 的第一个字符转换为大写。

```
>>> s1 = "python 语言"
>>> s1.capitalize()
'Python 语言'
>>> s1
'python 语言'
```

（4）swapcase 方法

格式：s.swapcase( )

作用：将字符串 s 中大写字母转换为小写字母、小写字母转换为大写字母。

```
>>> s1 = "Python 语言"
>>> s1.swapcase()
'pYTHON 语言'
```

（5）title 方法

格式：s.title( )

作用：将字符串 s 中每个单词的首字母转为大写、其他字母全部转为小写。转换完成后，此方法会返回转换得到的字符串。如果字符串中没有需要被转换的字符，此方法会将字符串原封不动地返回。

```
>>> s1 = "jetBrains pyCharm"
>>> s1.title()
'Jetbrains Pycharm'
```

3. 字符串查找、替换方法

(1) find 方法

格式：s.find(str[,start][,end])

作用：返回 str 在字符串 s 指定范围内首次出现的位置，如果不存在，则返回 -1。

start：指定查找开始的起始位置索引为 start，如果不指定，则默认从头开始查找；end：指定查找的结束位置索引为 end -1，如果不指定，则默认一直查找到结束。

```
>>> s1 ='Jetbrains Pycharm'
>>> s1.find('a')
5
>>> s1.find('a',10,14)
-1
>>> s1.find('a',10,15)
14
```

(2) rfind 方法

格式：s.rfind(str[,start][,end])

作用：和 find() 方法类似，不过是从右边开始查找。

```
>>> s1 ='Jetbrains Pycharm'
>>> s1.rfind('a')
14
```

(3) index 方法

格式：s.index(str[,start][,end])

作用：与 find() 方法一样，只不过如果 str 不在字符串中，则会报一个异常。

```
>>> s1 = "catdogcatdog"
>>> s1.index('at')
1
>>> s1.index('m')
Traceback(most recent call last):
  File "<pyshell#132>",line 1,in <module>
    s1.index('m')
ValueError:substring not found
```

(4) rindex 方法

格式：s.rindex(str[,start][,end])

作用：和 index() 方法类似，不过是从右边开始查找。

start：指定查找开始的起始位置索引为 start，如果不指定，则默认从头开始查找；end：指定查找的结束位置索引为 end -1，如果不指定，则默认一直查找到结束。

```
>>> s1 = "catdogcatdog"
>>> s1.rindex('at')
7
```

（5） replace 方法

格式：s.replace(str1,str2[,max])

作用：把字符串 s 中的 str1 替换成 str2。如果 max 指定值，则替换不超过 max 次。

```
>>> s1 = "中国梦中国强中国制造"
>>> s1.replace("中国","China")
'China梦China强China制造'
>>> s1.replace("中国","China",2)
'China梦China强中国制造'
```

（6） maketrans 方法

格式：str.maketrans(str1,str2)

作用：创建字符映射表，str1 表示需要转换的若干个字符，str2 表示转换到的目标。

```
>>> t = str.maketrans("1234","ABCD")
>>> t
{49:65,50:66,51:67,52:68} #映射表中显示的是字符的UTF-8编码
```

（7） translate 方法

格式：s.translate(table)

作用：根据 table 给出的映射表转换字符串中的字符，返回转换后的字符串。

```
>>> t = str.maketrans("1234","ABCD")
>>> s = '12983225467'
>>> s.translate(t)
'AB98CBB5D67'
```

4. 字符串截取、分割方法

（1） lstrip 方法

格式：s.lstrip([str])

作用：从字符串 s 左边截掉指定子串。str 为指定子串，默认为空格。

```
>>> s1 = "计算机 科学"
>>> s1.lstrip()
'计算机 科学'
>>> s2 = "ABABabcABabcABAB"
>>> s2.lstrip('AB')
'abcABabcABAB'
```

（2） rstrip 方法

格式：s.rstrip([str])

作用：从字符串 s 右边截掉指定子串。str 为指定子串，默认为空格。

```
>>> s1 = "计算机 科学"
>>> s1.rstrip()
'计算机 科学'
>>> s2 = "ABABabcABabcABAB"
>>> s2.rstrip('AB')
'ABABabcABabc'
```

（3） strip 方法

格式：strip([str])

作用：截掉字符串 s 左、右两侧指定的子串。str 为指定子串，默认为空格。

```
>>> s1 = "计算机 科学"
>>> s1.strip()
'计算机 科学'
>>> s2 = "ABABabcABabcABAB"
>>> s2.strip('AB')
'abcABabc'
```

（4） split 方法

格式：s.split(str[,num])

作用：以 str 为分隔符把字符串从左往右分隔成多个字符串，并返回包含分隔结果的列表。如果 num 有指定值，则仅分割为 num+1 个子字符串。

```
>>> s1 = "12,56.7,AB,学院"
>>> s1.rsplit(',')
['12','56.7','AB','学院']
>>> s1.rsplit(',',2)
['12,56.7','AB','学院']
```

（5） rsplit 方法

格式：s.rsplit(str[,num])

作用：以 str 为分隔符把字符串从右往左分隔成多个字符串，并返回包含分隔结果的列表。如果 num 有指定值，则仅分割为 num+1 个子字符串。

```
>>> s1.split(',')
['12','56.7','AB','学院']
>>> s1.split(',',2)
['12','56.7','AB,学院']
```

5. 字符串常用方法汇总

更多的对字符串进行操作的方法见表 7－3。

表 7-3 字符串常用方法汇总

序号	方法名	描述
1	capitalize()	将字符串的第一个字符转换为大写
2	center(width[,fillchar])	返回一个以指定宽度 width 居中的字符串，fillchar 为填充的字符，默认为空格
3	count(str[,start][,end])	返回字符串中 str 出现的次数，如果 start 或者 end 指定值，则返回指定范围内 str 出现的次数，默认从头到尾
4	encode(encoding='UTF-8',errors='strict')	以 encoding 指定的编码格式编码字符串，如果出错，默认报一个 ValueError 的异常，除非 errors 指定的是 ignore 或者 replace
5	endswith(str[,start][,end])	检查字符串指定范围内是否以 str 结尾，如果是，返回 True；否则，返回 False。如果没有指定范围，默认整个字符串
6	expandtabs(tabsize=8)	把字符串 string 中的 tab 符号转为空格，tab 符号默认的空格数是 8
7	find(str[,start][,end])	返回 str 在字符串指定范围内首次出现的位置，如果不存在，则返回 -1。如果没有指定范围，默认整个字符串
8	index(str[,start][,end])	与 find() 方法一样，只不过如果 str 不在字符串中，会报一个异常
9	isalnum()	如果字符串至少有一个字符并且所有字符都是字母或数字，则返回 True；否则，返回 False
10	isalpha()	如果字符串至少有一个字符并且所有字符都是字母，则返回 True；否则，返回 False
11	isdecimal()	如果字符串只包含十进制字符，则返回 True；否则，返回 False
12	isdigit()	如果字符串只包含数字，则返回 True；否则，返回 False
13	islower()	如果字符串中包含至少一个区分大小写的字符，并且所有这些（区分大小写的）字符都是小写，则返回 True；否则，返 False
14	isnumeric()	如果字符串中只包含数字字符，则返回 True；否则，返回 False
15	isspace()	如果字符串中只包含空白，则返回 True；否则，返回 False
16	istitle()	如果字符串是标题化的（见 title()），则返回 True；否则，返回 False
17	isupper()	如果字符串中包含至少一个区分大小写的字符，并且所有这些（区分大小写的）字符都是大写，则返回 True；否则，返回 False

续表

序号	方法名	描述
18	join(seq)	以指定字符串作为分隔符，将 seq 中所有的元素（字符串表示）合并为一个新的字符串
19	len(string)	返回字符串长度
20	ljust(width[,fillchar])	返回一个原字符串左对齐，并使用 fillchar 填充至长度 width 的新字符串，fillchar 默认为空格
21	lower()	转换字符串中所有大写字符为小写
22	lstrip([str])	从字符串左边截掉指定子串。str 为指定子串，默认为空格
23	maketrans(str1,str2)	创建字符映射表，第一个参数是字符串，表示需要转换的字符，第二个参数也是字符串，表示转换的目标
24	max(string)	返回字符串中最大的字母
25	min(str)	返回字符串中最小的字母
26	replace(str1,str2[,max])	把字符串中的 str1 替换成 str2。如果 max 指定值，则替换不超过 max 次
27	rfind(str[,start][,end])	和 find() 方法类似，不过是从右边开始查找
28	rindex(str[,start][,end])	和 index() 方法类似，不过是从右边开始
29	rjust(width[,fillchar])	返回一个原字符串右对齐，并使用 fillchar（默认空格）填充至长度 width 的新字符串
30	rsplit(str[,num])	以 str 为分隔符把字符串从右往左分隔成多个字符串，并返回包含分隔结果的列表。如果 num 有指定值，则仅分割为 num+1 个子字符串
31	rstrip([str])	从字符串右边截掉指定子串。str 为指定子串，默认为空格
32	split(str[,num])	以 str 为分隔符把字符串从左往右分隔成多个字符串，并返回包含分隔结果的列表。如果 num 有指定值，则仅分割为 num+1 个子字符串
33	splitlines([keepends])	按照（'\r','\r\n',\n'）这三种分隔，返回一个以各行作为元素的列表。如果参数 keepends 为 False，不包含换行符；如果为 True，则保留换行符
34	startswith(str[,start][,end])	检查字符串是否是以指定子字符串 str 开头，是，则返回 True；否则，返回 False。如果 start 和 end 指定值，则在指定范围内检查
35	strip([str])	在字符串上执行 lstrip() 和 rstrip()
36	swapcase()	将字符串中大写字母转换为小写字母、小写字母转换为大写字母
37	title()	返回“标题化”的字符串，就是说所有单词都是以大写字母开始，其余字母均为小写

续表

序号	方法名	描述
38	translate(table)	根据 table 给出的映射表转换字符串中的字符，返回转换后的字符串
39	upper()	将字符串中所有小写字母转换为大写字母
40	zfill(width)	返回一个长度为 width 的字符串，原字符串右对齐，前面补 0。如果 width 小于字符串长度，则返回原字符串

7.3　正则表达式

7.3.1　正则表达式语法

正则表达式是指一个用来描述或者匹配一系列符合某个句法规则的字符串的特殊字符序列。正则表达式由元字符及其不同组合来构成，通过巧妙地构造正则表达式可以匹配任意字符串，可以方便地检查一个字符串是否与某种模式匹配，并完成查找、替换、分隔等复杂的字符串处理任务。在软件开发过程中，经常会涉及大量的关键字等各种字符串的操作，使用正则表达式能在很大程度上简化开发的复杂度和开发的效率。

学习正则表达式首先要熟悉正则表达式的元字符。常用的正则表达式元字符见表 7－4。

表 7－4　正则表达式元字符

<table>
<tr><th>方 法</th><th>描述</th></tr>
<tr><td>.</td><td>匹配除换行符以外的任意一个字符</td></tr>
<tr><td>^</td><td>匹配以^后面的字符或子模式开头的字符串</td></tr>
<tr><td>$</td><td>匹配以 $ 后面的字符或子模式结尾的字符串</td></tr>
<tr><td>?</td><td>匹配位于? 之前的字符或子模式 0 次或 1 次</td></tr>
<tr><td>*</td><td>匹配位于 * 之前的字符或子模式 0 次或更多次</td></tr>
<tr><td>+</td><td>匹配位于 + 之前的字符或子模式 1 次或更多次</td></tr>
<tr><td>|</td><td>匹配位于 | 之前或之后的字符或子模式</td></tr>
<tr><td>\d</td><td>匹配任何十进制数字，等效于 [0－9]</td></tr>
<tr><td>\D</td><td>与\d 相反，匹配任何非十进制数字的字符，等效于 [^0－9]</td></tr>
<tr><td>\s</td><td>匹配任何空白字符（空格、换行、回车、换页、制表符），等效于 [\t\n\r\f\v]</td></tr>
<tr><td>\S</td><td>与\s 相反，匹配任何非空白字符，等效于 [^\t\n\r\f\v]</td></tr>
<tr><td>\w</td><td>匹配任何字母、数字和下划线</td></tr>
<tr><td>\W</td><td>于\w 相反，匹配除字母、数字和下划线以外的字符</td></tr>
<tr><td>\b</td><td>匹配单词的开始或结束</td></tr>
<tr><td>\B</td><td>与\b 相反</td></tr>
<tr><td>{n}</td><td>重复 n 次</td></tr>
</table>

续表

方 法	描述
{n,}	重复 n 次或更多次
{n,m}	重复 n ~ m 次
()	将位于（）内的内容作为一个整体对待
[abc]	匹配 a、b、c 中的任意一个字符
[^abc]	匹配除 a、b、c 之外的任意字符
[a-z]	匹配指定范围内的任意字符
[^a-z]	匹配指定范围外的任意字符

下面给出一些正则表达式的示例：

- '[\u4e00-\u9fa5]'匹配中文字符。
- '^\s*|\s*$'匹配首尾空白字符。
- '[a-zA-Z]'匹配任意一个大写或小写字母。
- '^[A-Za-z]+$'匹配由 26 个英文字母组成的字符串。
- '^\d{3,4}-\d{7,8}$'匹配国内座机电话号码，匹配形式如 0531-87196666 或 010-87881122。
- '[1-9]\d{5}(?!\d)'匹配中国邮政编码（6 位数字）。
- '^[a-zA-Z][a-zA-Z0-9_]{4,15}$'匹配账号是否合法（字母开头，允许 5 ~ 16 字节，允许字母、数字、下划线）。
- '\d{4}-\d{1,2}-\d{1,2}'匹配 yyyy-mm-dd 格式的日期，例如'2020-5-21'。
- '\w+([-+.]\w+)*@\w+([-.]\w+)*\.\w+([-.]\w+)*'匹配 E-mail 地址。
- '^\d{1,3}\.\d{1,3}\.\d{1,3}\.\d{1,3}$'匹配 IP 地址。

7.3.2　正则表达式模块 re

Python 自 1.5 版本起增加了 re 模块。re 模块使 Python 语言拥有全部的正则表达式功能，可以使用 re 模块中的方法来处理字符串。re 模块常用方法见表 7-5。

表 7-5　re 模块常用方法

方法	描述
match(pattern,string[,flags])	从字符串的起始位置匹配模式，匹配成功，返回 match 对象；不成功，返回 None
search(pattern,string[,flags])	在整个字符串中匹配模式，匹配成功，返回第一个成功的匹配(match 对象)；不成功，返回 None
findall(pattern,string[,flags])	在整个字符串中匹配模式，并以列表返回所有匹配成功的数据
compile(pattern[,flags])	使用任何可选的标记来编译正则表达式的模式，返回一个正则表达式对象

续表

方法	描述
split(pattern,string[,max])	根据模式分割字符串，返回成功匹配的列表，max 指定最多分割次数
sub(pattern,repl,string[,count])	将字符串中所有 pattern 的匹配项用 repl 替换，返回新字符串，count 指定替换次数

参数意义：

pattern：匹配的正则表达式。

string：要匹配的字符串。

flags：标识位，用于控制正则表达式的匹配方式，其值有：

- re.I：忽略大小写。
- re.L：做本地化识别。
- re.M：多行匹配，影响^和$。
- re.S：使元字符“.”匹配包括换行符在内的所有字符。
- re.U：根据 Unicode 字符集解析字符，影响\w、\W、\b、\B。
- re.X：这个选项忽略规则表达式中的空白和注释，并允许使用“#”来引导一个注释。

下面的代码演示了 re 模块常用方法的功能。

```
>>> re.match("www","www.baidu.com")
<_sre.SRE_Match object;span=(0,3),match='www'>
>>> re.search("luck","Bad luck,good luck")        #返回第一个成功的匹配
<_sre.SRE_Match object;span=(4,8),match='luck'>
>>> re.findall(r"y{2,4}","ytestyytestyyytestyyyy")  #匹配2~4个y
['yy','yyy','yyyy']
>>> s="How-are-you!"
>>> re.split('[-]+',s)        #以一个或连续多个"-"作为分隔符分割字符串
['How','are','you!']
>>> phone="139-5312-9596"
>>> re.sub(r'\D',"",phone)        #去掉电话号码之间的短横线
'13953129596'
```

7.3.3 正则表达式对象 match

正则表达式对象的 match 方法和 search 方法匹配成功后，返回 match 对象实例。match 对象的常用方法见表 7-6。

表 7-6 match 对象的常用方法

方法	描述
group()	返回匹配的一个或多个子模式内容
groups()	返回一个包含匹配的所有子模式内容的元组

续表

方法	描述
groupdict( )	返回包含匹配的所有命名子模式内容的字典
start( )	返回指定子模式内容的起始位置
end( )	返回指定子模式内容的结束位置的前一个位置
span( )	返回一个包含指定子模式内容起始位置和结束位置前一个位置的元组

1. 使用 match 对象处理分组

group( )、groups( ) 和 groupdict( ) 方法都是处理在正则表达式中使用“( )”分组的情况。不同的是，group( ) 一般带有参数，其参数为分组的编号。含有一个参数的时候，返回参数对应分组的对象；含有多个参数的时候，以元组的形式返回参数对应的分组；不含参数或参数为 0 的时候，返回整个匹配对象。而 groups( ) 和 groupdict( ) 一般不需要向其传递参数，groups( ) 的返回值为元组，groupdict( ) 的返回值为字典。

```
>>> import re
>>> s = re.match(r"(\w+)(\w+)(\w+)","Behind bad luck comes good luck.")
>>> s.group()
'Behind bad luck'
>>> s.group(0)
'Behind bad luck'
>>> s.group(1)
'Behind'
>>> s.group(2)
'bad'
>>> s.group(2,3)
('bad','luck')
>>> s.groups()
('Behind','bad','luck')
>>> t = re.match(r"(?P<first_word>\w+)(?P<second_word>\w+)","Behind bad luck comes good luck.")
>>> t.groupdict()
{'second_word':'bad','first_word':'Behind'}
```

2. 使用 match 对象处理索引

start( )、end( ) 及 span( ) 方法返回所匹配的子字符串的索引。start( ) 方法返回子字符串或者组的起始位置索引，end( ) 方法返回子字符串或者组的结束位置索引加 1 后的值，而 span( ) 方法则以元组的形式返回以上两者。三个方法都可以使用一个分组编号做参数。如果不传递参数，则返回整个字符串的索引。

```
>>> import re
>>> s = "Life can be dreams,Life can be great thoughts."
>>> r = re.compile('\\b(\w+)a(\w+)\\b')
#编译正则表达式来匹配含"a"的单词
>>> m = re.search(r,s)
>>> m.start()        #输出匹配到的第一个子字符串的起始位置
5
>>> m.end()        #输出匹配到的第一个子字符串的结束位置加 1 的值
8
>>> m.span()
(5,8)
```

7.4　综合案例

【例 7-1】 接收用户输入的一句英文，将每个单词倒置后输出。例如，输入“How are you.”，输出“you.are How”。

基本思路：使用正则表达式“\s+”对输入的字符串进行切割，得到一个包含其中所有单词的列表，再把列表中的元素进行逆序，最后用空格连接列表中的单词为新的倒置后的字符串。

```
import re
def reverse(s):
    t = re.split('\s+',s.strip())
    t.reverse()
    return ' '.join(t)
s1 = input("请输入一句英文:")
s2 = reverse(s1)
print("该英文倒置后:",s2)
```

运行结果：

```
请输入一句英文:Be honest rather clever.
该英文倒置后:clever.rather honest Be
```

【例 7-2】 使用正则表达式提取字符串中的座机电话号码。

基本思路：座机电话号码由区号加号码组成，区号为 3 位或 4 位数字，号码为 7 位或 8 位数字，所以匹配座机电话号码的正则表达式为“\d{3,4})-(\d{7,8}”。再使用 re 模块的 findall 方法在字符串中查找所有符合该正则表达式的内容。

```
import re
text = '''My Phone Number is 0531-88621236,
yours is 010-99776655,
```

```
his is 0535 -3895321.'''
m=re.findall(r'(\d{3,4})-(\d{7,8})',text)
for item in m:
    print(item[0],item[1],sep='-')
```

运行结果：

```
0531-88621236
010-99776655
0535-3895321
```

7.5 习　　题

一、填空题

（1）"123"+"456"的运算结果是________。

（2）"123"*3 的运算结果是________。

（3） s="Python",print(s[1]) 的输出结果是________。

（4） s=" Python 程序设计",print(s[2:8]) 的输出结果是________。

（5）将字符串中的所有小写字母转换为大写字母的方法是________。

（6） ________方法可以获取字符串的长度。

（7）写出匹配 QQ 号码的正则表达式（长度为 5～10 位，由纯数字组成，并且不能以 0 开头）：________________。

（8）写出匹配 18 位身份证号码的正则表达式：________________。

二、程序设计题

（1）编写一个函数 myStrip(s)，实现字符串的 strip() 函数的功能。

（2）使用正则表达式提取字符串“My number is 0531－87196666.”中电话号码的区号。

模块 8

文件操作

文件是长期保存数据以便重复使用、修改和共享的重要方式。为了长期保存数据，必须将数据以文件的形式存储到外部存储介质（如磁盘、U 盘、光盘等）或云盘中。本模块将介绍 Python 中操作文件的有关内容，包括文本文件与二进制文件的区别、与文件相关的函数及标准库的用法等。

本模块学习目标

- 掌握文本文件的读写方法
- 掌握二进制文件的读写方法
- 掌握常用目录的操作方法

按文件中数据的组织形式，可以把文件分文本文件和二进制文本。

• 文本文件：文本文件是指以单一特定编码如 ASCII 码方式（也称文本方式）存储的文件。文本文件存储的是常规字符串，由若干文本行组成，最后一行后放置文件结束标志来指明文件的结束。通常每行以换行符“\n”结尾。常规字符串是指记事本或其他文本编辑器能正常显示、编辑并且能够直接阅读和理解的字符串，如英文、汉字、数字字符串。.txt、.py 等文件属于文本文件。

• 二进制文件：二进制文件把对象内容以比特 0 和 1 进行存储，没有统一的字符编码，无法用记事本或其他普通字处理软件直接进行编辑，通常也无法被人类直接阅读和理解，需要使用专门的软件进行解码后读取、显示、修改或执行。.png、.avi 等文件属于二进制文件。

8.1 文件读写操作

8.1.1 打开文件

操作系统中的文件默认处于存储状态，读写文件时，需要请求操作系统先打开文件。open( ) 方法通过接收“文件路径”及“文件打开模式”等参数来打开一个文件，并且返回文件对象。打开后的文件只能在当前程序操作，不能被另一个进程占用。操作之后，一定要将文件关闭，进程将释放对文件的控制，使文件恢复存储状态，这时，另一个进程将能够操作此文件。

open( )函数打开指定文件或创建文件对象，语法格式如下：

```
文件对象名=open(文件名,[打开方式])
```

文件名包含文件路径和名称，如果文件和源文件在同一个目录下，可以省略目录。

打开方式主要说明打开的文件类型是文本文件还是二进制文件，以及打开文件后要进行读操作还是写操作。

具体的文件打开模式见表 8-1。

表 8-1 文件打开模式

分类	说明
r	只读模式。是默认值，可省略。如果文件不存在，则返回 FileNotFoundError
w	覆盖写模式。若该文件不存在，则创建新文件；若已存在，则将其覆盖
x	创建写模式，若该文件不存在，则创建新文件；若已存在，则返回 FileExistsError
a	追加模式。若该文件不存在，则创建新文件；若已存在，则在文件最后追加内容
b	二进制模式（可以与其他模式组合使用）
t	文本模式。是默认模式，可省略
+	读写模式。可与 r、w、x、a 一同使用，在原功能基础上增加读写功能

【例 8-1】 文本文件 abc.txt 中保存着内容“我爱我的祖国”，读出文件里的内容并输出。

```
#以文本形式打开文件
f=open("abc.txt","rt")
print(f.readline())
f.close()
```

【运行结果】

```
我爱我的祖国
```

```
#以二进制形式打开文件
f=open("abc.txt","rb")
print(f.readline())
f.close()
```

【运行结果】

```
b'\xce\xd2\xb0\xae\xce\xd2\xb5\xc4\xd7\xe6\xb9\xfa'
```

备注：

- 文件操作步骤：打开→读写→关闭。
- 同样的文件，用不同的方式打开，则显示的结果不同。

8.1.2 关闭文件

close()函数是专门用来关闭已打开文件的，语法格式如下：

```
file.close()
```

其中，file 表示已打开的文件对象。文件在打开并操作完成之后，应该及时关闭；否则，程序的运行可能出现问题。

【例 8-2】 将文本文件 abc.txt 从磁盘上删除。

```
import os
f=open("abc.txt","r")
f.close()
os.remove("abc.txt")
print("abc.txt 删除成功!")
```

【运行结果】

```
abc.txt 删除成功!
```

```
import os
f=open("abc.txt","r")
os.remove("abc.txt")
print("abc.txt 删除成功!")
```

【运行结果】

```
Traceback(most recent call last):
  File"E:\2020 上\python/demo8-2.py",line 4,in <module>
    os.remove("abc.txt")
PermissionError:[WinError 32] 另一个程序正在使用此文件,进程无法访问:
'abc.txt'
```

通过例 8-2 的两种代码对比可以看出，文件打开后，如果不及时关闭，将会影响文件的后续操作。

备注：

• import os，引入 os 模块，调用了该模块中的 remove( )函数，该函数的功能是删除指定的文件。

• os 模块提供了多数操作系统的功能接口函数。当 os 模块被导入后，它会自适应于不同的操作系统平台，根据不同的平台进行相应的操作，如创建文件夹、删除文件等操作。

8.1.3 读文本文件

Python 中读取文件的相关方法有：

• <file>.read( )：一次读取文件的所有内容，返回一个字符串或字节流。
• <file>.readline( )：每次只读取一行内容。
• <file>.readlines( )：一次读取文件的所有内容，按行返回一个列表。

备注：

以上三个函数可以传入一个 int 类型的参数，来限制读取的范围。默认读取全部内容。如 f.read(3) 表示读入 3 个字符；f.readline(3) 表示读入该行的前 3 个字符；f.readlines(3) 表示读入前 3 行字符。

【例 8-3】 文本文件 cj.txt 中保存着内容唐诗《村居》，读出文件里的内容并输出。

#方法 1：一次性读取文件所有内容

```
fname = input("请输入要打开的文件名称:")
f = open(fname,"r")
txt = f.read()
print("读取文件内容成功\n:",txt)
f.close()
```

#方法 2：一次性读取所有行，逐行遍历文件内容

```
fname = input("请输入要打开的文件名称:")
f = open(fname,"r")
for line in f.readlines():
    print(line)
f.close()
```

#方法 3：一次读取文件中的一行

```
fname = input("请输入要打开的文件名称:")
with open(fname,"r")as f:
    while True:
        line = f.readline()
        if not line:
            break
        print(line)
```

【运行结果】

```
请输入要打开的文件名称:cj.txt
读取文件内容成功
```

村　　居

清代:高鼎

草长莺飞二月天,拂堤杨柳醉春烟。
儿童散学归来早,忙趁东风放纸鸢。

备注：文件操作步骤是打开→读写→关闭。如果在打开或读写阶段出现异常，则程序无法保证文件一定能够正常关闭。使用上下文管理关键字 with 可以有效地避免这个问题。

关键字 with 可以自动管理资源，不论由于什么原因跳出 with 块，总能保证文件被正常关闭，并且可以在代码块执行完毕后自动还原进入该代码块时的现场，常用于文件操作、数据库连接和网络通信连接等场合。其语法结构如下：

```
with context_expression[as target(s)]:
  with-body
```

以上三种方法都可以读取文件内容，三种方法各有利弊：

• read()是最简单的一种方法，一次性读取文件的所有内容并放在一个大字符串中，即保存在内存中。read()方便，但是如果文件过大，则占用内存会很大。

• readline()逐行读取文本，结果是一个列表。readline()占用内存小，逐行读取，但是由于 readline()是逐行读取的，因此速度比较慢。

• readlines()一次性读取文本的所有内容，结果是一个列表。readlines()读取的文本内容，每行文本末尾都会带一个“\n”换行符（可以使用 L.rstrip('\n') 去掉换行符）。readlines()读取文本内容的速度比较快，但是随着文本的增大，占用内存会越来越大。

8.1.4　写文本文件

Python 中写入文件的相关方法：

<file>.write(s)：用于向文件中写入指定字符串或字节流。

<file>.writelines(lines)：用于将一个元素全为字符串的列表写入文件中。

【例 8-4】在文本文件 abc.txt 中写入内容。

```
str=input("请输入要写入文件的字符串:")
f=open("abc.txt","a")
f.write(str)
print("写入成功")
f.close()
```

【运行结果】

```
请输入要写入文件的字符串:hello world!
写入成功
```

```
str=input("请输入要写入文件的字符串:")
f=open("abc.txt","w")
f.write(str)
```

```
print("写入成功")
f.close()
```

【运行结果】

```
请输入要写入文件的字符串:hello world!
写入成功
```

备注：写入模式 a 和 w 都可以将内容写入文件，区别是 a 模式不覆盖原来的内容，在文件尾部追加内容；w 模式覆盖原来的内容，重新写入内容。

8.1.5 读写二进制文件

二进制文件中都是一个个的字节数据，如音频、视频、图片等都是二进制文件，二进制文件的读和写是针对字节数据的，需要采用二进制的读取方法。如果二进制文件不采用二进制读取方式，就会显示乱码。例如用记事本打开一张图片，显示结果如图 8－1 所示。

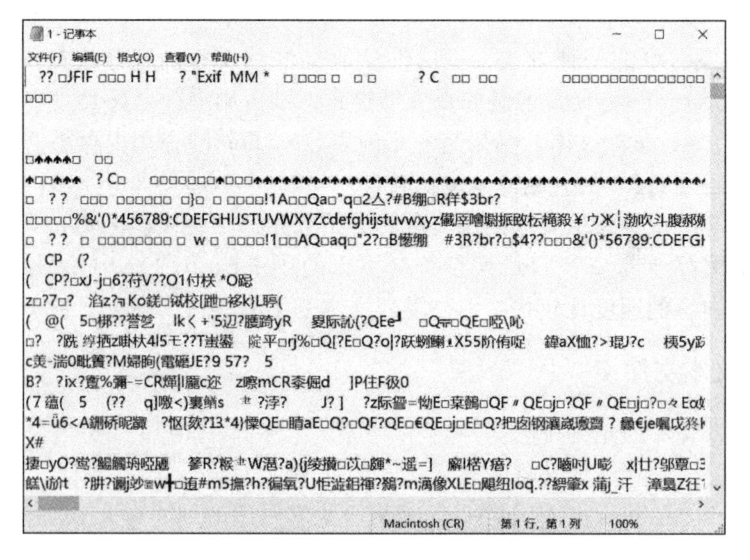

图 8－1 二进制文件无法使用文本编辑器直接查看

对于二进制文件，无法通过 Python 的文件对象直接读取和理解其中的内容，因此，必须正确地理解二进制文件结构和序列化规则，才能准确地理解二进制文件内容并且设计正确的反序列化规则。

序列化是按照某种规则将内存中的对象存储起来，将它变成一个个字节。

反序列化是将文件的字节序列准确无误地恢复为原来的对象到内存中。

Python 中常用的序列化模块有 struct、pickle、marshal 和 shelve。

1. 使用 struct 模块对二进制进行读写

struct 模块中最重要的三个方法是 pack( )、unpack( )、calcsize( )。

- string = struct.pack(fmt,v1,v2,…)：按照给定的格式化字符串把数据封装成字符串。
- tuple = unpack(fmt,string)：按照给定的格式解析字节流，返回解析出来的 tuple。
- offset = calcsize(fmt)：计算给定的格式占用多少字节的内存。

struct 模块中支持的格式见表 8－2。

表 8－2　struct 模块中支持的格式

格式字符	数据类型	字节数
x	空值	1
c	长度为 1 的字符串	1
b	整型	1
B	整型	1
?	布尔型	1
h	整型	2
H	整型	2
i	整型	4
I	整型或长整型	4
l	整型	4
L	长整型	4
q	长整型	8
Q	长整型	8
f	浮点型	4
d	浮点型	8
s	字符串	1

备注：

- 每个格式前可以有一个数字，表示个数。
- s 格式表示一定长度的字符串，4s 表示长度为 4 的字符串。

【例 8－5】使用 struct 模块将一个整数和一个字符串写入 xy.dat。

```
import struct
m=int(input("请输入一个整数:"))
s=input("请输入一个字符串:")
#序列化
n=struct.pack('i',m)
f=open('xy.dat','wb')
f.write(n)
#字符串需要编码为字节串再写入文件
f.write(s.encode())
f.close()
print("数据写入成功")
```

【运行结果】

```
请输入一个整数:6
请输入一个字符串:good
数据写入成功
```

【例8-6】使用struct模块将例8-5中写入的二进制数据读出。

```
import struct
f=open('xy.dat','rb')
#读取一个整数的长度
n=f.read(4)
#反序列化
m=struct.unpack('i',n)
print("m=",m)
#读取字符串good的长度
s=f.read(4)
#字符串解码
s=s.decode()
print("s=",s)
```

【运行结果】

```
m=(5,)
s=good
```

2. 使用pickle模块对二进制进行读写

pickle是系统标准库所提供的二进制I/O模块，是压缩、保存、提取文件的模块，字典和列表都能被保存。

struct模块中最重要的两个方法是：

- dump(obj,file)：序列化对象。将对象obj保存到文件file中去。file表示保存到的类文件对象。
- load(infile)：反序列化对象，将文件中的数据解析为一个Python对象。

【例8-7】使用pickle模块向dida.dat中写入整型和列表类型的Python对象。

```
import pickle
fo=open('dida.dat','wb')
n=7
lst=[[20,30,40],[50,60,70]]
try:
    pickle.dump(n,fo)
    pickle.dump(lst,fo)
    print("数据写入成功")
except:
```

```
    print("写文件异常")
finally:
    fo.close()
```

【运行结果】

```
数据写入成功
```

【例 8-8】 使用 pickle 模块将例 8-7 中写入的二进制数据读出。

```
import pickle
fi=open('dida.dat','rb')
    #读出文件的数据个数
try:
    with open('dida.dat','rb')as fi:
        while True:
            print(pickle.load(fi))
except EOFError:
    fi.close()
```

【运行结果】

```
7
[[20,30,40],[50,60,70]]
```

例 8-7 读入的数据，在例 8-8 中成功读出。

备注：在进行文件读写时，为了防止数据读取异常，可以使用捕获异常的办法来解决。

说明：在 Pickle 模块中还有 dumps()和 loads()方法，它们直接实现一个二进制和 pickle 表示对象的转换，不用打开文件。dumps()是将可读对象转换成二进制文件，并返回二进制文件；loads()是把二进制文件转换成可读对象，并返回对象。

【例 8-9】 使用 Pickle 模块中的 dumps()和 loads()方法进行数据的转换。

```
import pickle
data=['hello','python','world']
# dumps 将数据通过特殊的形式转换为只有 Python 语言认识的字符串
str1=pickle.dumps(data)
print("数据转换成功:\n",str1)
# loads 将 pickle 数据转换为 Python 的数据结构
str2=pickle.loads(str1)
print("数据还原成功:\n",str2)
```

【运行结果】

```
数据转换成功:
```

```
b'\x80\x04\x95\x1e\x00\x00\x00\x00\x00\x00\x00]\x94(\x8c\x05hello\x94\x8c\x06python\x94\x8c\x05world\x94e.'
数据还原成功:
['hello','python','world']
```

备注：与文本文件相比，二进制文件的优点为节约存储空间、读写速度快、有一定的加密保护作用。

3. 使用 marshal 模块对二进制进行读写

marshal 模块与 pickle 模块一样，也有 dump( ) 和 load( ) 两个方法。

- load(file)，从文件读取 Python 数值并返回该值。
- loads(bytes)，将读入的字节对象转换为 Python 数值。
- dump(value,file)，将 Python 数值写入文件。
- dumps(value)，将读入的 Python 数值转换为一个字节对象。

【例 8-10】使用 marshal 模块中的 dump( ) 和 load( ) 方法进行数据的转换。

```
import marshal
data1 =['abc',12,23]
data2 ={1:'aaa','b':'dad'}
data3 =(1,2,4)
#把这些数据序列化到文件中,注:文件必须以二进制模式打开
fo =open("marin.txt",'wb')
marshal.dump(data1,fo)
marshal.dump(data2,fo)
marshal.dump(data3,fo)
fo.close()
#从文件中读取序列化的数据
fi =open('marin.txt','rb')
#data1 =[]
data1 =marshal.load(fi)
data2 =marshal.load(fi)
data3 =marshal.load(fi)
print(data1)
print(data2)
print(data3)
```

【运行结果】

```
['abc',12,23]
{1:'aaa','b':'dad'}
(1,2,4)
```

备注：

- pickle 模块实现了基本的数据序列和反序列化。通过 pickle 模块的序列化操作，能够将程序中运行的对象信息永久保存到文件中；通过 pickle 模块的反序列化操作，能够从文件中创建上一次程序保存的对象。
- marshal 模块不是通用的序列化/反序列化模块，而是以读写 . pyc 文件中的 Python 代码为目的设计的。marshal 模块提供的函数可以读写二进制对象为 Python 数值。marshal 模块仅供 Python 解析器内部用作对象的序列化，不推荐开发人员使用该模块处理 Python 对象的序列化和反序列化。

4. 使用 shelve 模块对二进制进行读写

Python 标准库 shelve 也是一种序列化方式，shelve 是对象持久化保存方法，可以像字典赋值一样来写入二进制文件，也可以像字典一样读取二进制文件。

使用 shelve 模块时，只需要使用 open 函数获取一个 shelve 对象，然后对数据进行增、删、改、查操作，再将内存数据存储到磁盘中，最后调用 close 函数关闭并将数据写入文件。

open(filename)：创建或打开一个 shelve 对象。shelve 默认的打开方式支持同时读写操作。

【例 8-11】 使用 shelve 模块中的 open()方法进行数据写入和读出。

```
import shelve
#打开 ts 文件,如果不存在,就创建文件
s=shelve.open('ts')
try:
    s['aa']={'int':101,'float':8.7,'String':'shelve module'}
    s['bb']=[1,2,3]
finally:
    s.close()
try:
    s=shelve.open('ts')
    print(s['aa'])
    print(s['bb'])
finally:
    s.close()
```

【运行结果】

```
{'int':101,'float':8.7,'String':'shelve module'}
[1,2,3]
```

说明：

在 Windows 上运行前面的代码，会看到在当前工作目录下有 3 个新文件：ts.bak、ts.dat 和 ts.dir，这些二进制文件包含了存储在 shelve 中的数据。这些二进制文件的格式并不重要，只需要知道 shelve 模块做了什么，而不必知道它是怎么做的。shelve 模块使用户不用操心如何将程序的数据保存到文件中。

备注：

- shelve 是一个简单的数据存储方案，类似于 key - value 数据库，可以很方便地保存 Python 对象，其内部是通过 pickle 协议来实现数据序列化的。shelve 只有一个 open() 函数，这个函数用于打开指定的文件（一个持久的字典），然后返回一个 shelve 对象。shelve 是一种持久的、类似于字典的对象，可以像字典一样，使用 get 来获取数据。
- shelve 模块可以看作 pickle 模块的升级版，可以持久化所有 pickle 所支持的数据类型，并且 shelve 比 pickle 提供的操作方式更加简单、方便。
- 在 shelve 模块中，key 必须为字符串，而值可以是 Python 所支持的数据类型。

8.1.6　定位读写位置

Python 中有 seek() 和 tell() 方法，分别用来定位文件读写位置和获取当前读写的位置。

```
seek(offset,from):
```

- offset：偏移量，正数表示向后移动 offset 位，负数表示向前移动 offset 位。
- from：方向，0 表示文件开头，1 表示当前位置，2 表示文件末尾。

【例 8 - 12】 使用 seek() 方法定位，读取文件内容。

```
str = input("请输入要写入文件的字符串:")
f = open("abc.txt","w")
f.write(str)
f.close()
f = open("abc.txt","rb")
#从文件开始往后移动 3 个位进行读操作
f.seek(6,0)
for i in f:
    print(i)
n = f.tell()
print("文件指针位置:",n)
f.close()
```

【运行结果】

```
请输入要写入文件的字符串:hello world
b'world'
文件指针位置:11
```

8.1.7　复制文件

可以使用 shutil 模块的 copyfile() 方法或 os 模块的 system() 方法复制文件到指定文件夹。

1. 使用 shutil 模块的 copyfile( )方法复制文件

```
shutil.copyfile(src,dst)
```

从源 src 复制到 dst 中去。前提是目标地址具备可写权限。抛出的异常信息为 IOException。如果当前的 dst 已存在，就会被覆盖掉。

【例 8 – 13】 使用 shutil 模块的 copyfile( )方法复制文件。

```
import shutil
fi=open('D:\\a.txt','rb')
fo=open('D:\\b.txt','wb')
src='D:\\a.txt'
srt='D:\\b.txt'
shutil.copyfile(src,srt)
print("复制成功!")
```

【运行结果】

```
复制成功!
```

备注：shutil 模块还有其他的复制方式，具体如下。

- copyfile(src,dst)：src、dst 都是文件名，如果 dst 存在或无权限，则会抛出异常。
- copy(dst)：dst 可以是文件名，也可以是目录名。
- shutil.copytree( )：可以递归 copy 多个目录到指定目录下，源文件和目标文件可以是不同的文件夹、不同的硬盘空间，从而更为方便地实现文件的备份。
- shutil.copyfileobj(fsrc,fdst[,length])：复制类文件（file – like）对象 fsrc 的内容到类文件对象 fdst 中。可选整数参数 length，指定缓冲区大小。
- shutil.copymode(src,dst)：复制 src 的文件权限位到 dst，文件的内容、属主和用户组不会受影响。使用字符串指定 src 和 dst 路径。
- shutil.copystat(src,dst)：复制文件 src 的文件权限位、最后访问 access 的时间、最后修改 modification 的时间 dst。文件的内容、属主和用户组不会受影响。使用字符串指定 src 和 dst 路径。
- shutil.copy2(src,dst)：与 shutil.copy( )类似，另外，会同时复制文件的元数据。实际上，该方法是 shutil.copy( )和 shutil.copystat( )的组合。该方法相当于 UNIX 的命令 cp –p。

2. 使用 os 模块的 system( )方法复制文件

【例 8 – 14】 使用 os 模块的 system( )方法复制文件。

```
import os
src='D:\\1.png'
srt='D:\\2.png'
os.system("copy %s %s" %(src,srt))
print("复制成功!")
```

【运行结果】

```
复制成功!
```

8.1.8　移动文件

Python 移动文件可以使用 shutil 模块中的 move( )方法。

shutil.move(src,dst)：将一个文件或文件夹从 src 移动到 dst。

- dst 是已存在的文件夹：src 将会被移动到 dst 内。
- dst 是已存在的文件：dst 内容会被覆盖。

【例 8-14】 使用 shutil 模块的 move( )方法移动文件。

```
import shutil
src ='D:\\abc.txt'
dst ='E:\\xyz.txt'
shutil.move(src,dst)
print("移动成功!")
```

【运行结果】

```
移动成功!
```

8.1.9　重命名文件

Python 重命名文件可以使用 os 模块中的 rename( )方法。

os.rename( )方法用于命名文件或目录，从 src 到 dst，如果 dst 是一个已存在的文件或目录，将抛出 OSError 异常信息。

【例 8-15】 使用 os 模块中的 rename( ) 方法重命名文件。

```
import os
src = "E:\\abc.txt"
dst = "E:\\xyz.txt"
try:
    os.rename(src,dst)
    print("重命名成功")
except:
    print("重命名异常")
```

【运行结果】

```
重命名成功
```

说明：如果源文件不存在，将会输出“重命名异常”。

8.1.10　删除文件

Python 删除一个文件需要使用 os 模块的 remove( )方法。

os.remove( )方法用于删除指定路径的文件。如果指定的路径是一个目录，将抛出 OSError 异常信息。

【例 8-16】使用 os 模块中的 remove()方法删除文件。

```
import os,sys
patht = "E:\测试\"
print("删除前的测试目录下的文件:%s"%os.listdir(patht))
str = input("请输入要删除的文件:");
if(os.path.exists(patht + str)):
    os.remove(patht + str)
    print("删除后的测试目录下的文件:%s"%os.listdir(patht))
else:
    print("要删除的文件不存在")
```

【运行结果】

```
删除前的测试目录下的文件:['2.png','a.docx','test.xlsx']
请输入要删除的文件:2.png
删除后的测试目录下的文件:['a.docx','test.xlsx']
```

8.2 目录操作

Python 操作目录的方法包含在 os 模块中，在代码中需要导入 os 模块。os 模块常用的文件操作方法见表 8-3。

表 8-3 os 模块常用的文件操作方法

方法	功能说明
chdir(path)	把 path 设为当前工作目录
chmod(path, mode, *, dir_fd = None, follow_symlinks = True)	改变文件的访问权限
curdir	当前文件夹
get_exec_path()	返回可执行文件的搜索路径
getcwd()	返回当前工作目录
listdir(path)	返回 path 目录下的文件和目录列表
mkdir(path[,mode = 0777])	创建目录，要求上级目录必须存在
makedirs(path1/path2…,mode = 511)	创建多级目录，会根据需要自动创建中间缺失的目录
open(path, flags, mode = 0o777, *, dir_fd = None)	按照 mode 指定的权限打开文件，默认权限为可读、可写、可执行
popen(cmd, mode = 'r', buffering = -1)	创建进程，启动外部程序
rmdir(path)	删除目录，目录中不能有文件或子文件夹
remove(path)	删除指定的文件，要求用户拥有删除文件的权限，并且文件没有只读或其他特殊属性
removedirs(path1/path2…)	删除多级目录，目录中不能有文件

续表

方法	功能说明
rename(src,dst)	重命名文件或目录，可以实现文件的移动，若目标文件已存在，则抛出异常，不能跨越磁盘或分区
replace(old,new)	重命名文件或目录，若目标文件已存在，则直接覆盖，不能跨越磁盘或分区
scandir(path ='.')	返回包含指定文件夹中所有 DirEntry 对象的迭代对象。遍历文件夹时，比 listdir() 更加高效
startfile(filepath[,operation])	使用关联的应用程序打开指定文件或启动指定应用程序
stat(path)	返回文件的所有属性
system()	启动外部程序
walk(top, topdown = True, onerror = None)	遍历目录树，该方法返回一个元组，包括 3 个元素：所有路径名、所有目录列表与文件列表
write(fd,data)	将 bytes 对象 data 写入文件 fd

8.2.1 创建目录

1. 使用 mkdir 创建目录

在 Python 中可以使用 os.mkdir()方法创建目录。

os.mkdir(path)：path 为要创建目录的路径，如果 path 已存在，则创建目录失败。

【例 8 - 17】使用 os 模块中的 mkdir()方法创建目录。

```
import os
patht = "E:\测试\"
print("创建前的测试目录下的文件和文件夹:%s"%os.listdir(patht))
str = input("请输入要创建的文件夹名称:");
if(os.path.exists(patht + str)):
    print("该目录已经存在")
else:
    pt = patht + str
    os.mkdir(pt)
    print("创建后的测试目录下的文件和文件夹:%s"%os.listdir(patht))
```

【运行结果】

```
创建前的测试目录下的文件和文件夹:['2.png','a.docx','abc.txt','test.xlsx','test1','test2','xyz.txt']
请输入要创建的文件夹名称:test3
创建后的测试目录下的文件和文件夹:['2.png','a.docx','abc.txt','test.xlsx','test1','test2','test3','xyz.txt']
```

2. 使用 makedirs 创建目录

在 Python 中可以使用 os.makedirs( )方法创建多级目录。

os.makedirs( )：用于递归创建目录。

【例 8－18】使用 os 模块中的 makedirs( )方法创建多级目录。

```
import os
patht = "E:\测试\"
print("创建前的测试目录下的文件和文件夹:%s"%os.listdir(patht))
str = input("请输入要创建的多级文件夹名称:");
if(os.path.exists(patht + str)):
    print("该目录已经存在")
else:
    pt = patht + str
    os.makedirs(pt)
    print("创建后的测试目录下的文件和文件夹:%s"%os.listdir(patht))
```

【运行结果】

```
创建前的测试目录下的文件和文件夹:['abc.txt','test1','test2']
请输入要创建的多级文件夹名称:test\test1\test2\test3
创建后的测试目录下的文件和文件夹:['abc.txt','test','test1','test2']
```

8.2.2　获取目录

os 模块中获取目录的主要方法有：

- os.getcwd(path)：获取当前工作目录。
- os.path.abspath(path)：获取当前工作目录的绝对路径。

【例 8－19】使用 os 模块中的 getcwd( )和 path.abspath( )方法创建多级目录。

```
import os
#返回当前工作路径
print(os.getcwd())
#返回当前文件的绝对路径
print(os.path.abspath('demo8-18.py'))
```

【运行结果】

```
E:\测试\test
E:\测试\test\demo8-18.py
```

8.2.3　遍历目录

Python 语言的 os 模块提供了两个列出目录中所有文件的方法：listdir( )方法和 walk( )方法。

- os.listdir()：用于返回指定的文件夹包含的文件或文件夹的名字的列表。listdir 返回一个列表，列表包含 pub 目录下所有文件名称，然后使用 for 循环输出列表。
- os.walk()：递归遍历目录文件。walk 方法会返回一个三元组，分别是 root、dirs 和 files。其中，root 是当前正在遍历的目录路径；dirs 是一个列表，包含当前正在遍历的目录下所有的子目录名称；files 也是一个列表，包含当前正在遍历的目录下所有的文件。

【例 8-20】使用 os 模块中的 listdir()方法遍历目录。

```
import os
#等待遍历的目录路径
path = "E:\测试\"
#使用 listdir 方法遍历 path 目录
dirs = os.listdir(path)
#输出所有文件和文件夹
for file in dirs:
    print(path + "下的文件:" + file)
#输出所有文件和文件夹的绝对路径
for file in dirs:
    print(path + "下的文件的绝对路径:" + os.path.join(path,file))
```

【运行结果】

```
E:\测试\下的文件:abc.txt
E:\测试\下的文件:test
E:\测试\下的文件:test1
E:\测试\下的文件:test2
E:\测试\下的文件的绝对路径:E:\测试\abc.txt
E:\测试\下的文件的绝对路径:E:\测试\test
E:\测试\下的文件的绝对路径:E:\测试\test1
E:\测试\下的文件的绝对路径:E:\测试\test2
```

【例 8-21】使用 os 模块中的 walk() 方法遍历目录。

```
import os
#等待遍历的目录路径
path = "E:\测试\"
#使用 walk 方法递归遍历 path 目录
for root,dirs,files in os.walk(path):
    for name in files:
        print(os.path.join(root,name))
    for name in dirs:
        print(os.path.join(root,name))
```

【运行结果】

```
E:\测试\abc.txt
E:\测试\test
E:\测试\test1
E:\测试\test2
E:\测试\test\demo8-18.py
E:\测试\test\test1
E:\测试\test\test1\test2
E:\测试\test\test1\test2\test3
```

8.2.4 删除目录

Python 语言的 os 模块中的 rmdir( )方法和 removedirs( )方法可以删除空目录，shutil 模块中的 shutil.rmtree( )方法可以删除非空目录。

- os.rmdir( )：删除目录，目录应该是一个空文件夹。
- os.removedirs( )：递归地删除目录，目录中不能有文件。
- shutil.rmtree( )：不仅可以删除空目录，也可以删除含有文件或子目录的目录，功能很强大。

【例 8-22】使用 os 模块中的 rmdir( )方法删除目录。

```
import os
path=input("请输入要删除的目录:")
#使用 rmdir 方法删除目录
try:
    os.rmdir(path)
    print(path+"删除成功")
except:
    print(path+"目录非空或不存在,删除失败!")
```

【运行结果】

```
请输入要删除的目录:E:\测试\test1
E:\测试\test1 删除成功
```

说明：

- 删除的目录为 test1 的一个目录。
- 如果目录不为空或者目录不存在，则会输出“目录非空或不存在，删除失败!”。

【例 8-23】使用 os 模块中的 removedirs( ) 方法删除多级目录。

```
import os
path=input("请输入要删除的多级目录:")
#使用 removedirs 方法删除多级目录
try:
    os.removedirs(path)
```

```
    print(path + "删除成功")
except:
    print(path + "目录非空或不存在,删除失败!")
    import os
path = input("请输入要删除的多级目录:")
#使用 rmdir 方法删除目录
try:
    os.removedirs(path)
    print(path + "删除成功")
except:
    print(path + "目录非空或不存在,删除失败!")
```

【运行结果】

```
请输入要删除的多级目录:E:\test\test1\test2
E:\test\test1\test2 删除成功
```

说明:

- 删除的目录为 test、test1、test2 三个目录。
- 如果目录不为空或目录不存在，则会输出“目录非空或不存在，删除失败!”。

【例 8 – 24】 使用 shutil 模块中的 rmtree( )方法删除目录。

```
import shutil
path = input("请输入要删除的目录或文件:")
#使用 rmtree()方法删除目录
try:
    shutil.rmtree(path)
    print(path + "删除成功")
except:
    print(path + "目录不存在,删除失败!")
```

【运行结果】

```
请输入要删除的目录或文件:E:\测试\test1
E:\测试\test1 删除成功
```

说明:

- 删除的目录为 test1，test1 目录不为空，test1 和 test 内目录和文件一起被删除。
- 如果目录不存在，则会输出“目录不存在，删除失败!”。

8.3 综合案例

【例 8 – 25】 批量添加文件名前缀或批量删除前缀相同的文件名的前缀。

```
import os
```

```
    print("""
    功能列表
    1 批量添加
    2 批量删除
    """)
    sn = int(input("请输入功能序号:"))
    #录入前缀
    prefix = input("请输入前缀:")
    #录入路径
    path = input("请输入路径:")
    #目录下的所有目录和文件
    flist = os.listdir(path)
    print(flist)
    #遍历是否为文件
    for f in flist:
        print(os.path.join(path,f))        #连接路径
        if not os.path.isfile(os.path.join(path,f)):
            continue        #如果不是文件,跳过此次循环,执行下个循环
        if sn ==1:          #添加,其实就是重命名
            os.rename(os.path.join(path,f),os.path.join(path,prefix +
f))
        elif sn ==2:#删除,其实就是重命名
            #判断是否为 prefix 开头
            if f.startswith(prefix):
                os.rename(os.path.join(path,f),os.path.join(path,f[len
(prefix):]))                      #通过切片截取后面的文件名
        else:
            print("请输入正确序号")
            break
    else:
        print("执行成功")
```

【运行结果】

```
    功能列表
    1 批量添加
    2 批量删除
    请输入功能序号:1
    请输入前缀:E
    请输入路径:E:\测试
```

```
修改前的文件列表:
['aha.txt','ahabc.txt','ahxyz.txt','test']
E:\测试\aha.txt
E:\测试\ahabc.txt
E:\测试\ahxyz.txt
E:\测试\test
执行成功,修改后的文件列表:
['Eaha.txt','Eahabc.txt','Eahxyz.txt','test']
```

【例 8-26】 批量修改文件的扩展名。

```
import os
path=input("请输入路径:")
files=os.listdir(path)#列出当前目录下所有的文件
for filename in files:
    portion=os.path.splitext(filename)#分离文件名字和后缀
    print(portion)
    #根据后缀来修改,如无后缀,则为空
    if portion[1]==".doc":
        newname=portion[0]+".docx"#新后缀
        os.chdir(path)
        os.rename(filename,newname)
        print(filename+"更名为:"+newname)
```

【运行结果】

```
请输入路径:E:\测试
('test','')
('作业','.doc')
作业.doc更名为:作业.docx
('古诗','.doc')
古诗.doc更名为:古诗.docx
('比赛','.doc')
比赛.doc更名为:比赛.docx
```

【例 8-27】 批量删除指定类型的文件。

```
# demo8-27
import sys
import os.path
import shutil
  #获取当前路径
def fileDir():
```

```
    path = input("请输入路径:")
    print(path)
    if os.path.isdir(path):
        return path
    elif os.path.isfile(path):
        return os.path.dirname(path)
  #获取文件后缀名
def suffix(file,* suffix):
    array = map(file.endswith,suffix)
    if True in array:
        return True
    else:
        return False
  #删除目录下扩展名为 .docx,.txt 的文件
def deleteFile():
    targetDir = fileDir()
    for file in os.listdir(targetDir):
        targetFile = os.path.join(targetDir,file)
        if suffix(file,'.docx','.txt'):
            os.remove(targetFile)
            print(file + "文件删除成功")
if __name__ == '__main__':
    deleteFile()
```

【运行结果】

```
请输入路径:E:\测试
E:\测试
a.txt 文件删除成功
b.txt 文件删除成功
c.txt 文件删除成功
比赛.docx 文件删除成功
简历.docx 文件删除成功
论文.docx 文件删除成功
```

【例 8-28】 提取 docx 类型文件中的图、表、例题的标题并输出。

```
import docx
import re
path = input("请输入文件路径")
r = {'例':[],'图':[],'表':[]}
file = docx.Document(path)
```

```
for p in file.paragraphs:
    t = p.text
    if re.match('例\d + - + \d',t):
        r['例'].append(t)
    elif re.match('图\d + - + \d',t):
        r['图'].append(t)
    elif re.match('表\d + - + \d',t):
        r['表'].append(t)
for k in r.keys():
    print('='* 50)
    for v in r[k]:
        print(v)
```

【运行结果】

```
请输入文件路径 E:\结构.docx
==================================================
例 1 -1 使用 struct 模块将一个整数和一个字符串写入 xy.dat
例 1 -2 使用 pickle 模块将例 8 -7 中写入的二进制数据读出
例 1 -3 使用 marshal 模块对二进制进行读写
==================================================
图 1 -1 选择结构流程图
图 1 -2 循环结构流程图
图 2 -1 嵌套语句 if 和 else 的隶属关系图
图 2 -2 while 循环结构的执行流程图
==================================================
表 1 -1 文件打开模式表
表 1 -2 struct 中支持的格式表
```

说明：

如果程序运行时提示“No module named 'docx'”的错误，需要使用 pip install python - docx 命令安装 Python - docx。

8.4 习　　题

1. 创建文件 data.txt，文件共 10 行，每行存放一个 10 ~ 20 之间的整数。
2. 将所有以 .png 结尾的文件修改为 .jpg 文件。
3. 读取一个文件，显示除了以井号（#）开头的行以外的所有行。
4. 创建多级目录 D:\python\program。

模块 9

异常处理

程序运行时出现异常，整个程序将会崩溃。异常处理结构是保证程序继续运行、提高代码健壮性和容错性的重要技术，尽可能避免程序崩溃，将其转换为友好提示，或进行其他必要的处理。本模块重点介绍异常的概念、类型及常用的异常处理结构。

本模块学习目标

- 理解异常的概念和类型
- 掌握常用的异常处理结构
- 理解异常出现的原因

9.1 Python 中的异常

程序运行时常会碰到一些错误，例如除数为 0、年龄为负数、数组下标越界等，这些错误如果不能发现并加以处理，很可能会导致程序崩溃。

和 C++、Java 这些编程语言一样，Python 也提供了处理异常的机制，可以让用户捕获并处理这些错误，让程序继续沿着一条不会出错的路径执行。可以简单地理解异常处理机制，就是在程序运行出现错误时，让 Python 解释器执行事先准备好的除错程序，进而尝试恢复程序的执行。借助异常处理机制，甚至在程序崩溃前也可以做一些必要的工作，例如将内存中的数据写入文件、关闭打开的文件、释放分配的内存等。

Python 异常处理机制涉及 try、except、else、finally 这 4 个关键字，同时还提供了可主动使程序引发异常的 raise 语句。

9.1.1 异常概念

开发人员在编写程序时，难免会遇到错误，有的是编写人员疏忽造成的语法错误，有的是程序内部隐含逻辑问题造成的数据错误，还有的是程序运行时与系统的规则冲突造成的系统错误等。总的来说，编写程序时遇到的错误可大致分为两类，分别为语法错误和运行时错误。

1. Python 语法错误

语法错误，也就是解析代码时出现的错误。当代码不符合 Python 语法规则时，Python 解释器在解析时就会报出 SyntaxError 语法错误，与此同时，还会明确指出最早探测到错误的语句。例如：

```
print "Hello,World!"
```

Python 3 已不再支持上面这种写法，所以，在运行时，解释器会报如下错误：

```
SyntaxError:Missing parentheses in call to 'print'
```

语法错误多是开发者疏忽导致的，属于真正意义上的错误，是解释器无法容忍的，因此，只有将程序中的所有语法错误全部纠正，程序才能执行。

2. Python 运行时错误

运行时错误，即程序在语法上都是正确的，但在运行时发生了错误。例如：

```
a =1/0
```

上面这句代码的意思是用 1 除以 0，并赋值给 a。因为 0 作除数是没有意义的，所以运行后会产生如下错误：

```
>>> a =1/0
```

```
Traceback(most recent call last):
  File "<pyshell#2>",line 1,in <module>
    a =1/0
ZeroDivisionError:division by zero
```

以上运行输出结果中，前两段指明了错误的位置，最后一句表示出错的类型。在 Python 中，把这种运行时产生错误的情况叫作异常（Exception）。

9.1.2　异常类型

常见的几种异常情况见表 9－1。

表 9－1　Python 常见异常类型

异常类型	含义	实例
ZeroDivisionError	除法运算中，除数为 0，引发此异常	>>> x = 1/0 Traceback(most recent call last): File "<pyshell#12>",line 1,in <module> x = 1/0 ZeroDivisionError:division by zero
TypeError	不同类型数据之间的无效操作	>>> 1 + 'a' Traceback(most recent call last): File "<pyshell#11>",line 1,in <module> 1 + 'a' TypeError:unsupported operand type(s) for +: 'int' and 'str'

IndexError	索引超出序列范围会引发此异常	>>> x = ['python']
		>>> xt[3]
		Traceback(most recent call last):
		File "<pyshell#5>",line 1,in <module>
		x[3]
		IndexError:list index out of range

AttributeError	当试图访问的对象属性不存在时抛出的异常	>>> x = ['python']
		>>> x. len
		Traceback(most recent call last):
		File "<pyshell#4>",line 1,in <module>
		x. len
		AttributeError:'list' object has no attribute 'len'

SystaxError	当语法错误时抛出的异常	>>> 3 * 'helo SystaxError:EOL while scanning string literal

KeyError	当在字典中查找一个不存在的关键字时，引发此异常	>>> x = {'name':"zhangsan"}
		>>> x['age']
		Traceback(most recent call last):
		File "<pyshell#9>",line 1,in <module>
		x['age']
		KeyError:'age'

续表

异常类型	含义	实例

NameError	尝试访问一个未声明的变量时，引发此异常	>>> y
		Traceback(most recent call last):
		  File "<pyshell#10>",line 1,in <module>
		    y
		NameError:name 'y' is not defined

AssertionError	当 assert 关键字后的条件为假时，程序运行会停止，并抛出 AssertionError 异常	>>> x = ['python']
		>>> assert len(x) >0
		>>> x. pop()
		'python'
		>>> assert len(x) >0
		Traceback(most recent call last):
		  File "<pyshell#3>",line 1,in <module>
		    assert len(x) >0
		AssertionError

FileNotFoundError	文件不存在时抛出的异常	>>> fp = open(r'e:\text. txt','rb')
		Traceback(most recent call last):
		  File "<pyshell#14>",line 1,in <module>
		    fp = open(r'e:\text. txt','rb')
		FileNotFoundError:[Error2] No such file or directory:'e:\\text. txt'

ValueError	值异常，当操作或者函数的类型正确，但是值不正确时抛出的异常	>>> int('a')
		Traceback(most recent call last):
		  File "<pyshell#16>",line 1,in <module>
		    int('a')
		ValueError:invalid literal for int() with base 10:'a'

提示：表中的异常类型不需要记住，只需简单了解即可。

当一个程序发生异常时，代表该程序在执行时出现了非正常的情况，无法再执行下去。默认情况下，程序是要终止的。如果要避免程序退出，可以使用捕获异常的方式获取这个异常的名称，再通过其他的逻辑代码让程序继续运行，这种根据异常做出的逻辑处理叫作异常处理。

开发者可以使用异常处理全面地控制自己的程序。异常处理不仅能够管理正常的流程运行，还能够在程序出错时对程序进行必要的处理，大大提高了程序的健壮性和人机交互的友好性。

9.2 常用异常处理结构

9.2.1 try…except…结构

Python 中，用 try…except…语句块捕获并处理异常，其基本语法结构如下：

```
try:
    #可能产生异常的代码块
except[(Error1,Error2,...)[as e]]:
    #处理异常的代码块1
except[(Error3,Error4,...)[as e]]:
    #处理异常的代码块2
except[Exception]:
    #处理其他异常
```

其中，[ ] 括起来的部分可以使用，也可以省略。各部分的含义如下：

(Error1,Error2,…)(Error3,Error4,…)：Error1、Error2、Error3 和 Error4 都是具体的异常类型。显然，一个 except 块可以同时处理多种异常。

[as e]：作为可选参数，表示给异常类型起一个别名 e，这样做的好处是方便在 except 块中调用异常类型（后续会用到）。

[Exception]：作为可选参数，可以代指程序可能发生的所有异常情况，其通常用在最后一个 except 块。

从 try…except…的基本语法格式可以看出，try 块有且仅有一个，但是 except 代码块可以有多个，并且每个 except 块都可以同时处理多种异常。

当程序发生不同的意外情况时，会对应特定的异常类型，Python 解释器会根据该异常类型选择对应的 except 块来处理该异常。

try…except…语句的执行流程如下：

首先执行 try 中的代码块，如果执行过程中出现异常，系统会自动生成一个异常类型，并将该异常提交给 Python 解释器，此过程称为捕获异常。

当 Python 解释器收到异常对象时，会寻找能处理该异常对象的 except 块，如果找到合适的 except 块，则把该异常对象交给该 except 块处理，这个过程称为处理异常。如果 Python 解释器找不到处理异常的 except 块，则程序运行终止，Python 解释器也将退出。

事实上，不管程序代码块是否处于 try 块中，甚至包括 except 块中的代码，只要执行该代码块时出现了异常，系统都会自动生成对应类型的异常。但是，如果此段程序没有用 try 包裹，又或者没有为该异常配置处理它的 except 块，则 Python 解释器将无法处理，程序就会停止运行；反之，如果程序发生的异常经 try 捕获并由 except 处理完成，则程序可以继续执行。

【例 9-1】 编写程序，用户输入两个数，求两数相除的结果。

基本思路：如果用户输入的内容可以转换为整数，并且除数不为 0，则进行除法运算；否则，就提示程序发生了数字格式异常或者算术异常之一。

```
try:
    num1 = int(input("输入被除数:"))
    num2 = int(input("输入除数:"))
    result = num1/num2
    print("您输入的两个数相除的结果是:",result)
```

```
except(ValueError,ArithmeticError):
    print("程序发生了数字格式异常、算术异常之一")
except:
    print("未知异常")
print("程序继续运行")
```

程序运行结果为:

```
输入被除数:a
程序发生了数字格式异常、算术异常之一
程序继续运行
```

上面程序中，第 6 行代码使用了（ValueError, ArithmeticError）来指定所捕获的异常类型，这就表明该 except 块可以同时捕获这两种类型的异常；第 8 行代码只有 except 关键字，并未指定具体要捕获的异常类型，这种省略异常类型的 except 语句也是合法的，它表示可以捕获所有类型的异常，一般会作为异常捕获的最后一个 except 块。

除此之外，由于 try 块中引发了异常，并被 except 块成功捕获，因此程序才可以继续执行，才有了“程序继续运行”的输出结果。

一个 except 可以同时处理多个异常，通过调用每种异常类型提供的属性和方法，可以获取当前处理异常类型的相关信息。

args：返回异常的错误编号和描述字符串；

str(e)：返回异常信息，但不包括异常信息的类型；

repr(e)：返回较全的异常信息，包括异常信息的类型。

```
try:
    1/0
except Exception as e:
    # 访问异常的错误编号和详细信息
    print(e.args)
    print(str(e))
    print(repr(e))
```

输出结果为:

```
('division by zero',)
division by zero
ZeroDivisionError('division by zero',)
```

从程序中可以看到，由于 except 可能接收多种异常，因此，为了操作方便，可以直接给每一个进入此 except 块的异常起一个统一的别名 e。

9.2.2 try…except…else…结构

Python 异常处理机制还提供了一个 else 块，也就是在原有 try…except…语句的基础上再添加一个 else 块，即 try…except…else…结构。

只有当try块没有捕获到任何异常时，else块代码才会得到执行；反之，如果try块捕获到异常，则调用对应的except处理异常，else块中的代码不会得到执行。

例如：

```
try:
    x=int(input('请输入除数:'))
    result=20/x
    print(result)
except ValueError:
    print('必须输入整数')
except ArithmeticError:
    print('算术错误,除数不能为0')
else:
    print('没有出现异常')
print("继续执行")
```

执行该程序，输入合法数据的结果：

```
请输入除数:4
5.0
没有出现异常
继续执行
```

执行该程序，输入不合法数据的结果：

```
请输入除数:a
必须输入整数
继续执行
```

当输入正确的数据时，try块中的程序正常执行，Python解释器执行完try块中的程序之后，会继续执行else块中的程序，继而执行后续的程序。

当试图进行非法输入时，程序会发生异常并被try捕获，Python解释器会调用相应的except块处理该异常。但是异常处理完毕之后，Python解释器并没有接着执行else块中的代码，而是跳过else，去执行后续的代码。

如果不使用else块，try块捕获到异常并通过except成功处理，后续所有程序都会依次被执行。

```
try:
    x=int(input('请输入除数:'))
    result=20/x
    print(result)
except ValueError:
    print('必须输入整数')
except ArithmeticError:
```

```
    print('算术错误,除数不能为 0')
print('没有出现异常')
print("继续执行")
```

程序执行结果为:

```
请输入除数:a
必须输入整数
没有出现异常
继续执行
```

9.2.3 try…except…finally…结构

Python 异常处理机制还提供了一个 finally 语句，和 else 语句不同，finally 只要求和 try 搭配使用，而至于该结构中是否包含 except 及 else，对于 finally 来说不是必需的（else 必须和 try except 搭配使用）。

在整个异常处理机制中，finally 语句的特点是：无论 try 块是否发生异常，最终都要进入 finally 语句，并执行其中的代码块。因此，finally 语句通常用来为 try 块中的程序做清理工作，例如释放 try 子句中申请的资源。

```
try:
    x=int(input("请输入 x 的值:"))
    print(20/x)
except:
    print("发生异常!")
else:
    print("执行 else 块中的代码")
finally:
    print("执行 finally 块中的代码")
```

运行此程序:

```
请输入 x 的值:5
4.0
执行 else 块中的代码
执行 finally 块中的代码
```

可以看到，当 try 块中的代码未发生异常时，except 块不会被执行，else 块和 finally 块中的代码会被执行。

再次运行程序:

```
请输入 x 的值:a
发生异常!
执行 finally 块中的代码
```

可以看到，当 try 块中的代码发生异常时，except 块得到执行，而 else 块中的代码将不执行，finally 块中的代码仍然会被执行。

9.2.4 raise 抛出异常

主动抛出异常是检查代码逻辑或者说是否可以在某些特殊情况下正常工作的一种方法。Python 中使用 raise 来主动抛出一个异常。

raise 语句的基本语法格式为：

```
raise[exceptionName[(reason)]]
```

raise 主动抛出异常并不是为了让程序崩溃，事实上，raise 语句引发的异常通常用 try except(else finally) 异常处理结构来捕获并进行处理。例如：

```
try:
    a=input("输入一个数:")
    #判断用户输入的是否为数字
    if(not a.isdigit()):
        raise ValueError("a 必须是数字")
except ValueError as e:
    print("引发异常:",repr(e))
```

程序运行结果为：

```
输入一个数:a
引发异常:ValueError('a 必须是数字')
```

可以看到，当用户输入的不是数字时，程序会进入 if 判断语句，并执行 raise 来引发 ValueError 异常。但由于其位于 try 块中，因此 raise 抛出的异常会被 try 捕获，并由 except 块进行处理。

9.3 断言语句

Python 中的 assert（断言）用于判断一个表达式，当表达式值为真时，会继续执行；否则，抛出 AssertionError。断言可以在条件不满足程序运行的情况下直接返回错误，而不必等待程序运行后出现崩溃的情况，例如代码只能在 Linux 系统下运行，可以先判断当前系统是否符合条件。

assert 语法格式如下：

```
assert expression
```

等价于：

```
if not expression:
    raise AssertionError
```

assert 后面也可以紧跟参数：

```
assert expression[,arguments]
```

等价于：

```
if not expression:
    raise AssertionError(arguments)
```

例如：

```
>>> assert True        #条件为 true,正常执行
>>> assert False       #条件为 false,触发异常
Traceback(most recent call last):
  File "<stdin>",line 1,in <module>
AssertionError
>>> assert 10 ==10     #条件为 true,正常执行
>>> assert 10 ==12     #条件为 false,触发异常
Traceback(most recent call last):
  File "<stdin>",line 1,in <module>
AssertionError
>>> assert 10 ==12,'10 不等于 12'
Traceback(most recent call last):
  File "<stdin>",line 1,in <module>
AssertionError:10 不等于 12
```

9.4 习　　题

1. 编写程序，让用户输入两个数，实现基本的加、减、乘、除功能，根据实际情况增加异常处理。

2. 把前面学习过的例子都用本模块学习的方法增加异常处理。

模块 10

窗口界面设计

图形用户界面（Graphical User Interface，GUI，又称图形用户接口）是指采用图形方式显示的计算机操作用户界面。与使用命令行界面相比，图形界面对于用户来说，在视觉上更易于接受。

从 Python 语言的诞生之日起，就有许多优秀的 GUI 工具集整合到 Python 中，这些优秀的 GUI 工具集使得 Python 也可以在图形界面编程领域大展身手。由于 Python 的流行，许多应用程序都是由 Python 结合优秀的 GUI 工具集编写的。

常用的 GUI 工具集包括 tkinter、wxPython、PyQt 等，若开发小型的 GUI 应用程序，用 tkinter、wxPython 这两个库就足够了；若要开发大型的应用，可以考虑 PyQt（Qt 提供给 Python 的接口），借助 Qt Designer（直接拖拽控件），可以快速地开发出比较整洁、美观的界面。

由于 tkinter 是 Python 自带的标准库，使用 tkinter，无须安装任何包就可以直接使用，所以本书将介绍如何使用标准库 tkinter 进行 GUI 编程。

本模块学习目标

- 掌握 tkinter 的使用步骤
- 掌握 tkinter 的常用控件的用法
- 掌握 tkinter 的三种布局管理方式
- 掌握 tkinter 的事件绑定方法
- 能够综合运用 tkinter 控件解决实际问题

10.1 tkinter 简介

tkinter 是 Python 的标准 GUI 库，在 2.x 版本中，库名为 Tkinter，3.x 版本统一更名为 tkinter，本书将以 3.x 版本为例进行介绍。

tkinter 是基于 Tk 工具包的，封装了 Tk 的接口。Tk 工具包是一个图形库，支持多个操作系统，使用 TCL（Tool Command Language，工具命令语言）语言开发。Tk 已被移植到很多其他的脚本语言中，包括 Perl（Perl/Tk）、Ruby（Ruby/Tk）和 Python(tkinter)。结合 Tk 的 GUI 开发的可移植性与灵活性，以及与系统语言功能集成的脚本语言的简洁性，可以让用户快速开发和实现很多与商业软件品质相当的 GUI 应用。

10.1.1 安装和使用 tkinter

tkinter 是 Python 的标准库，是默认安装的，可以通过在 Python 解释器中尝试导入 tkinter 模块来检查 tkinter 是否可用，如下所示：

```
>>> import tkinter
>>>                               #导入后,没有任何提示,说明 tkinter 导入成功
>>> import Tkinter                #在 Python 3 环境中导入 Tkinter 时,会报错
Traceback(most recent call last):
  File "<pyshell#96>",line 1,in <module>
    import Tkinter
ModuleNotFoundError:No module named 'Tkinter'
```

导入 tkinter 模块成功后，就可以使用这个 GUI 模块了，接下来执行 tkinter 模块的_test()函数，得到如图 10-1 所示的测试窗口示例。

```
>>> import tkinter
>>> tkinter._test()
```

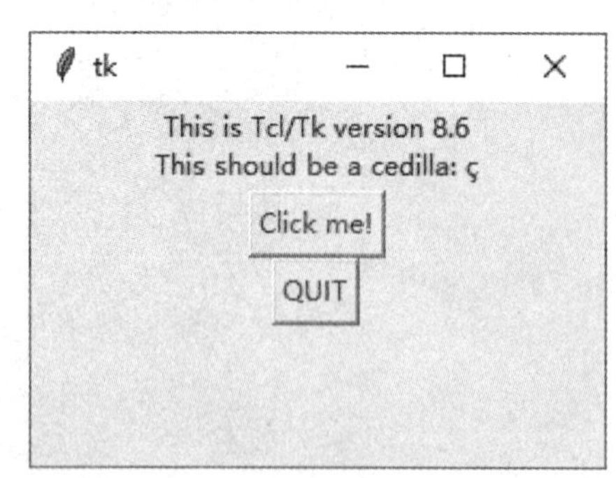

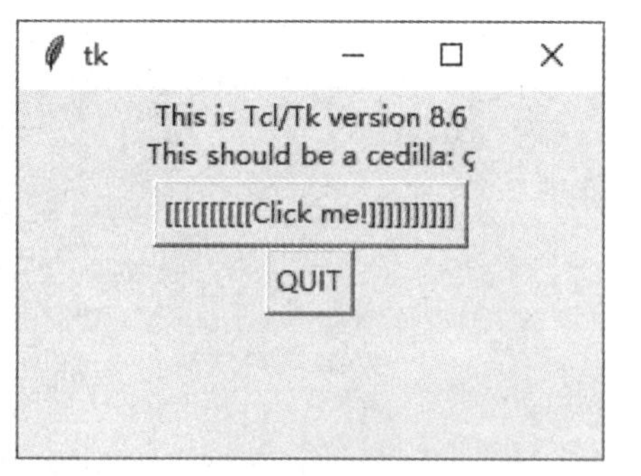

图 10-1　tkinter 测试程序界面

10.1.2 创建第一个窗口界面

让 tkinter 的 GUI 程序启动和运行起来通常需要以下 4 个主要步骤：

①导入 tkinter 模块（或 from tkinter import * ）。

②创建一个顶层窗口对象，用于容纳整个 GUI 应用。

若把 GUI 设计比喻成绘画，那么顶层窗口就相当于画板，所有主要控件都是构建在顶层窗口对象之上的。该对象在 tkinter 中使用 Tk 类创建，代码如下所示：

```
>>> import tkinter
>>> top = tkinter.Tk()
```

结果如图 10－2 所示。

图 10－2 tkinter 顶层窗口

③在顶层窗口对象之上（或者“其中”）构建所有的 GUI 控件（及其功能）。

控件有一些相关的行为，比如按下按钮、移动鼠标、将文本写入文本框等，这些用户行为称为事件，而 GUI 对这类事件的响应称为回调。通过事件、回调等底层的应用代码可以将这些 GUI 组件连接起来。

④进入主事件循环。

所有控件设计结束之后，要调用主窗口的 mainloop() 方法，将窗口界面显示在屏幕上，进入等待状态（注：若组件未打包，则不会在窗口中显示），准备响应用户发起的 GUI 事件。

例如，创建一个窗口界面，显示“Hello world!”，向世界打招呼。

```
>>> # 第 1 步,使用 tkinter 前需要先导入
>>> import tkinter as tk
>>> # 第 2 步,实例化 object,建立窗口 window
>>> root = tk.Tk()
>>> root.title('Hello world')        #给窗口起名字
''
>>> root.geometry('500x300 + 400 + 200')        #设定窗口的大小(长*宽 + x
轴位移 + y 轴位移),这里的乘是英文小写字母 x
''
>>> #第 3 步,在图形界面上设定控件
>>> lab = tk.Label(root,text ='Hello world!',bg ='red',font = ('Arial',
12),width = 30,height = 2)             #说明:bg 为背景,font 为字体,width 为长,
height 为高
#这里的长和高是字符的长和高,比如 height = 2,就是标签有 2 个字符这么高
>>> lab.pack()                         # 放置控件
>>> # 第 4 步,主窗口循环显示
>>> root.mainloop()
```

"Hello world!"窗口界面如图 10－3 所示。

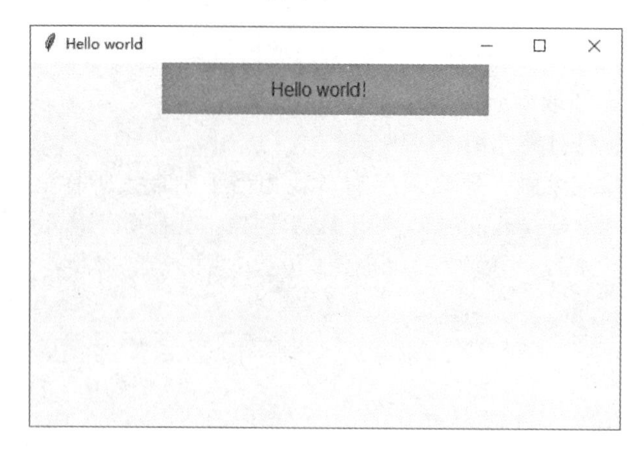

图 10－3 "Hello world!"窗口界面

10.1.3 tkinter 常用控件

tkinter 提供各种控件（又叫组件或部件），例如按钮、标签和文本框等，目前有 20 种 tkinter 的控件。控件及其功能描述见表 10－1，10.2 节将对常用的控件做详细介绍。

表 10－1 tkinter 控件列表

控件	描述
Button	按钮：在程序中显示按钮，单击时执行一个动作，例如鼠标掠过、按下、释放及键盘操作/事件
Canvas	画布：提供绘图功能（直线、椭圆、多边形、矩形），可以包含图形或位图
Checkbutton	复选框：用于在程序中提供多项选择框，允许用户选择或反选一个选项，一组方框可以选择其中的任意多个（类似于 HTML 中的 Checkbox）
Entry	单行文本框：用于显示一行的文本内容
Frame	框架：在屏幕上显示一个矩形区域，大多用来作为容器放置其他 GUI 元素
Label	标签：用于显示不可编辑的文本或图标
Listbox	列表框：用来显示一个选项列表，用户可以从中选择
Menu	菜单：显示菜单栏、下拉菜单和弹出菜单
Menubutton	菜单按钮：用于显示菜单项
Message	消息：用来显示多行文本，与 Label 比较类似
OptionMenu	选择菜单：下拉菜单的一个改版，弥补了 Listbox 无法弹出下拉列表的遗憾
Radiobutton	单选按钮：显示一个单选的按钮状态，一组按钮只允许用户从多个选项中选取一个（类似 HTML 中的 Radio）
Scale	范围控件：显示数值刻度，是输出限定范围的数字区间，可设定起始值和结束值，会显示当前位置的精确值
Scrollbar	滚动条：当内容超过可视化区域时使用，如列表框

续表

控件	描述
Text	文本控件：用于显示多行文本
Toplevel	顶层容器：用来提供一个容器窗口部件，作为一个单独的、最上面的窗口显示
Spinbox	输入控件：与 Entry 类似，但是可以指定输入范围值
PanedWindow	窗口布局管理控件：是一个窗口布局管理的插件，可以包含一个或者多个子控件
LabelFrame	标签框架：是一个简单的容器控件，常用于复杂的窗口布局
MessageBox	消息框：用于显示应用程序的消息框，Python 2 中为 tkMessagebox

10.1.4　控件标准属性

控件标准属性也就是大多数控件的共同属性，如大小、字体和颜色等，见表 10－2。

表 10－2　控件标准属性列表

属性	说明
anchor	锚点，指出控件信息（比如文本或者位图）如何在控件中显示。必须为下面值之一：N、NE、E、SE、S、SW、W、NW 或者 CENTER。如 NW（NorthWest）指信息显示在控件的左上端
background(bg)	指定控件的背景色。例如指定背景色为 gray25 或#ff4400
borderwidth(bd)	控件边框的宽度。默认值与特定平台相关，但通常是 1 或 2 像素
cursor	当鼠标移动到控件上时所显示的光标。例如 gumby
font	指定控件内部文本的字体及大小等。例如 Helvetica、('Verdana', 8)、("Helvetica 16 bold italic")。 控件 Canvas、Frame、Scrollbar、Toplevel 不具备该属性
foreground(fg)	指定控件的前景色。例如 black 或#ff2244。 控件 Canvas、Frame、Scrollbar、Toplevel 不具备该属性
height	指定控件的高度，以字体选项中给定字体的字符高度为单位，至少为 1
highlightbackground	指出一个没有输入焦点的控件的加亮区域颜色。例如 gray30。 控件 Menu 不具备该属性
highlightcolor	指出一个没有输入焦点的控件的周围长方形区域的加亮颜色。例如 royalblue。 控件 Menu 不具备该属性
highlightthickness	设置一个非负值，该值指出一个有输入焦点的控件的周围加亮方形区域的宽度，该值如果为 0，则不画加亮区，单位为像素。 控件 Menu 不具备该属性
image	指定所在控件中显示的图像
relief	指出控件的 3D 效果。可选值为 RAISED、SUNKEN、FLAT、RIDGE、SOLID、GROOVE。该值指出控件内部相对于外部的外观样式，比如 RAISED 意味着控件内部相对于外部突出

续表

属性	说明
takefocus	决定窗口在键盘遍历时是否接收焦点（比如 Tab、Shift - Tab）。在设定焦点到一个窗口之前，遍历脚本检查 takefocus 选项的值，值 0 意味着键盘遍历时完全跳过，值 1 意味着只要有输入焦点（它及所有父代都映射过）就接收，空值由脚本自己决定是否接收
width	指定一个整数，设置控件宽度，如果值小于等于 0，控件选择一个能够容纳目前字符的宽度。 控件 Menu 不具备该属性

10.2 tkinter 常用控件示例

10.2.1 按钮类控件

1. Label（标签）

在 tkinter 中，Label 控件用于显示文字和图片。Label 通常被用来展示信息，而非与用户交互。

用法：Label(根对象，[属性列表])

其中，根对象若不指定，则默认为顶层根窗口对象；Label 标签控件，除了标准属性外，还具有以下 3 个常用属性：

- justify：多行文本的对齐方式。
- text：标签中的文本，可以使用“ \n”表示换行。
- textvariable：与 Label 标签控件相关的 Tk 变量（通常与 StringVar 等配合使用，即通常是一个字符串变量），如果这个变量的值改变，那么 Label 标签上的文本也会相应更新。

【例 10 -1】Label 标签控件示例。

```
# Label.py
# 第 1 步,导入 tkinter
from tkinter import*

# 第 2 步,建立顶层窗口 root
root = Tk()
root.title('Label 示例')              # 给窗口起名字
root.geometry('300x200')            # 设定窗口的大小(长*宽),这里的乘是小写字母 x

# 第 3 步,在图形界面上创建标签
lab1 = Label(root,text = "user - name",bg = 'blue ',font = ('Arial 12 bold'),width = 20,height = 5)
```

```
lab1.pack()

lab2 = Label(root,text = "password",bg = 'yellow',width = 20,height = 5)
lab2.pack()

#第 4 步,进入主窗口消息循环
root.mainloop()
```

结果如图 10 -4 所示。

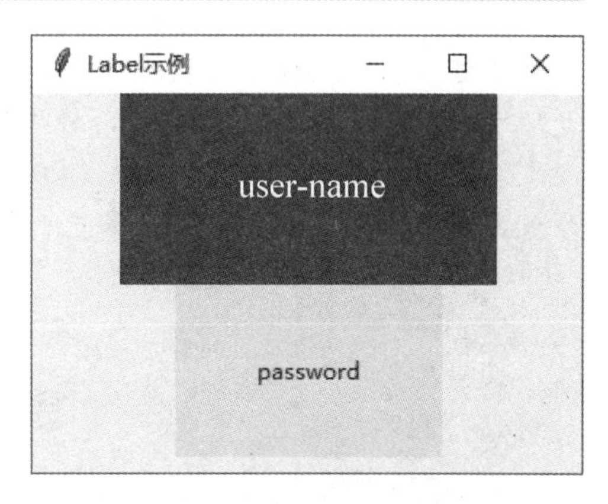

图 10 -4　Label 标签控件示例

2. Button（按钮）

Button 控件是一种标准 tkinter 控件，用来展现不同样式的按钮。Button 控件被用于和用户交互，比如按钮被鼠标单击后，某种操作被启动。按钮上可以展示图片或者文字，文字可以多行显示，但只能使用单一的字体。

可以将一个 Python 函数或方法绑定到一个 Button 控件，作为回调函数，这个函数或方法将在按钮被单击时执行。

用法：

```
Button(根对象,[属性列表])
```

其中，根对象若不指定，则默认为顶层根窗口对象。Button 控件除标准属性外，还具有如下属性：

- command：指定按钮消息的回调函数。
- state：设置控件状态，例如正常（normal）、激活（active）、禁用（disabled）。
- text：指定按钮上显示的文本。
- padx：设置文本与按钮边框 x 的距离。
- pady：设置文本与按钮边框 y 的距离。
- textvariable：与按钮相关的 Tk 变量（通常与 StringVar 等配合使用，即通常是一个字符串变量），如果这个变量的值改变，那么按钮上的文本相应更新。
- activeforeground：按下按钮时的前景色。

【例 10 -2】Button 控件示例。

```
# Button.py
# 第 1 步,导入 tkinter
import tkinter as tk

# 第 2 步,建立顶层窗口 root
root = tk.Tk()
```

```
    root.title('Button 示例')        # 给窗口起名字
    root.geometry('300x200')      # 设定窗口的大小(长*宽),这里的乘是小写字
母 x

    # 第 3 步,在图形界面上设定标签
    # 1. 先放一个 Label 标签
    var = tk.StringVar()     # 将 label 标签的内容设置为字符类型,用 var 来接收
回调函数的传出内容,用于显示在标签上
    lab = tk.Label(root,textvariable = var,bg = 'blue',fg = 'white',font =
('Arial',12),width = 30,height = 2)#创建控件
    lab.pack()
    # 2. 定义一个回调函数,供单击 Button 按键时调用,实现单击按钮时切换 Label 控
件的显示内容。
    on_hit = False
    def hit_me():
        global on_hit
        if on_hit == False:
            on_hit = True
            var.set('you hit me')
        else:
            on_hit = False
            var.set('')

    # 3. 在窗口界面放置 Button 按键
    # 将回调函数属性 command 设置为函数 hit_me
    btn = tk.Button(root,text = 'hit me',font = ('Arial',12),width = 10,
height = 1,command = hit_me)
    btn.pack()              #放置按钮

    # 第 4 步,主窗口循环显示
    root.mainloop()
```

单击按钮前后效果如图 10 – 5 所示。

3. RadioButton（单选按钮）

单选按钮是一种可在多个预先定义的选项中选择出一项的 tkinter 控件。单选按钮可显示文字或图片。显示文字时，只能使用预设字体。该控件可以绑定一个 Python 函数或方法，当单选按钮被选择时，该函数或方法将被调用。

一组单选按钮控件和同一个变量关联。单击其中一个单选按钮，将把这个变量设为某个预定义的值。

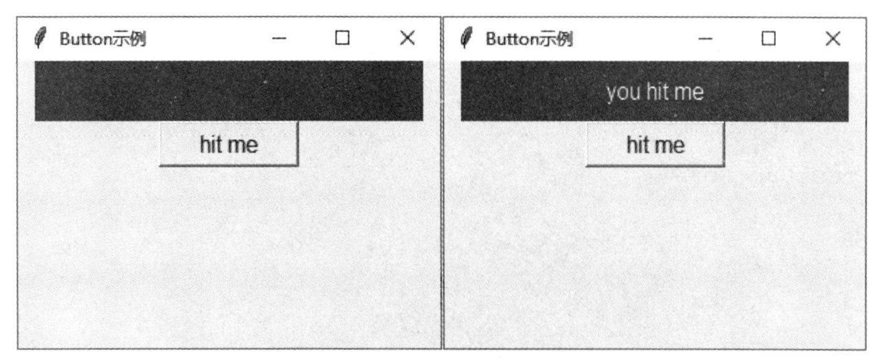

图 10－5　单击按钮前后效果图

用法：

```
Radiobutton(根对象,[属性列表])
```

其中，属性与 Button 的大多重合，用法一致。特殊属性 value 指定组件被选中后关联变量的值；variable 指定组件所关联的变量；indicatoron 为特殊控制参数，当为 0 时，控件会被绘制成按钮形式。

【例 10－3】RadioButton 控件示例。

```
# RadioButton.py
# 第 1 步,导入 tkinter
import tkinter as tk

# 第 2 步,建立顶层窗口 root
root = tk.Tk()
root.title('Button 示例')        # 给窗口起名字
root.geometry('300x200')       # 设定窗口的大小(长*宽),这里的乘是小写字母 x

# 第 3 步,在图形界面上设定标签
var = tk.StringVar()     # 定义关联变量
lab = tk.Label(root,width = 25,text ='请选择一门你最想学的语言:')
lab.pack()

# 定义回调函数,将 lab 控件文本显示为所选内容。
def call_rb():
    lab.config(text ='你选择的语言是:' + var.get())

# 创建三个 radiobutton 选项,其中 variable = var,value ='A'的意思就是,当鼠标选中了其中一个选项,把 value 的值 A 放到关联变量 var 中。
rb1 = tk.Radiobutton(root,text ='Python',variable = var,value ='Python',command = call_rb)
```

```
    rb1.pack(anchor='w')
    rb2=tk.Radiobutton(root,text='C++',variable=var,value='C++',
command=call_rb)
    rb2.pack(anchor='w')
    rb3=tk.Radiobutton(root,text='Java',variable=var,value='Java',
command=call_rb)
    rb3.pack(anchor='w')

    #第4步,主窗口循环显示
    root.mainloop()
```

RadioButton 示例运行结果如图 10－6 所示。

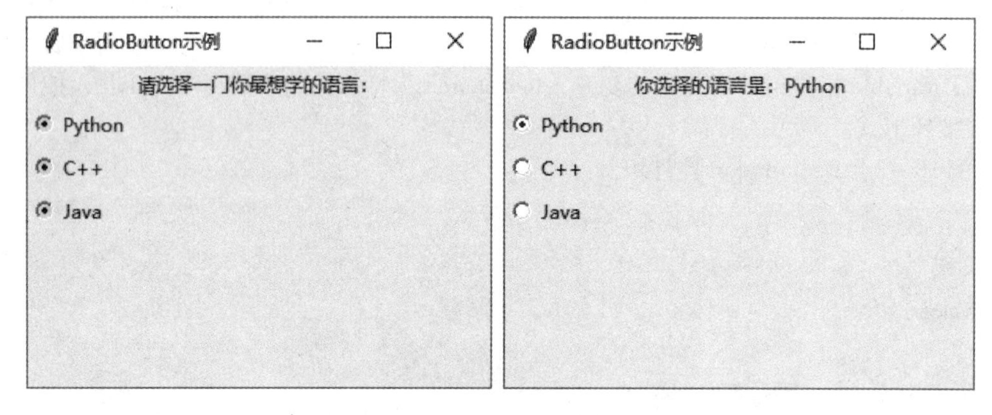

图 10－6　RadioButton 示例运行结果

4. CheckButton（多选按钮）

CheckButton 控件是复选框，又称为多选按钮。其用法与 RadioButton 的一致，不同的是，CheckButton 可在一组预先定义的选项中选择出多项。

多选按钮还有一些可供使用的方法，例如，select()、deselect()用于选择或去掉选择。

【例 10－4】 CheckButton 多选按钮示例。

```
    # CheckButton.py
    from tkinter import*

    top=Tk()
    top.title('Checkbutton 示例')
    top.geometry('300x200')

    def callCb():
        labtext='你选的课程是:'
```

```
        if(cbvar1.get() ==1):                  # 如果选中第一个选项
            labtext = labtext + 'Java '
        if(cbvar2.get() ==1):                  # 如果选中第二个选项
            labtext = labtext + 'C++'
        if(cbvar3.get() ==1):                  # 如果选中第三个选项
            labtext = labtext + 'Python'
        labState.config(text = labtext)  # 设置 Label 标签显示选课内容

    # 关联变量,用来获取复选框是否被勾选,通过 cb1var.get()来获取其状态,其状态值为 int 类型,勾选为 1,未勾选为 0
    cbvar1 = IntVar()
    # text 为该复选框后面显示的名称,variable 将该复选框的状态赋值给一个变量
    cb1 = Checkbutton(top, text = "Java", variable = cbvar1, onvalue = 1, offvalue = 0, command = callCb)
    cb1.deselect()
    cb1.grid(column = 0, row = 0, sticky = 'w')

    cbvar2 = IntVar()
    cb2 = Checkbutton(top, text = "C++", variable = cbvar2, onvalue = 1, offvalue = 0, command = callCb)
    cb2.select()
    cb2.grid(column = 1, row = 0, sticky = 'w')

    cbvar3 = IntVar()
    #当 state = 'disabled'时,该复选框为灰色,处于不能选择的状态,即 Python 为必选课程
    cb3 = Checkbutton(top, text = "Python", variable = cbvar3, onvalue = 1, offvalue = 0, state = 'disabled', command = callCb)
    # 调用复选框 select()方法设置该复选框初始化为勾选状态,deselect()为不勾选状态
    cb3.select()
    cb3.grid(column = 2, row = 0, sticky = 'w')

    labState = Label(top, width = 25, text = '请选择你要学习的课程:', anchor = 'w')
    labState.grid(column = 0, columnspan = 3, row = 1, sticky = 'w')

    #进入消息循环
    top.mainloop()
```

CheckButton 示例运行结果如图 10 - 7 所示。

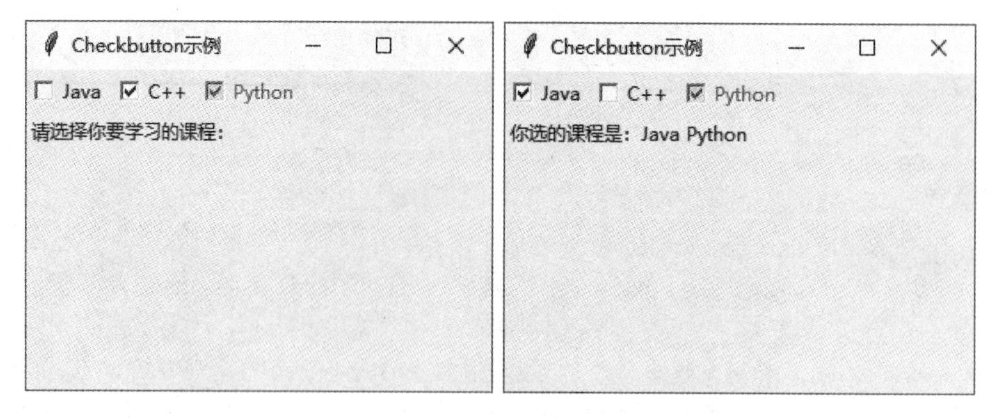

图 10－7　CheckButton 示例运行结果

5. Listbox（列表框）

Listbox 为列表框控件，它可以包含一个或多个文本项，可以设置为单选或多选。

用法：Listbox(根对象，[属性列表])

特殊属性：master 代表了父窗口；state 设置控件状态，例如正常（normal）、激活（active）、禁用（disabled）；selectmode 选择模式，例如 MULTIPLE（多选）、BROWSE（通过鼠标的移动选择）、EXTENDED（Shift 键和 Ctrl 键配合使用）。

常用方法：

- insert：追加 item，如 listbox.insert(0,"addBox1","addBox2")。
- delete：删除 item，如 listbox.delete(3,4)；删除全部，如 listbox.delete(0,END)。
- select_set：选中，如 listbox.select_set(0,2)。
- select_clear：取消选中，如 listbox.select_clear(0,1)。
- get：返回指定索引的项值，如 listbox.get(1)；返回多个项值，如 listbox.get(0,2)；返回当前选中项的索引，如 listbox.curselection()。
- curselection：返回当前选中项的索引，如 listbox.curselection()。
- selection_includes：判断当前选中的项目中是否包含某项，如 listbox.selection_includes(4)。

【例 10－5】Listbox 列表框示例。

```
import tkinter as tk
window = tk.Tk()
window.title('Listbox 示例')
window.geometry('300x200')

# 创建结果显示 Label
var1 = tk.StringVar()
lab0 = tk.Label(window,text = '你选择了:',width = 10)
lab1 = tk.Label(window,width = 10,textvariable = var1)
lab0.grid(column = 0,row = 0,sticky = 'e')
lab1.grid(column = 1,row = 0,sticky = 'w')
```

```
# 创建 Listbox
var2 = tk.StringVar()
var2.set(('Java','C++','Python'))# 为变量 var2 设置值
lb = tk.Listbox(window,listvariable = var2)#将 var2 的值赋给 Listbox

# 通过列表为 Listbox 控件增加项
lst = ['Ruby','Scala']
for item in lst:
    lb.insert('end',item )  # 从最后一个位置开始加入值
lb.insert(0,'空')         # 在第一个位置加入'空'字符
lb.insert(2,'C')         # 在第二个位置加入'second'字符
lb.delete(2)                # 删除第二个位置的字符
lb.grid(column = 0,row = 1,sticky = 'e')

# 创建按钮的回调函数
def call_btn():
    value = lb.get(lb.curselection())# 获取 Listbox 当前选中的文本
    var1.set(value)# 为 Label 的关联变量赋值

# 创建按钮,回调 call_btn 函数
b1 = tk.Button(window,text = '确定',width = 15,height = 2,command = call_
btn)
b1.grid(column = 1,row = 1,sticky = 'w')

# 主窗口循环显示
window.mainloop()
```

Listbox 示例运行结果如图 10 – 8 所示。

图 10 – 8 Listbox 示例运行结果

10.2.2 文本输入类控件

1. Entry（单行文本框）

Entry 是用来接收字符串等输入的控件。该控件只允许用户输入一行文字，如果用户输入的文字长度长于 Entry 控件的宽度时，文字会向后滚动。这种情况下所输入的字符串无法全部显示，单击箭头符号可以将不可见的文字部分移入可见区域。

用法：Entry(根对象，[属性列表])

单行文本框可以通过 show 属性控制文本的显示方式；通过 insert()、delete() 方法插入或删除文本；通过 bind()方法绑定回车事件及其响应函数。

【例 10－6】 Entry 单行文本框示例。

```
#Entry.py
import tkinter as tk
root = tk.Tk()
root.title('Entry 示例')
root.geometry('300x200')

lab1 = tk.Label(root,text = '用户名:')
lab2 = tk.Label(root,text = '密码:')

#创建单行文本框
e1 = tk.Entry(root,show = None,font = ('Helvetica',12))  #显示成密文
形式
e2 = tk.Entry(root,show = '*',font = ('Helvetica',12))      #显示成明文
形式

#放置控件
lab1.grid(column = 0,row = 0,sticky = 'w')
e1.grid(column = 1,row = 0,sticky = 'w')
lab2.grid(column = 0,row = 1,sticky = 'w')
e2.grid(column = 1,row = 1,sticky = 'w')

#主窗口循环显示
root.mainloop()
```

Entry 控件示例运行结果如图 10－9 所示。

2. Text（多行文本框）

Text 控件用来为用户提供一个输入多行文本的区域，显示多行文本，格式化文本显示，允许用不同的样式和属性来显示和编辑文本，同时支持内嵌图像和窗口，所以常常被用作为简单的文本编辑器和网页浏览器。本书仅介绍 Text 控件的基本使用方式。

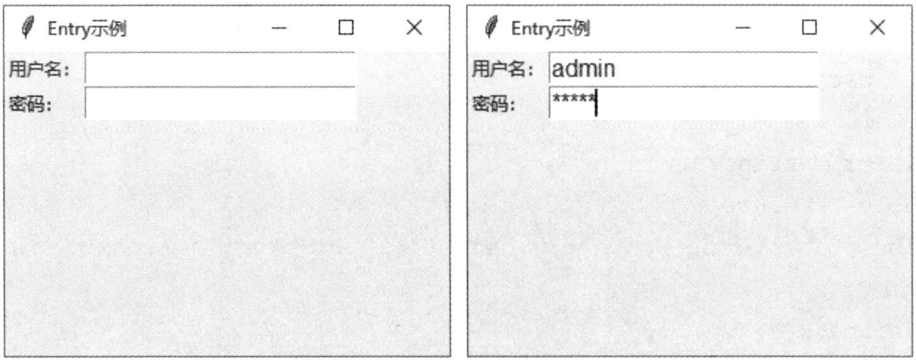

图 10－9　Entry 控件示例运行结果

用法：Text(根对象,[属性列表])

当创建一个 Text 组件时，里面是没有内容的，为了对其插入内容，可以使用 insert()及 INSERT 或 END 索引号。

【例 10－7】Text 多行文本框示例。

```
# Text.py
from tkinter import*

root = Tk()
root.title('Text 示例')
root.geometry('300x400')

lab0 = Label(root,width =10,text ='以下为文本框')
lab0.pack()

#创建文本框
text1 = Text(root,width =30,height =10)
text1.pack()
text1.insert(INSERT,'I love China! \n')

#Text 还可以插入按钮、图片等
def call_btn():
    text1.insert(END,'\n 按钮在文本框内!')
bt1 = Button(text1,text ='文本框内按钮',command = call_btn)
#在 Text 中创建子控件的命令
text1.window_create(INSERT,window = bt1)

#向文本框输入内容后,获取其内容并展示
def show_text():
    labVar.set(text1.get('1.0',END))
```

```
    bt2 = Button(root,text ='获取文本框内容',command = show_text)
    bt2.pack()

    labVar = StringVar()
    lab1 = Label(root,width = 12,text ='文本框内容为:')
    lab2 = Label(root,width = 30,height = 10,bg ='yellow',textvariable =
labVar)
    lab1.pack()
    lab2.pack()

    mainloop()
```

Text 控件示例运行结果如图 10 - 10 所示。

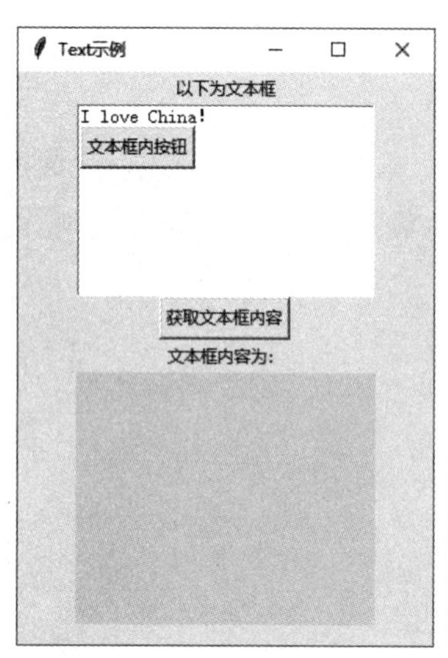

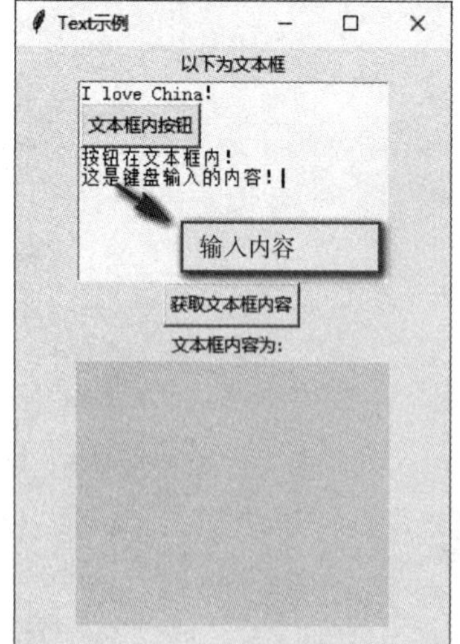

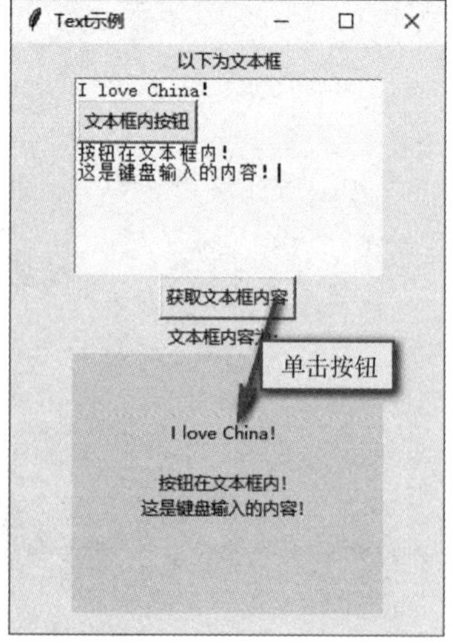

图 10 - 10　Text 控件示例运行结果

10.2.3 菜单及滚动条控件

1. Menu（菜单）

Menu 控件被用来创建一个菜单，用于显示菜单栏、下拉菜单、弹出菜单，用户可以从中进行选择。

用法：首先要用 Menu(根对象,[属性列表]）创建 Menu 控件，然后使用 add 方法添加命令或者子菜单内容。

常用方法：

- add_cascade：添加子选项。
- add_command：添加命令（label 参数为显示内容）。
- add_separator：添加分隔线。
- add_checkbutton：添加确认按钮。
- delete：删除。

【例 10-8】 Menu 菜单示例。

```
#Menu.py
from tkinter import*

root=Tk()
root.title("Menu 示例")
root.geometry("300x200")

labvar=StringVar()
lab=Label(root,textvariable=labvar,font=('16,bold'))
lab.pack()

def doedit():
    labvar.set('doEdit......')

#1. 创建一个菜单控件
menubar=Menu(root)
root.config(menu=menubar)#用顶层窗口的 menu 属性指定 menubar 作为它的顶层菜单

#2. 创建下拉菜单,作为子菜单项
menu1=Menu(root)
for i in['New File','Open','Save','Save as']:
    menu1.add_command(label=i)#为下拉菜单添加命令,label 属性用于指定菜单的显示名称

menu2=Menu(root)
for i in['Cut','Copy','Paste']:
```

```
        menu2.add_command(label=i,command=doedit)#command 属性用于设置触发事件

    menu3=Menu(root)
    for i in['View Last Restart','Restart Shell']:
        menu3.add_command(label=i)

    menu4=Menu(root)
    for i in["Go to File","Debugger"]:
        menu4.add_command(label=i)

    #3.创建一级菜单,将下拉菜单添加到对应的一级菜单
    menubar.add_cascade(label="File",menu=menu1)#menu 属性用于指定一级菜单对应的下拉菜单
    menubar.add_cascade(label="Edit",menu=menu2)
    menubar.add_cascade(label="Shell",menu=menu3)
    menubar.add_cascade(label="Debug",menu=menu4)

    #进入消息循环
    root.mainloop()
```

Menu 控件示例运行结果如图 10-11 所示。

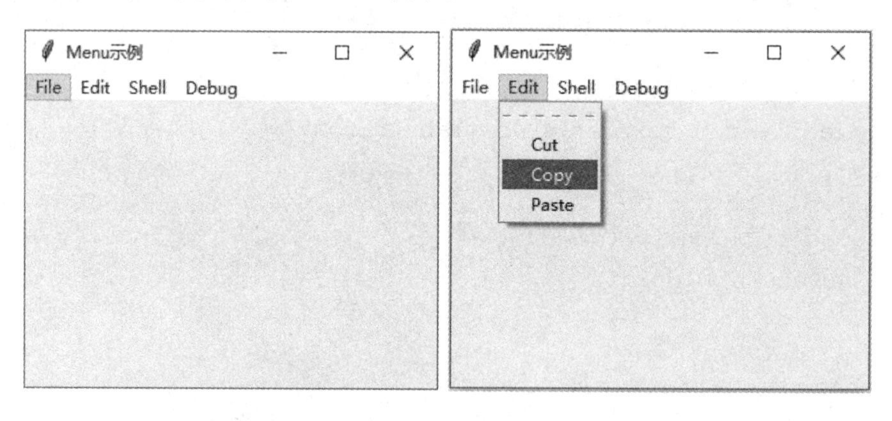

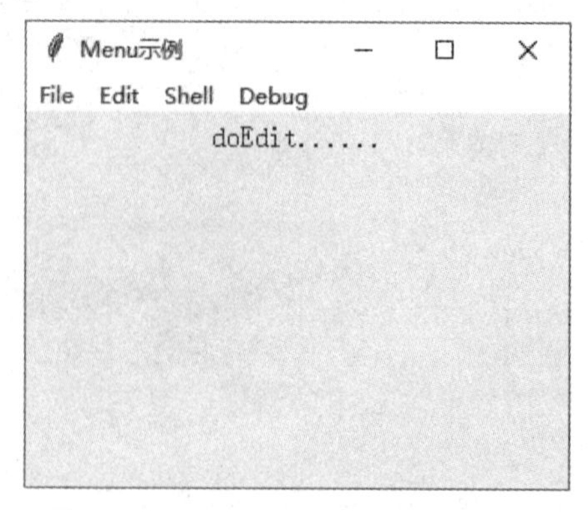

图 10-11　Menu 控件示例运行结果

2. Scrollbar（滚动条控件）

Scrollbar 滚动条控件可以单独使用，也可以与其他控件（例如 Listbox、Text、Canvas 等）结合使用。

用法：Scrollbar(根对象,[属性列表])

【例 10-9】 Scrollbar 控件示例。

```
# Scrollbar.py
'''Listbox 与 Scrollbar 之间的关系：
    1. 当 Listbox 改变时,Scrollbar 调用 set,以改变滑块的位置;
    2. 当 Scrollbar 改变了滑块的位置时,Listbox 调用 yview,以显示对应位置的内容'''
from tkinter import*

#初始化 Tk()
root=Tk()
root.title("Scrollbar 示例")
root.geometry("300x200")

scrollbar=Scrollbar(root)
scrollbar.pack(side=RIGHT,fill=Y)#side 指定滚动条的位置,fill 指定滚动条填充满 Y 轴整个区域

mylist = Listbox(root, yscrollcommand = scrollbar.set) #yscrollcommand 指定 Listbox 的 yscrollbar 的事件处理函数为 Scrollbar 的 set
for line in range(100):
    mylist.insert(END,str(line))
mylist.pack(side=LEFT,fill=Y)

scrollbar.config(command=mylist.yview)#指定 Scrollbar 的 command 的事件处理函数是 Listbox 的 yview

#进入消息循环
root.mainloop()
```

Scrollbar 控件示例运行结果如图 10-12 所示。

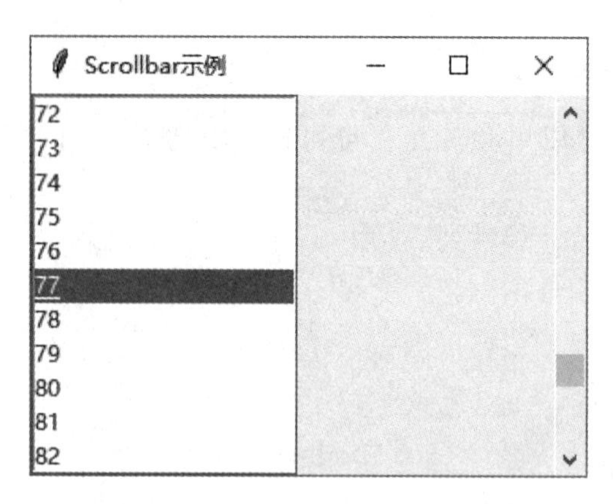

图 10－12　Scrollbar 控件示例运行结果

10.2.4　框架类控件

1. Frame（框架）

Frame 框架控件用于在屏幕上创建一块矩形区域。其多作为容器来布局窗体，将多个控件编组。

用法：Frame(根对象,[属性列表])

特殊属性：

- borderwidth(bd)：指定 Frame 的边框宽度，默认值是 0。
- padx：水平方向上的边距。
- pady：垂直方向上的边距。
- relief：指定边框样式为 flat、sunken、raised、groove 或 ridge，默认是 flat。但只有当 bd 参数不为 0 时，才能看到边框。

【例 10－10】Frame 框架示例。

```
# Frame.py
from tkinter import*

root = Tk()
root.title("Frame 示例")
root.geometry("300x200")

#1. 创建一个 frame 控件
frm = Frame(root,bd = 3,relief ='groove')
frm.pack(fill = BOTH)

#2. 在 frm 中再创建一个左侧框架,用于放置两个 Label 标签
frm_left = Frame(frm,bd = 3,relief ='sunken')                    # 创建一个 frm_
left 并且放到 frm 上
```

```
    Label(frm_left,text="左上",width=10,height=5,bg="pink",bd=2).
pack()        #创建一个Lable放到frm_left上
    Label(frm_left,text="左下",width=10,height=5,bg="green",bd=2).
pack()        #创建第二个Lable放到frm_left上
    frm_left.pack(side=LEFT)        #设置frm_left的位置,放在左侧

    #3.在frm中再创建一个右侧框架,用于放置两个Label标签
    frm_right=Frame(frm,bd=3,relief='raised')
    Label(frm_right,text="右上",width=10,height=5,bg="red",bd=2).
pack()
    Label(frm_right,text="右下",width=10,height=5,bg="yellow",bd=
2).pack()
    frm_right.pack(side=RIGHT)

    root.mainloop()    #窗口持久化
```

Frame 控件示例运行结果如图 10－13 所示。

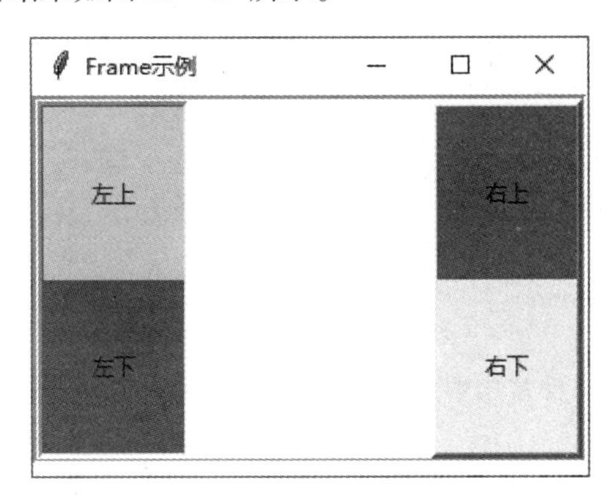

图 10－13　Frame 控件示例运行结果

2. Toplevel（顶层容器）

Toplevel 控件为其他空间提供单独的容器。例如主窗口本身就是一个 Toplevel，可以在主窗口外添加额外的窗口，并把不同功能的控件分到不同窗口上，也可以当弹窗使用。

Toplevel 有四种类型：

①主顶层，作为根被引用。

②子顶层，依赖于根，若根被破坏，则子顶层也被破坏。

③临时顶层，总是位于父顶层的顶部，如果父顶层被图形化或最小化，则它们被隐藏起来。

④未被视窗管理者创建过的顶层，可以通过设置一个 overrideredirect 标志为非零值来创建，该窗口不能被缩放或拖动。

需要注意的是，主窗口一旦关闭，其他小窗口就自动关掉了，不能独立存在。

示例代码如下：

```
from tkinter import*
root = Tk()
root.title('Toplevel')
Label(root,text ='主顶层(默认)').pack(pady =10)

t1 = Toplevel(root)  #创建子顶层窗口
Label(t1,text ='子顶层').pack(padx =10,pady =10)

t2 = Toplevel(root)
Label(t2,text ='临时顶层').pack(padx =10,pady =10)
t2.transient(root)       #注册为临时顶层窗口

t3 = Toplevel(root,borderwidth =5,bg ='green')
Label(t3,text ='不被视窗管理的顶层控件',bg ='blue',fg ='white').pack
(padx =10,pady =10)
t3.overrideredirect(1) #注册为不被视窗管理的顶层控件
t3.geometry('300x100 +150 +150')

root.mainloop()
```

3. messagebox（消息框）

messagebox 消息框用于显示应用程序的交互式消息对话框，即弹窗。一般需要触发事件来触发。

以下是 messagebox 的几种常用形式：

（1）显示类

①showinfo(title = None,message = None, ** options)：信息显示消息对话框，其中 title 用于指定对话框标题，message 用于指定消息框所显示的消息。

```
>>> from tkinter import*
>>> from tkinter import messagebox
>>> print(messagebox.showinfo(title ='信息显示对话框',message ='现在
学习的 messagebox 控件'))
ok              #单击"确定"按钮返回"ok"
```

showinfo 对话框如图 10－14 所示。

②showerror(title = None,message = None, ** options)：错误消息对话框。

```
>>> print(messagebox.showerror(title ='错误消息对话框',message ='出错
啦!'))
ok              #单击"确定"按钮返回"ok"
```

showerror 对话框如图 10－15 所示。

图 10－14　showinfo 对话框

图 10－15　showerror 对话框

③showwarning(title = None, message = None, ** options)：警告消息对话框。

```
>>>print(messagebox.showwarning(title='警告消息对话框',message='警告！这样做很危险!'))
ok                #单击"确定"按钮返回"ok"
```

showwarning 对话框如图 10－16 所示。

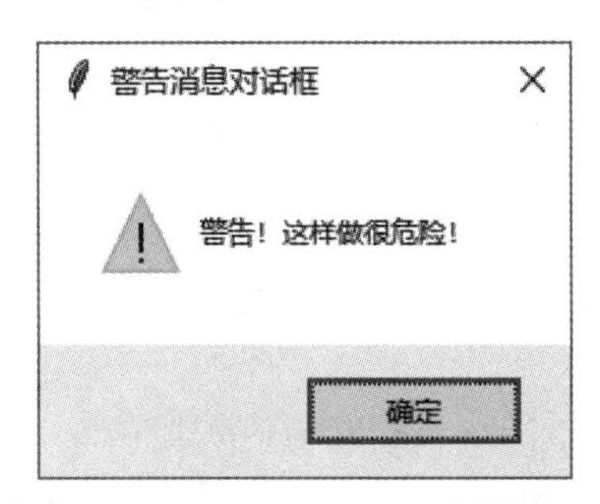

图 10－16　showwarning 对话框

（2）提问类

①askquestion(title = None, message = None, ** options)：问题对话框。

```
>>>print(messagebox.askquestion(title='问题对话框',message='这是你的问题吗？'))
yes                #单击"是"按钮返回"yes"
>>>print(messagebox.askquestion(title='问题对话框',message='这是你的问题吗？'))
no                 #单击"否"按钮返回"no"
```

askquestion 对话框如图 10－17 所示。

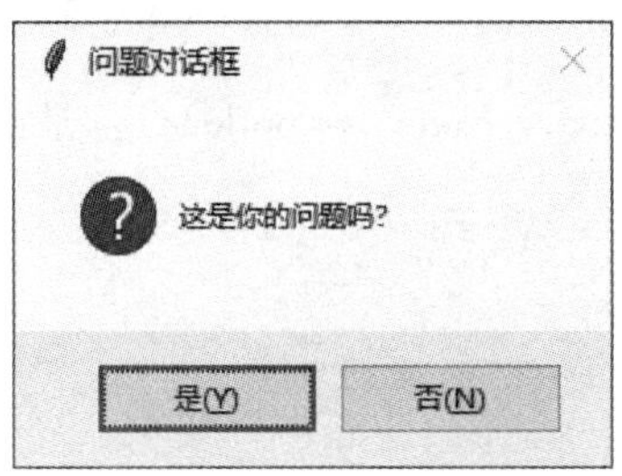

图 10－17　askquestion 对话框

②askokcancel(title = None, message = None, ** options)：确定或取消对话框。

```
    >>> print(messagebox.askokcancel(title ='确定或取消对话框',message =
'你确定要这样做吗？'))
   True               #单击"确定"按钮返回"True"
    >>> print(messagebox.askokcancel(title ='确定或取消对话框',message =
'你确定要这样做吗？'))
   False              #单击"取消"按钮返回"False"
```

askokcancel 对话框如图 10－18 所示。

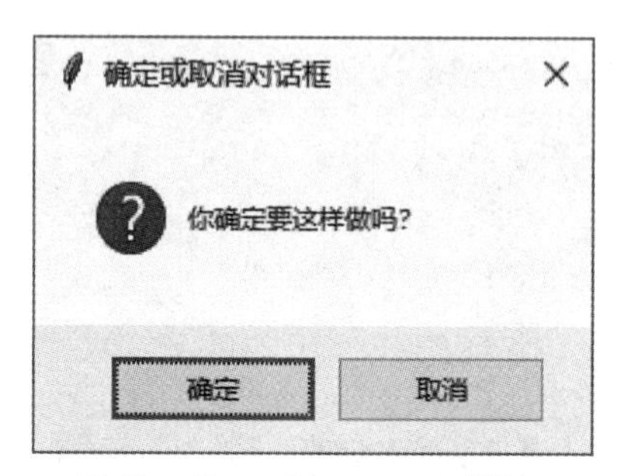

图 10－18　askokcancel 对话框

③askretrycancel(title = None, message = None, ** options)：重试对话框。

```
    >>> print(messagebox.askretrycancel(title ='重试取消对话框',message =
'你要重试吗？'))
   True               #单击"重试"按钮返回"True"
    >>> print(messagebox.askretrycancel(title ='重试取消对话框',message =
'你要重试吗？'))
   False              #单击"取消"按钮返回"False"
```

askretrycancel 对话框如图 10－19 所示。

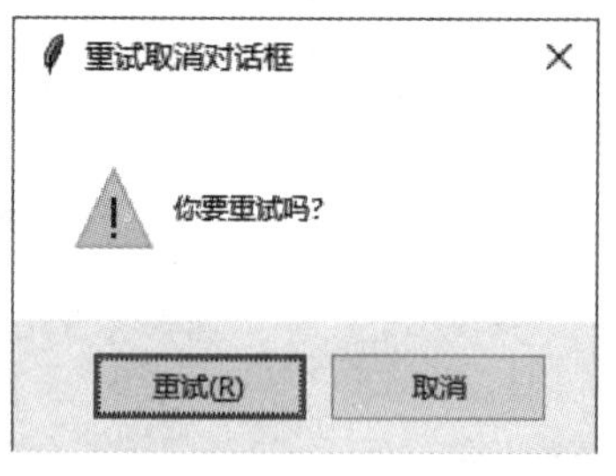

图 10－19　askretrycancel 对话框

④askyesno(title = None, message = None, ** options)：是或否对话框。

```
    >>> print(messagebox.askyesno(title ='是或否对话框',message ='选择是
还是否？'))
   True               #单击"是"按钮返回"True"
```

```
>>> print(messagebox.askyesno(title='是或否对话框',message='选择是还是否？'))
False                    #单击"否"按钮返回"False"
```

askyesno 对话框如图 10－20 所示。

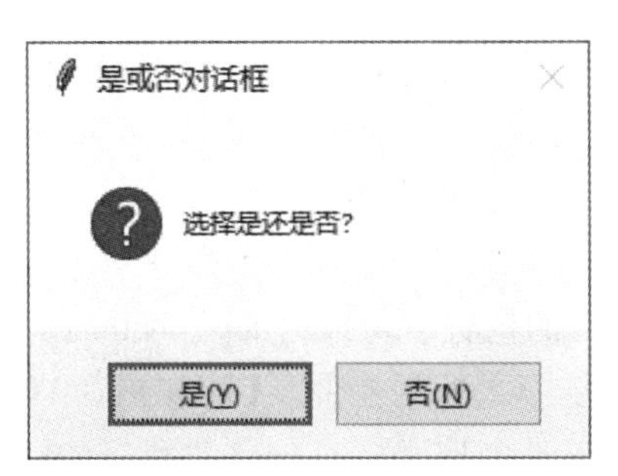

图 10－20　askyesno 对话框

⑤askyesnocancel(title = None, message = None, ** options)：是否或取消对话框。

```
>>> print(messagebox.askyesnocancel(title='是否或取消对话框',message='选择是还是否还是取消？'))
True                    #单击"是"按钮返回"True"
>>> print(messagebox.askyesnocancel(title='是否或取消对话框',message='选择是还是否还是取消？'))
False                   #单击"否"按钮返回"False"
>>> print(messagebox.askyesnocancel(title='是否或取消对话框',message='选择是还是否还是取消？'))
None                    #单击"取消"按钮返回"None"
```

askyesnocancel 对话框如图 10－21 所示。

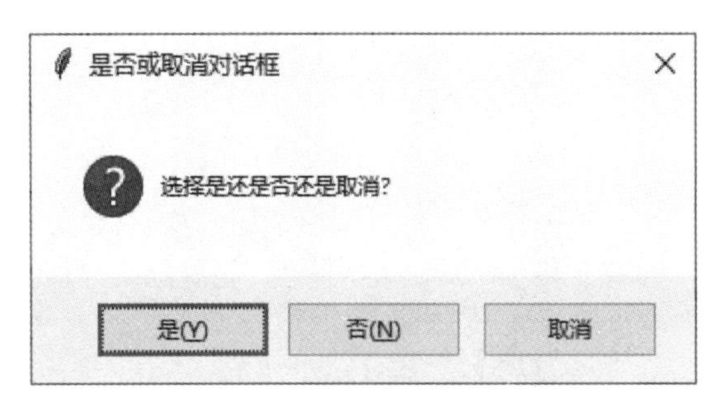

图 10－21　askyesnocancel 对话框

10.3　布局管理

界面设计除了控件之外，还有一个重要的问题，就是如何根据界面设计的需求，将控件以规定的大小放置在规定的位置。虽然控件自己也可以指定大小和对齐方式等信息，但最终的控件大小及位置还是由布局管理决定的。tkinter 控件的布局管理方式有三种：pack( )、place( )、grid( )。需要注意的是，这三种布局管理在同一个顶层窗口内是不可以混用的。

10.3.1　pack 方式

pack 相对位置方式是三种布局管理中最常用的，另外两种布局需要精确指定控件具体的显示位置，而 pack 方式可以指定相对位置。控件的具体位置由 pack 布局自动完成，所以 pack 是简单应用的首选布局。

用法：调用相应控件的 pack( )方法即可。

特殊属性：

- side：指定控件在主窗口的位置，可以为 top、bottom、left、right。
- expand：是否扩展独占空间之外的控件。1 可扩展，0 不可扩展。
- fill：控件填充方式，有四个取值：none（默认不填充）、Y（垂直方向填充）、X（水平方向填充）、BOTH（垂直、水平都填充）。expand 为 0 时，只能填充独占空间方向。
- padx：X 方向的外边距。
- pady：Y 方向的外边距。
- ipadx：X 方向的内边距。
- ipady：Y 方向的内边距。

【例 10－11】 pack 布局管理示例。

```
# pack.py
from tkinter import*
root=Tk()
root.title('pack 相对位置方式')
root.geometry('300x200')

# pack 放置方法
Label(root,text='top',bg='red').pack(side='top',fill=X)# expand 默认为 0,所以 fill 只在 X 方向上起作用
Label(root,text='bottom',bg='green').pack(side='bottom',fill=X)
Label(root,text='left',bg='blue').pack(side='left',fill=Y)
Label(root,text='right',bg='yellow').pack(side='right',expand=1,fill=BOTH)# expand 为 1,双向都可填充

root.mainloop()
```

pack 示例运行结果如图 10－22 所示。

10.3.2　place 方式

place 绝对位置方式显式地指定控件的绝对位置或相对于其他控件的位置。

用法：调用相应控件的 place( )方法即可。

特殊属性：

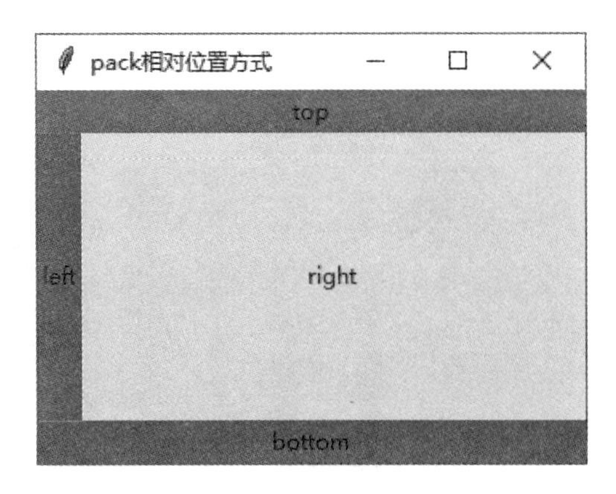

图 10－22　pack 示例运行结果

- x：指定该控件的水平偏移位置（像素）。如同时指定了 relx 选项，优先实现 relx 选项，然后在此位置基础上计算偏移位置。
- y：指定该控件的垂直偏移位置（像素）。如同时指定了 rely 选项，优先实现 rely 选项，然后在此位置基础上计算偏移位置。
- relx：指定该控件相对于父控件的水平位置，取值范围为 0.0～1.0。
- rely：指定该控件相对于父控件的垂直位置，取值范围为 0.0～1.0。
- relheight：指定该控件相对于父控件的高度，取值范围为 0.0～1.0。
- relwidth：指定该控件相对于父控件的宽度，取值范围为 0.0～1.0。

【例 10－12】place 布局管理示例。

```
#place.py
import tkinter as tk

root = tk.Tk()
root.title('place 绝对位置方式')
root.geometry('300x200')

tk.Label(root,bg = "blue",fg = "white",width = 20,text = "place 绝对位置方式").place(x = 30,y = 10)
tk.Label(root,bg = "red").place(relx = 0.1,rely = 0.2,relheight = 0.75,relwidth = 0.75)
tk.Label(root,bg = "yellow").place(relx = 0.1,rely = 0.2,relheight = 0.5,relwidth = 0.5)
tk.Label(root,bg = "green").place(relx = 0.1,rely = 0.2,relheight = 0.25,relwidth = 0.25)

root.mainloop()
```

place 示例运行结果如图 10－23 所示。

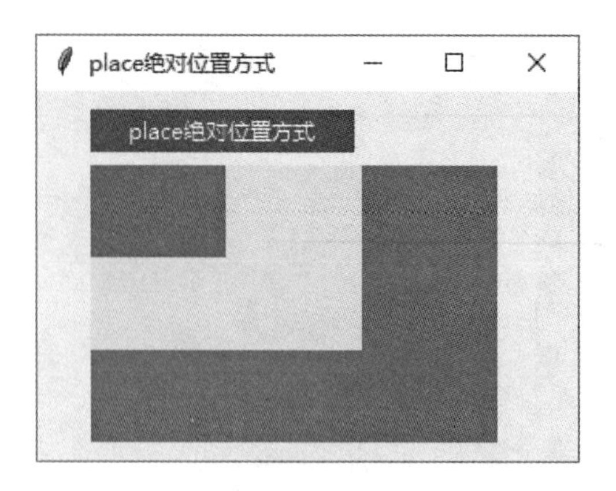

图 10－23　place 示例运行结果

10.3.3　grid 方式

grid 网格布局方式，是把控件位置作为一个二维表结构来维护，即按照行列的方式排列控件。控件位置由其所在的行号和列号决定，行号相同而列号不同的几个控件左右排列，列号相同而行号不同的几个控件上下排列。使用 grid 布局的过程就是为各个控件指定行号和列号的过程，不需要为每个格子指定大小，grid 布局会自动设置一个合适的大小。

用法：调用相应控件的 grid( )方法即可。

特殊参数：

- row：排在第几行。
- rowspan：占有多少行。
- column：排在第几列。
- columnspan：占有多少列。
- sticky：对齐固定方式，有 4 个方位，分别是 n(nouth)、s(south)、e(east)、w(west)。

【例 10－13】place 布局管理示例。

```
#grid.py
import tkinter as tk

root = tk.Tk()
root.title('grid 网格布局方式')
root.geometry('300x200')
colours = ['red','green','orange','white','yellow','blue']

r = 0
for c in colours:
    Label(root,text = c,relief = RIDGE,width = 15).grid(row = r,column = 0)
    Entry(root,bg = c,relief = SUNKEN,width = 10).grid(row = r,column = 1)
```

```
        r=r+1

    root.mainloop()
```

grid 示例运行结果如图 10－24 所示。

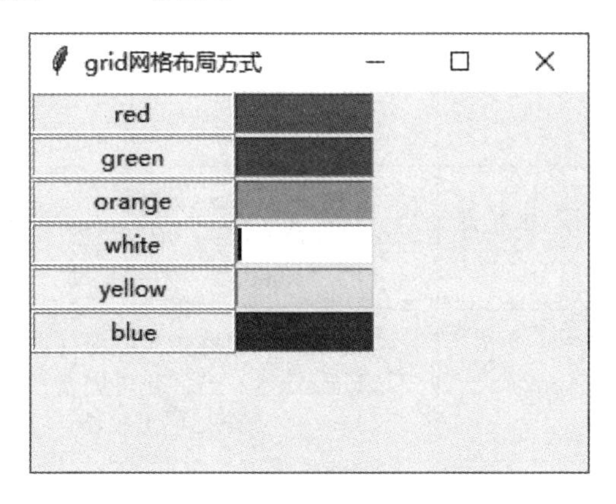

图 10－24　grid 示例运行结果

10.4　tkinter 事件

tkinter 应用程序大部分时间花费在事件循环中（通过 mainloop( )方法进入）。其中事件可以有各种来源，如按下按钮、按下鼠标和键盘操作等。对于拥有 command 属性的控件，可以通过 command 来指定类似于单击按钮的响应回调函数。除此之外，tkinter 还提供强大的机制让程序员可以自己处理事件，即每个控件都可以为各种事件绑定 Python 的函数和方法。

用法有三种：

①控件对象 . bind(事件类型，回调函数)：为一个控件绑定一个操作。

②控件对象 . bind_class(控件类型，事件类型，回调函数)：为一个类控件绑定一个操作。

③控件对象 . bind_all(事件类型，回调函数)：为所有控件绑定一个操作（所有操作都会当作对主界面的操作）。

参数：

- 事件类型：是指所绑定的事件。如 <Button-1>，鼠标左键按下；<Button-3>，鼠标右键按下等。常用事件类型见表 10－3。

表 10－3　常用事件类型

事件大类	事件类型	事件类型说明
鼠标事件	鼠标单击事件	<Button-1>：单击鼠标左键 <Button-2>：单击鼠标中间键（如果有） <Button-3>：单击鼠标右键 <Button-4>：向上滚动滑轮 <Button-5>：向下滚动滑轮

续表

事件大类	事件类型	事件类型说明
鼠标事件	鼠标双击事件	<Double - Button - 1>：鼠标左键双击 <Double - Button - 2>：鼠标中键双击 <Double - Button - 3>：鼠标右键双击
	鼠标释放事件	<ButtonRelease - 1>：鼠标左键释放 <ButtonRelease - 2>：鼠标中键释放 <ButtonRelease - 3>：鼠标右键释放
	鼠标按下并移动事件（即拖动）	<B1 - Motion>：左键拖动 <B2 - Motion>：中键拖动 <B3 - Motion>：右键拖动
	鼠标其他操作	<Enter>：鼠标进入控件（放到控件上面） <FocusIn>：控件获得焦点 <Leave>：鼠标移出控件 <FocusOut>：控件失去焦点
键盘事件	<KeyPress - A>	按下A键，A键可用其他键替代
	<Alt - KeyPress - A>	同时按下Alt键和A键，Alt键可用Ctrl键和Shift键或其组合替代
	<Double - KeyPress - A>	快速按两下A键，A键可用其他键替代
	<Lock - KeyPress - A>	大写状态下按A键，A键可用其他键替代
窗口事件	Activate	当组件由不可用转为可用时触发
	Configure	当组件大小改变时触发
	Deactivate	当组件由可用转变为不可用时触发
	Destroy	当组件被销毁时触发
	Expose	当组件从被遮挡状态中暴露出来时触发
	Unmap	当组件由显示状态变为隐藏状态时触发
	Map	当组件由隐藏状态变为显示状态时触发
	Property	当窗体的属性被删除或改变时触发
	Visibility	当组件变为可视状态时触发

- 回调函数：是指所绑定的事件处理函数。触发事件调用处理函数时，会传递Event对象实例，因此，在定义回调函数时都要带一个参数event。通过传递Event事件对象的属性，可以获取相关参数备程序使用。Event对象的属性见表10-4。

表10-4　Event对象的属性

属性名称	属性说明
widget	产生该事件的控件
x,y	当前鼠标位置

续表

属性名称	属性说明
x_root,y_root	当前鼠标相对于屏幕左上角（0,0）的位置，以像素 px 为单位
char	字符代码（限键盘事件），作为字符串返回
keysym	关键符号（限键盘事件）
keycode	关键代码（限键盘事件）
num	按钮号码（限鼠标按钮事件）
width，height	小部件的新大小（以像素 px 为单位）（限配置事件）
type	事件类型

- 控件类型：是指所绑定的某一类控件的控件类型，如 Label。

【例 10－14】 事件绑定示例。

```
#event.py
from tkinter import*

root = Tk()
root.title('事件示例')
root.geometry('400x200')

def motionhandler(event):        #使用 Event 对象的属性打印信息
    s = '【鼠标事件】\n\n 产生事件的控件:{0}\n\n 鼠标位置:(x = {1},y = {2})\
n\n'\
      '鼠标相对屏幕左上角位置:(x = {3},y = {4})\n'.format(event.widget,
event.x,event.y,event.x_root,event.y_root)
    lab['text'] = s

lab = Label(root,font = ('宋体',12,'bold'),justify = 'left')
lab.pack(side = LEFT,fill = BOTH,expand = YES,anchor = E)
lab.bind('<Motion>',motionhandler)        #绑定鼠标移动事件,回调函数
为 motionhandler
root.mainloop()
```

事件绑定示例运行结果如图 10－25 所示。

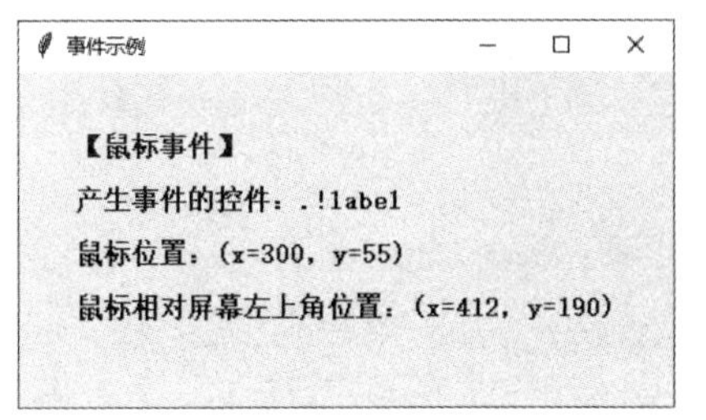

图 10－25　事件绑定示例运行结果

10.5 综合案例

综合本模块所学知识，实现一个用户登录的案例，要求若用户已存在，可用登录按钮直接登录，登录成功后弹出欢迎界面；若登录时发现登录用户不存在，弹出对话框询问是否注册，单击“是”按钮直接进入注册界面；若用户不存在，也可以单击“注册”按钮进入注册界面进行注册。效果如图 10－26 所示。

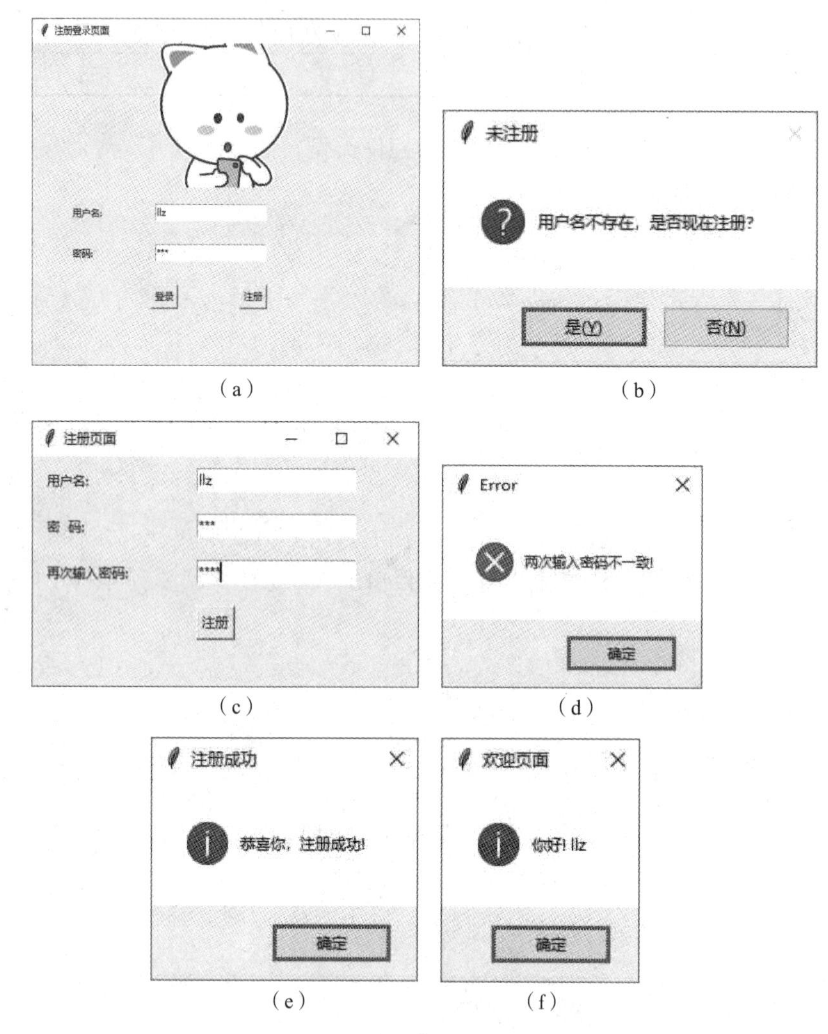

（a） （b） （c） （d） （e） （f）

图 10－26 用户登录实现效果

参考代码如下：

```
# login.py
import pickle # 存放数据的模块
import tkinter as tk
import tkinter.messagebox
from tkinter import*
```

```
    window = tk.Tk()
    window.title("注册登录页面")
    window.geometry("500x400")

    logo = PhotoImage(file = "2.gif")
    Label(window,image = logo,height =175).pack(side ='top')

    tk.Label(window,text ='用户名:').place(x =50,y =200)
    tk.Label(window,text ='密码:').place(x =50,y =250)

    var_usr_name = tk.StringVar()
    #var_usr_name.set('请输入用户名')

    var_usr_pwd = tk.StringVar()
    #var_usr_pwd.set('请输入密码')

    entry_usr_name = tk.Entry(window,textvariable = var_usr_name)
    entry_usr_name.place(x =160,y =200)
    entry_usr_pwd = tk.Entry(window,textvariable = var_usr_pwd,show ='* ')
    entry_usr_pwd.place(x =160,y =250)

    def usr_login():
    usr_name = var_usr_name.get()
    usr_pwd = var_usr_pwd.get()

    try:
        with open("usrs_info.pickle","rb")as usr_file:#注意,这个地方用到
了 pickle,可以使用百度查询其使用方法
            usrs_info =pickle.load(usr_file)
    except FileNotFoundError:
        with open("usrs_info.pickle","wb")as usr_file:# with open 语句可
以自动关闭资源
            usrs_info = {"admin":"admin"} # 以字典的形式保存账户和密码
            pickle.dump(usrs_info,usr_file)

    if usr_name in usrs_info:
        if usr_pwd == usrs_info[usr_name]:
            tk.messagebox.showinfo(title = "欢迎页面",message = "你好! " +
usr_name)
```

```
        else:
            tk.messagebox.showerror(message="密码错误!")
    else:
        is_sign_up=tk.messagebox.askyesno("未注册","用户名不存在,是否现在注册?")
        if is_sign_up:
            usr_sign_up()

    def sign_to_Python():
        signpwd=sign_pwd.get()
        signpwdconfirm=sign_pwd_confirm.get()
        signname=sign_name.get()
        with open("usrs_info.pickle","rb")as usr_file:
            exist_usr_info=pickle.load(usr_file)
        if signpwd !=signpwdconfirm:
            tk.messagebox.showerror("Error","两次输入密码不一致!")
        elif signname in exist_usr_info:
            tk.messagebox.showerror("Error","用户名已存在! ")
        else:
            exist_usr_info[signname]=signpwd
            with open("usrs_info.pickle","wb")as usr_file:
                pickle.dump(exist_usr_info,usr_file)

            tk.messagebox.showinfo("注册成功","恭喜你,注册成功!")
            # close window
            window_sign_up.destroy()

    def usr_sign_up():

        window_sign_up=tk.Toplevel(window)#用 Toplevel 控件创建顶层窗口
        window_sign_up.geometry("350x200")
        window_sign_up.title("注册页面")
        global sign_name
        sign_name=tk.StringVar()
        #sign_name.set('请输入用户名')
        tk.Label(window_sign_up,text="用户名:").place(x=10,y=10)
        entry_new_name = tk.Entry(window_sign_up,textvariable = sign_name)
        entry_new_name.place(x=150,y=10)
```

```
        global sign_pwd
        sign_pwd = tk.StringVar()
        tk.Label(window_sign_up,text = "密 码:").place(x = 10,y = 50)
        entry_usr_pwd = tk.Entry(window_sign_up,textvariable = sign_pwd,
show = '* ')
        entry_usr_pwd.place(x = 150,y = 50)

        global sign_pwd_confirm
        sign_pwd_confirm = tk.StringVar()
        tk.Label(window_sign_up,text = "再次输入密码:").place(x = 10,y =
90)
        entry_usr_pwd_confirm = tk.Entry(window_sign_up,textvariable =
sign_pwd_confirm,show = '* ')
        entry_usr_pwd_confirm.place(x = 150,y = 90)

        btn_confirm_sign_up = tk.Button(window_sign_up,text = "注册",com-
mand = sign_to_Python)
        btn_confirm_sign_up.place(x = 150,y = 130)


    # login and sign up
    btn_login = tk.Button(window,text = "登录",command = usr_login)
    btn_login.place(x = 155,y = 300)

    btn_sign_up = tk.Button(window,text = "注册",command = usr_sign_up)
    btn_sign_up.place(x = 270,y = 300)

    window.mainloop()
```

10.6 习　　题

1. Label 控件中，指定多行文本的对齐方式的属性是________。
2. Menu 控件中，添加子选项的方法为________。
3. tkinter 中常用的框架类控件包括________、________、________。
4. tkinter 中常用的布局管理方式包括________、________、________。
5. 修改例 10 - 7，为 Cut、Copy、Paste 添加不同的响应事件。
6. 修改例 10 - 9，使左上的 Label 控件填充方式为 BOTH 方式，并起作用。

模块 11

数据分析与处理

Python 数据分析模块 pandas 提供了大量数据模型和高效操作大型数据集所需要的工具，可以说 pandas 是使 Python 能够成为高效且强大的数据分析环境的重要因素之一。Pandas 提供了大量的函数用于生成、访问、修改、保存不同类型的数据，提供不同类型数据的处理方法，并能够结合另一个扩展库 matplotlib 进行数据可视化。本模块内容将结合 panads 模块和 matplotlib 模块对数据分析和处理及数据可视化进行介绍，重点在于 pandas 的数据分析预处理。

本模块学习目标

- 掌握 pandas 的基本操作
- 掌握 pandas 的基本数据类型
- 掌握 pandas 的基本数据类型的数据处理方法
- 了解如何使用 pandas 结合 matplotlib 进行数据可视化

11.1 扩展库 pandas

pandas 是基于 Numpy 的一种工具，是一个开源 Python 库，pandas 纳入了大量库和一些标准的数据模型，提供了高效地操作大型数据集所需的工具。pandas 提供了大量快速、便捷地处理数据的函数和方法。

11.1.1 pandas 的数据结构

pandas 主要提供了三种数据结构：系列（Series）、数据帧（DataFrame）、面板（Panel）。

Series：带标签的一维数组，与 Numpy 中的一维 array 类似，与 Python 基本的数据结构 list 也很相似。

DataFrame：带标签的二维表格型数据结构，大小可变，可以将 DataFrame 理解为 Series 的容器。

Panel：带标签的三维数组，大小可变，可以理解为 DataFrame 的容器。

11.1.2 pandas 的安装

使用 pip install pandas 安装 pandas，如果安装速度很慢，可以从清华镜像获取库使用 pip install pandas -i https://pypi.tuna.tsinghua.edu.cn/simple xxxx 安装。安装过程如下：

①打开 cmd 命令窗口，输入 pandas 安装命令“pip install pandas -i https://pypi.tuna.tsinghua.edu.cn/simple xxxx”，如图 11-1 所示。

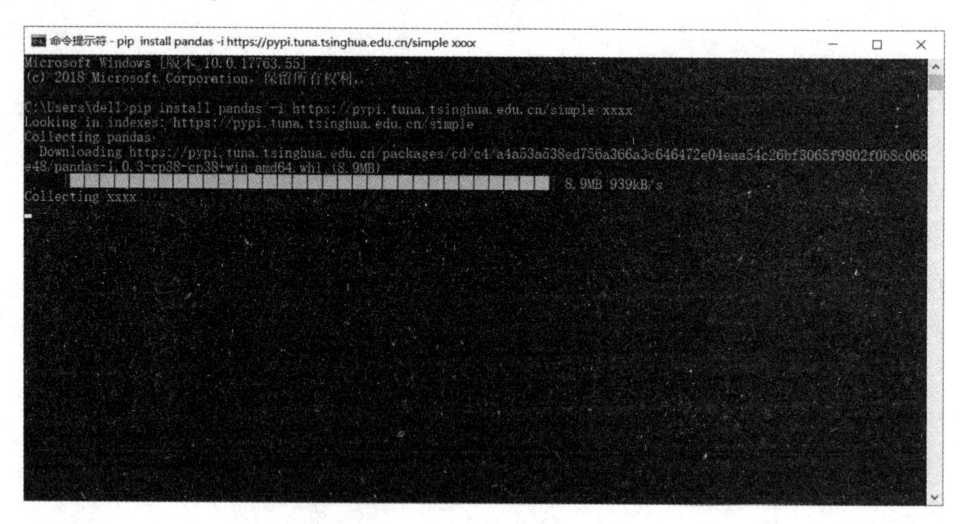

图 11-1 pandas 安装命令

②连接镜像网站，收集安装数据，如图 11-2 所示。

③屏幕上出现 Successfully installed pandas-1.0.3 python-dateutil-2.8.1 pytz-2019.3 six-1.14.0 xxxx-1.0.0，说明安装成功，如图 11-3 所示。

安装成功后，可以直接使用 import pandas as pd 导入。

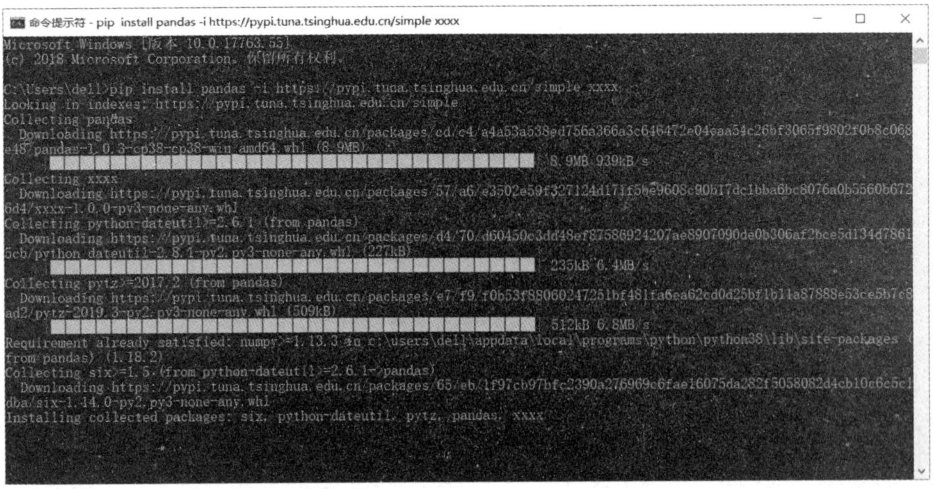

```
命令提示符 - pip install pandas -i https://pypi.tuna.tsinghua.edu.cn/simple xxxx
Microsoft Windows [版本 10.0.17763.55]
(c) 2018 Microsoft Corporation。保留所有权利。

C:\Users\dell>pip install pandas -i https://pypi.tuna.tsinghua.edu.cn/simple xxxx
Looking in indexes: https://pypi.tuna.tsinghua.edu.cn/simple
Collecting pandas
  Downloading https://pypi.tuna.tsinghua.edu.cn/packages/cd/c4/a4a53a538ed756a366a3c646472e04eaa54c26bf3065f9802f0b8c068
e48/pandas-1.0.3-cp38-cp38-win_amd64.whl (8.9MB)
     |████████████████████████████████| 8.9MB 939kB/s
Collecting xxxx
  Downloading https://pypi.tuna.tsinghua.edu.cn/packages/57/a6/e3502e59f327124d171f5be9608c90b17dc1bba6bc8076a0b5560b672
6d4/xxxx-1.0.0-py3-none-any.whl
Collecting python-dateutil>=2.6.1 (from pandas)
  Downloading https://pypi.tuna.tsinghua.edu.cn/packages/d4/70/d60450c3dd48ef87586924207ae8907090de0b306af2bce5d134d7861
5cb/python_dateutil-2.8.1-py2.py3-none-any.whl (227kB)
     |████████████████████████████████| 235kB 6.4MB/s
Collecting pytz>=2017.2 (from pandas)
  Downloading https://pypi.tuna.tsinghua.edu.cn/packages/e7/f9/f0b53f88060247251bf481fa6ea62cd0d25bf1b11a87888e53ce5b7c8
ad2/pytz-2019.3-py2.py3-none-any.whl (509kB)
     |████████████████████████████████| 512kB 6.8MB/s
Requirement already satisfied: numpy>=1.13.3 in c:\users\dell\appdata\local\programs\python\python38\lib\site-packages (
from pandas) (1.18.2)
Collecting six>=1.5 (from python-dateutil>=2.6.1->pandas)
  Downloading https://pypi.tuna.tsinghua.edu.cn/packages/65/eb/1f97cb97bfc2390a276969c6fae16075da282f5058082d4cb10c6c5c1
dba/six-1.14.0-py2.py3-none-any.whl
Installing collected packages: six, python-dateutil, pytz, pandas, xxxx
```

图 11-2　pandas 安装过程

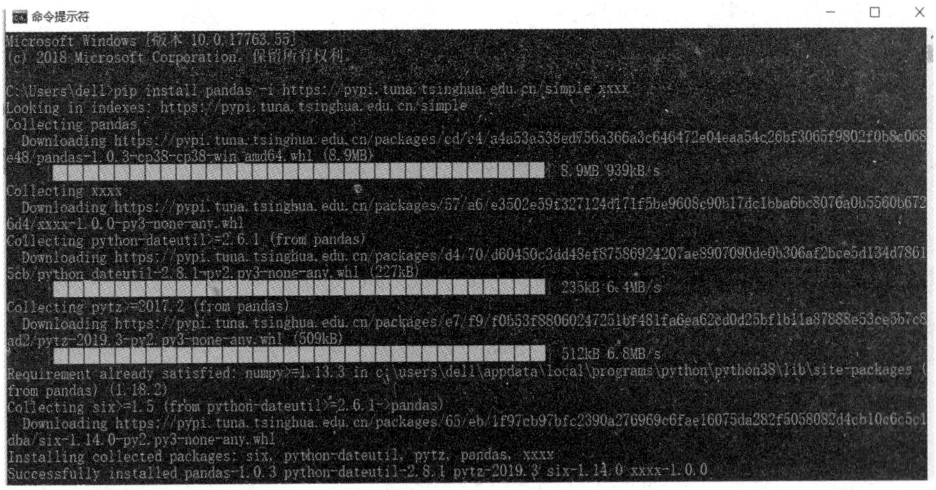

```
命令提示符
Microsoft Windows [版本 10.0.17763.55]
(c) 2018 Microsoft Corporation。保留所有权利。

C:\Users\dell>pip install pandas -i https://pypi.tuna.tsinghua.edu.cn/simple xxxx
Looking in indexes: https://pypi.tuna.tsinghua.edu.cn/simple
Collecting pandas
  Downloading https://pypi.tuna.tsinghua.edu.cn/packages/cd/c4/a4a53a538ed756a366a3c646472e04eaa54c26bf3065f9802f0b8c068
e48/pandas-1.0.3-cp38-cp38-win_amd64.whl (8.9MB)
     |████████████████████████████████| 8.9MB 939kB/s
Collecting xxxx
  Downloading https://pypi.tuna.tsinghua.edu.cn/packages/57/a6/e3502e59f327124d171f5be9608c90b17dc1bba6bc8076a0b5560b672
6d4/xxxx-1.0.0-py3-none-any.whl
Collecting python-dateutil>=2.6.1 (from pandas)
  Downloading https://pypi.tuna.tsinghua.edu.cn/packages/d4/70/d60450c3dd48ef87586924207ae8907090de0b306af2bce5d134d7861
5cb/python_dateutil-2.8.1-py2.py3-none-any.whl (227kB)
     |████████████████████████████████| 235kB 6.4MB/s
Collecting pytz>=2017.2 (from pandas)
  Downloading https://pypi.tuna.tsinghua.edu.cn/packages/e7/f9/f0b53f88060247251bf481fa6ea62cd0d25bf1b11a87888e53ce5b7c8
ad2/pytz-2019.3-py2.py3-none-any.whl (509kB)
     |████████████████████████████████| 512kB 6.8MB/s
Requirement already satisfied: numpy>=1.13.3 in c:\users\dell\appdata\local\programs\python\python38\lib\site-packages (
from pandas) (1.18.2)
Collecting six>=1.5 (from python-dateutil>=2.6.1->pandas)
  Downloading https://pypi.tuna.tsinghua.edu.cn/packages/65/eb/1f97cb97bfc2390a276969c6fae16075da282f5058082d4cb10c6c5c1
dba/six-1.14.0-py2.py3-none-any.whl
Installing collected packages: six, python-dateutil, pytz, pandas, xxxx
Successfully installed pandas-1.0.3 python-dateutil-2.8.1 pytz-2019.3 six-1.14.0 xxxx-1.0.0
```

图 11-3　pandas 安装成功

11.2　pandas 数据类型

11.2.1　Series

Series 是一种一维数组结构，每个元素都带有一个自动索引（从 0 开始），索引可以更改为自定义的数字或字符串。

Series 数据结构由值（value）和索引（index）组成：

- 值（value）：一维数组的各元素值，是一个 ndarray 类型数据。
- 索引（index）：与一维数组值一一对应的标签。利用索引，可非常方便地在 Series 数组中进行取值。

Series 数据结构如图 11-4 所示。

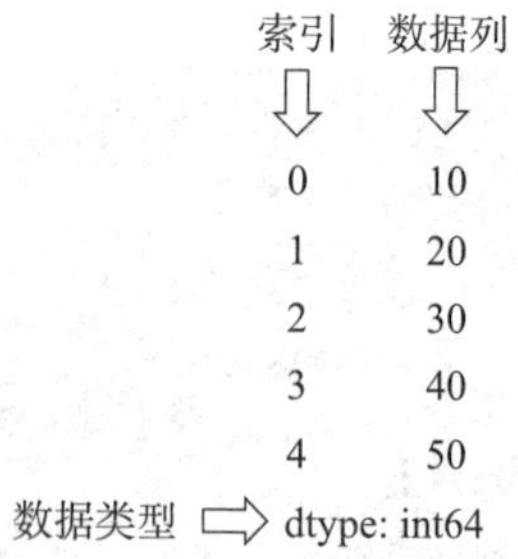

图 11－4　Series 数据结构组成

1. Series 创建方式

（1）由 list 或 tuple 创建

```
>>> import pandas as pd
>>> li =[10,20,30,40]
>>> lis =pd.Series(li)
>>> print(lis)
0    10
1    20
2    30
3    40
dtype:int64
```

（2）由字典创建

字典的 key 值就是 index 索引，values 就是 values 数组的值。

```
>>> pd.Series({'name':'李宁','age':40,'weight':155})
name 张三
age 40
weight 140
dtype:object
```

（3）由一维数组创建

```
>>> np1 =np.array([1,2,3])
>>> s2 =Series(np1)
0    1
1    2
2    3
dtype:int32
```

（4）由标量创建

当传入一个标量值时，必须传入 index 索引，Series 会根据传入的 index 参数来确定数组对象的长度。

```
>>> a = pd.Series(10,index = ['a','b','c','d'])
>>> a
a 10
b 10
c 10
d 10
dtype:int64
```

Series 常用属性见表 11－1。

表 11－1 Series 常用属性

属性	说明
Series.index	以列表的形式返回数组的索引
Series.values	以列表的形式返回数组的所有值
Series.dtype	返回基础数据的数据类型
Series.shape	返回基础数据形状的元组
Series.ndim	数组的维数
Series.size	返回数组中的元素数
Series.base	如果与另一数组共享数据，则返回基础数组
Series.T	转置
Series.empty	判断数组是否为空
Series.name	返回系列的名称

2. Series 的索引

位置下标，类似于序列，其从 0 开始。

```
import pandas as pd
import numpy as np
s = pd.Series(np.random.rand(5))
print(s,'\n')
print(s[2],type(s[2]),s[2].dtype)
```

【运行结果】

```
0    0.146696
1    0.252894
2    0.630073
3    0.034737
4    0.962601
dtype:float64
```

```
0.6300727591139671 <class 'numpy.float64'> float64
```

(1) 标签 (index) 索引

当有多个标签要索引时，要多加个 []。

```
import pandas as pd
s=pd.Series(10,index=list('abcde'))
print(s,'\n')
print(s['a'],'\n')
#同时打印多个标签
print(s[['a','b','c']],'\n')
```

【运行结果】

```
a    10
b    10
c    10
d    10
e    10
dtype:int64

10

a    10
b    10
c    10
dtype:int64
```

(2) 切片索引

用 index 做索引时，是末端包含的；用下标做切片索引时，和 list 切片是一样的，不包含末端。

```
import pandas as pd
s=pd.Series(20,index=('a','b','c','d'))
#用 index 做索引,是末端包含的
print(s['a':'c'],'\n')
#用下标做切片索引,和 list 切片是一样的,不包含末端
print(s[1:3],'\n')
```

【运行结果】

```
a    20
b    20
c    20
```

```
dtype:int64

b    20
c    20
dtype:int64
```

（3）布尔型索引

根据判断语句生成的是一个由布尔型组成的新的 Series。.isnull( ) 和 .notnull( ) 判断是否是空值，其中 None 表示空值，NaN 表示有问题的值，两个都会被判断为空值。

```
import pandas as pd
li=[10,20]
s=pd.Series(li)
s[2]=None
print(s,'\n')
bs1=s>10
print(bs1,'\n')
bs2=s.isnull()
print(bs2,'\n')
```

【运行结果】

```
0    10
1    20
2    None
dtype:object

0    False
1    True
2    False
dtype:bool

0    False
1    False
2    True
dtype:bool
```

3. Series 的基本操作用法

（1）增添操作

可以直接使用下标索引或 index 添加，也可以通过 append( ) 添加，生成新的 Series。

```
import pandas as pd
```

```
li=[10,20]
s=pd.Series(li)
print("添加前:\n",s)
#用下标索引添加
s[2]=30
#用 index 添加
s['a']=40
print("添加后:\n",s)
#用 append()增添
s1=pd.Series({'姓名':'李宁','年龄':40})
s2=s.append(s1)
print("append 后:\n",s2)
```

【运行结果】

```
添加前:
0    10
1    20
dtype:int64
添加后:
0    10
1    20
2    30
a    40
dtype:int64
append 后:
0    10
1    20
2    30
a    40
姓名 李宁
年龄 40
dtype:object
```

（2）删除操作

可以用 del 删除，也可以用 .drop() 删除，生成新的 Series。

```
import pandas as pd
li=[10,20,30,40]
s=pd.Series(li,index=list('abcd'))
print("删除前:\n",s)
#用 del 删除
```

```
del s['b']
print("删除后:\n",s)
#用.drop()删除,删除多项时,要加[]
s1=s.drop(['c','d'])
print("drop删除后:\n",s1)
```

【运行结果】

```
删除前:
a    10
b    20
c    30
d    40
dtype:int64
删除后:
a    10
c    30
d    40
dtype:int64
drop删除后:
a    10
dtype:int64
```

(3) 修改操作

通过下标或索引直接修改:

```
import pandas as pd
li=[10,20]
s=pd.Series(li,index=list('ab'))
print("修改前:\n",s)
#通过下标修改
s[0]=55
#通过索引修改
s['b']=77
print("修改后:\n",s)
```

【运行结果】

```
修改前:
a    10
b    20
dtype:int64
修改后:
```

```
a    55
b    77
dtype:int64
```

（4）数据查看

.head( ) 方法是查看前几行的数据，默认是5行；.tail( ) 方法是查看后几行的数据，默认也是5行。

```
import pandas as pd
import numpy as np
s=pd.Series(np.random.rand(7))
print("使用 head(2)显示前 2 行:\n", + s.head(2))
print("通过 tail()显示后 5 行:\n",s.tail())
```

【运行结果】

```
使用 head(2)显示前 2 行:
0     0.289160
1     0.277379
dtype:float64
通过 tail()显示后 5 行:
2     0.069367
3     0.894934
4     0.174843
5     0.819066
6     0.246278
dtype:float64
```

（5）重新索引

. reindex（新的标签，fill_value = ）会根据更改后的标签重新排序，若添加了原标签中没有的标签，则默认填入 NaN。参数 fill_value 指对新出现的标签填入的值。

```
import pandas as pd
import numpy as np
s=pd.Series(np.random.rand(3),index=list('abc'))
print("修改索引前:\n",s)
s1=s.reindex(['a','b','c','d'],fill_value=200)
print("修改索引后:\n",s1)
```

【运行结果】

```
修改索引前:
a     0.605952
b     0.643772
c     0.178858
```

```
dtype:float64
修改索引后:
a     0.605952
b     0.643772
c     0.178858
d     200.000000
dtype:float64
```

【例 11-1】创建 Series，按条件查询数据，输出满足条件的数据。

```
import pandas as pd
s = {"tom":20,"lily":23,"jack":21,"mary":22,"amy":20,"hip":20,}
#通过字典创建 Series
sa = pd.Series(s,name = "age")
#输出列表中年龄大于 20 的信息
print(sa[sa >20])
```

【运行结果】

```
lily    23
jack    21
mary    22
Name:age,dtype:int64
```

11.2.2 DataFrame 数据类型

DataFrame 是一种数据框结构，它以表格形式存储，有对应的行（index）和列（columns）。行和列的交叉称为单元格，单元格可以存放数值、字符串等数据。

DataFrame 数据结构如图 11-5 所示。

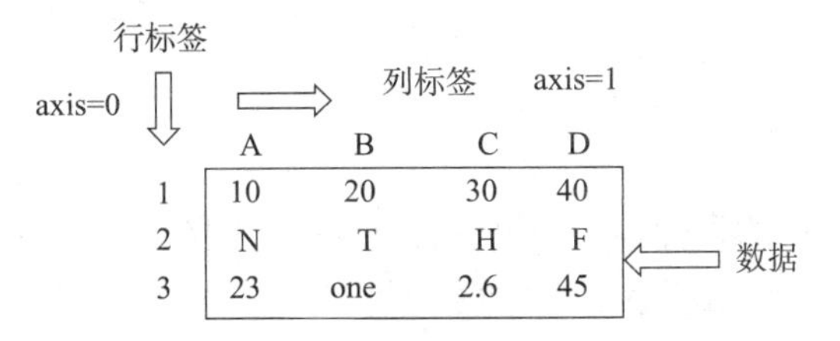

图 11-5 DataFrame 数据结构

DataFrame 常用属性见表 11-2。

表 11-2 DataFrame 常用属性

属性	说明
values	DataFrame 的值
index	行索引

续表

属性	说明
index.name	行索引的名字
columns	列索引
columns.name	列索引的名字
shape	返回行数和列数
size	单元格个数

DataFrame 常用函数见表 11 - 3。

表 11 - 3　DataFrame 常用函数

属性	说明
head()	返回前几行
tail()	返回后几行
rename()	修改列名
replace()	替换数据
sort - values()	排序
describe()	查看描述性统计的相关信息
reindex()	重新索引，根据参数不同，返回内容不同
drop()	丢弃指定轴上的指定项

1. DataFrame 创建方式

DataFrame 的创建格式：

```
pandas.DataFrame(data=None,index=None,columns=None,dtype=None,copy=False)
```

- data：多维数组、字典、数组、常量或类似列表的对象。
- index：dataframe 的索引，如果没有自定义，则默认为 RangeIndex(0,1,2,…,n)。
- columns：dataframe 的列标签，如果没有自定义，则默认为 RangeIndex(0,1,2,…,n)。
- dtype：默认为 None，要强制的数据类型。
- copy：是否复制基础数据。默认为 False。

（1）利用字典创建

```
import pandas as pd
import numpy as np
data={"one":np.random.randn(4),"two":np.linspace(1,4,4),"three":['zhangsan','李四',999,0.1]}
d=pd.DataFrame(data,index={1,2,3,4})
print(d)
```

【运行结果】

```
     one       two  three
1 -0.769359  1.0  zhangsan
2 -0.398759  2.0   李四
3 -2.573731  3.0   999
4 -0.082194  4.0   0.1
```

说明：

- 如果创建 d 时不指定索引，默认索引将是从 0 开始，步长为 1 的数组。
- d 的行、列可以是不同的数据类型，同行也可以有多种数据类型。

（2）利用数组创建

```
import pandas as pd
import numpy as np
#创建一个 3 行 4 列的数组
data = np.random.randn(3,4)
d = pd.DataFrame(data,columns = list('ABCD'),index = {'第一行','第二行',
'第三行'})
print(d)
```

【运行结果】

```
           A          B          C          D
第一行 -0.671853   0.033772  -0.425430   0.760853
第二行 -0.800912   0.823599  -1.852085   0.517879
第三行 -1.067200  -1.980818  -0.429085  -1.014938
```

（3）利用列表创建

```
import pandas as pd
#创建一个 3 行 4 列的数组
data = [[10,20,30,40],['N','T','H','F']]
d = pd.DataFrame(data,columns = list('ABCD'),index = list('12'))
print(d)
#使用列名和索引标签读取数据
print(d['A']['1'])
#使用列名和行号读取数据
print(d['A'][1])
```

【运行结果】

```
    A   B   C   D
1  10  20  30  40
2  N   T   H   F
```

```
10
N
```

2. DataFrame 的基本操作

（1）增加数据

可以按列添加，也可以按行添加。

```
import pandas as pd
df = pd.DataFrame(data = [['lily',22],['mary',22]],index = [1,2],col-
umns = ['name','age'])
#原数据
print("原数据:\n",df)
citys = ['beijing','jinan']
#在第 0 列加上 column 名称为 city、值为 citys 的数值
df.insert(0,'city',citys)
jobs = ['doctor','teacher',]
#默认在 df 最后一列加上 column 名称为 job、值为 jobs 的数据
df['job'] = jobs
#在 df 最后一列加上 column 名称为 salary、值为等号右边数据
df.loc[:,'salary'] = ['80k','50k']
#添加一行,标签为'4'
df.loc[4] = ['shanghai','mason',24,'engineer','70k']
#添加数据后
print("添加数据后:\n",df)
```

【运行结果】

```
原数据:
   name age
1   lily  22
2  mary  22
添加数据后:
        city   name  age     job  salary
1    beijing    lily  22    doctor  80k
2      jinan   mary  22   teacher  50k
4   shanghai  mason  24  engineer  70k
```

（2）删除数据

```
import pandas as pd
df = pd.DataFrame(data = [['lily','f',22],['jack','f',22],['tom','m',
'21']],index = [1,2,3],columns = ['name','sex','age'])
```

```
#原数据
print("原数据:\n",df)
#删除 name 列
df.drop(['name'],axis=1,inplace=False)
#删除 age 列
del df['age']
#删除 index 值为 1 和 3 的两行
df.drop([1,3],axis=0,inplace=True)
#删除后的数据
print("删除后的数据:\n",df)
```

【运行结果】

```
原数据:
  name  sex  age
1  lily  f   22
2  jack  f   22
3  tom  m   21
删除后的数据:
  name  sex
2  jack  f
```

说明:

- axis=0 表示按列的方向计算，axis=1 表示按行的方向计算。
- inplace=True，是直接对原 DataFrame 进行操作。inplace = False 将不改变原来的 DataFrame，而将结果生成在一个新的 DataFrame 中。

（3）修改数据

```
import pandas as pd
df=pd.DataFrame(data=[['lily','f',22],['jack','f',22],['tom','m',
21]],index=[1,2,3],columns=['name','sex','age'])
#原数据
print("原数据:\n",df)
#修改 df 的 columns
df.rename(columns={'name':'Name','age':'Age'},inplace=True)
#修改 df 的 index
df.rename({1:'a',2:'b',3:'c'},axis=0,inplace=True)
#修改 index 为'a'、column 为'Name'的值为 apple
df.loc['a','Name']='apple'
#修改 index 为'b'的一行的所有值
df.loc['b']=['daisy','f',19]
#修改下标为第 2 行第 2 列的值
```

```
df.iloc[2,2]=23
print("修改后的数据:\n",df)
```

【运行结果】

```
原数据:
  name  sex  age
1 lily  f    22
2 jack  f    22
3 tom   m    21
修改后的数据:
  name   sex  Age
a apple  f    22
b daisy  f    19
c tom    m    23
```

说明:

- 修改一整列时，可以使用 df.iloc[:,2] = [11,22,33]; 修改一整行时，可以使用 df.iloc[0,:] = ['lily','F',15]。
- df.loc[1,['name','age']] = ['bb',11]，修改 index 为 '1'、column 为 'name' 的值为 bb，age 列的值为 11。

（4）重新索引

```
.reindex(index=None,columns=None,** kwargs)  #改变或重排 DataFrame 索引
```

其中，** kwargs 参数有以下 5 种形式:

- method，插值填充方法;
- fill_value，引入的缺失数据值;
- limit，填充间隙;
- copy，如果新索引与旧的相等，则底层数据不会拷贝，默认为 True（即始终拷贝）;
- level，在多层索引上匹配简单索引。

.reindex() 默认对列索引。如果是新的索引名，将会用 NaN。加上关键字 columns 对列重新索引。

```
import pandas as pd
import numpy as np
d1=pd.DataFrame(np.arange(12).reshape(3,4),columns=list('ABCD'),
index=list('abc'))
print("d1 原始数据 \n",d1)
d1=d1.reindex(index=list('abdc'),columns=list('EABCD'),fill_
value=20)
print("重新索引后的数据 \n",d1)
```

【运行结果】

```
d1 原始数据
   A  B  C  D
a  0  1  2  3
b  4  5  6  7
c  8  9  10 11
重新索引后的数据
   E   A  B  C   D
a  20  0  1  2   3
b  20  4  5  6   7
d  20  20 20 20  20
c  20  8  9  10  11
```

说明：

Series 和 DataFrame 的索引是 Index 类型，Index 对象是不可修改类型。索引类型常用方法见表 11－4。

表 11－4　索引类型常用方法

方法	说明
.append(idx)	连接另一个 Index 对象，产生新的 Index 对象
.diff(idx)	计算差集，产生新的 Index 对象
.intersection(idx)	计算交集
.union(idx)	计算并集
.delete(loc)	删除 loc 位置处的元素
.insert(loc,e)	在 loc 位置增加一个元素 e
.drop()	删除 Series 和 DataFrame 指定行或列索引

```
import pandas as pd
import numpy as np
d1 =pd.DataFrame(np.arange(12).reshape(3,4),columns = list('ABCD'),
index = list('abc'))
print("d1 原始数据\n",d1)
d2 =d1.drop(['B','C'],axis =1)
print("删除索引后的数据\n",d2)
```

【运行结果】

```
d1 原始数据
   A  B  C  D
a  0  1  2  3
b  4  5  6  7
c  8  9  10 11
```

```
删除索引后的数据
   A  D
a  0  3
b  4  7
c  8  11
```

【例 11 -2】将两个具有相同列名的 DataFrame 对象从行上叠加起来，组成一个表。

```
import pandas as pd
import numpy as np
d1 = pd.DataFrame(np.arange(16).reshape(4,4),columns = list('ABCD'),
index = pd.date_range('20200101',periods = 4))
d2 = pd.DataFrame(np.arange(7,23).reshape(4,4),columns = list('ABCD'),
index = pd.date_range('20200101',periods = 4))
print("d1 原始数据\n",d1)
print("d2 原始数据\n",d2)
print("合并后的数据\n",pd.concat([d1,d2],axis = 0))
```

【运行结果】

```
d1 原始数据
            A  B  C  D
2020-01-01  0  1  2  3
2020-01-02  4  5  6  7
2020-01-03  8  9  10 11
2020-01-04  12 13 14 15
d2 原始数据
            A  B  C  D
2020-01-01  7  8  9  10
2020-01-02  11 12 13 14
2020-01-03  15 16 17 18
2020-01-04  19 20 21 22
合并后的数据
            A  B  C  D
2020-01-01  0  1  2  3
2020-01-02  4  5  6  7
2020-01-03  8  9  10 11
2020-01-04  12 13 14 15
2020-01-01  7  8  9  10
2020-01-02  11 12 13 14
2020-01-03  15 16 17 18
2020-01-04  19 20 21 22
```

11.2.3　pandas 数据类型的基本运算

1. 算术运算

pandas 数据类型算术运算的基本法则：

- 根据行、列索引，补齐后进行运算。不同索引之间不进行运算。运算默认产生浮点数。
- 补齐时，默认填充 NaN（空值）。
- 二维和一维、一维和零维（实数）进行广播运算。
- 采用 + 、 - 、 * 、/符号进行的二元运算会产生新的对象。

【例 11 -3】将两个具有相同列名的 DataFrame 对象进行加法运算。

```
import pandas as pd
import numpy as np
d1 =pd.DataFrame(np.arange(12).reshape(3,4),columns = list('ABCD'),
index = list('abc'))
d2 =pd.DataFrame(np.arange(20).reshape(4,5),columns = list('ABCDE'),
index = list('abcd'))
print("d1 原始数据 \n",d1)
print("d2 原始数据 \n",d2)
print("进行加法运算后的数据 \n",d1 + d2)
```

【运行结果】

```
d1 原始数据
   A  B  C  D
a  0  1  2  3
b  4  5  6  7
c  8  9  10 11
d2 原始数据
   A  B  C  D  E
a  0  1  2  3  4
b  5  6  7  8  9
c  10 11 12 13 14
d  15 16 17 18 19
进行加法运算后的数据
    A     B     C     D     E
a  0.0   2.0   4.0   6.0   NaN
b  9.0   11.0  13.0  15.0  NaN
c  18.0  20.0  22.0  24.0  NaN
d  NaN   NaN   NaN   NaN   NaN
```

说明：

通过例 11 -3 可以看出，在进行加法运算时，标签相同的，行和列进行运算；标签不同的，补齐后运算，补齐的值为 NaN，NaN 与任何元素运算所得的值都是 NaN。

pandas 数据类型方法形式的运算见表 11 -5。

表 11 -5　方法形式的运算表

方法	说明
. add(d, ** argws)	类型间加法运算，可选参数
. sub(d, ** argws)	类型间减法运算，可选参数
. mul(d, ** argws)	类型间乘法运算，可选参数
. div(d, ** argws)	类型间除法运算，可选参数

与 + 、 - 、 * 、/相比，pandas 数据类型方法形式的运算增加了一些可选参数，使运算更加灵活。

将例 11 -3 的 d1 + d2 语句修改成 d1.add(d2,fill_value =200)，得到如下结果：

```
进行加法运算后的数据
      A      B      C      D      E
a   0.0    2.0    4.0    6.0  204.0
b   9.0   11.0   13.0   15.0  209.0
c  18.0   20.0   22.0   24.0  214.0
d 215.0  216.0  217.0  218.0  219.0
```

可以看出，使用 add 方法进行加法运算时，标签相同的，行和列进行运算；标签不同的，补齐后运算，补齐的值为 fill_value 的值。

【例 11 -4】 将 DataFrame 对象和 Series 对象进行算术运算。

```
import pandas as pd
import numpy as np
d1 =pd.DataFrame(np.arange(12).reshape(3,4),columns = list('abcd'),
index = list('abc'))
d2 =pd.Series(np.arange(4,7),index = list('abc'))
print("d1 原始数据 \n",d1)
print("d2 原始数据 \n",d2)
print("进行加法运算后的数据 \n",d1 + d2)
```

【运行结果】

```
d1 原始数据
   a  b  c  d
a  0  1  2  3
b  4  5  6  7
c  8  9  10 11
```

```
d2 原始数据
a    4
b    5
c    6
dtype:int32
进行加法运算后的数据
      a     b     c     d
a   4.0   6.0   8.0   NaN
b   8.0   10.0  12.0  NaN
c   12.0  14.0  16.0  NaN
```

说明：

- DataFrame 对象和 Series 对象进行运算是将 Series 的索引匹配到 DataFrame 的列，然后沿着行一直向下广播。
- 如果希望 DataFrame 对象和 Series 对象进行运算是将 Series 的索引匹配到 DataFrame 的行，需要用到 axis =0 参数。将例 11 -4 中的 d1 + d2 改为 d1.add(d2,axis =0)，则运行结果为：

```
     a   b    c    d
a    4   5    6    7
b    9   10   11   12
c    14  15   16   17
```

- 如果 DataFrame 对象和 Series 对象的索引不匹配，则数据运算结果均为 NaN。

2. 比较运算

pandas 数据类型比较运算法则：

- 比较运算只能比较相同索引的元素，不进行补齐。
- 二维和一维、一维和零维使用广播进行运算。
- 使用 > 、 < 、 >= 、 <= 、!= 等进行的运算产生布尔对象。

【例 11 -5】将两个具有相同维度的 DataFrame 对象进行比较运算。

```
import pandas as pd
import numpy as np
d1 =pd.DataFrame(np.arange(12).reshape(3,4),columns = list('ABCD'),
index =list('abc'))
d2 =pd.DataFrame(np.arange(10, -2, -1).reshape(3,4),columns = list
('ABCD'),index =list('abc'))
print("d1 原始数据\n",d1)
print("d2 原始数据\n",d2)
print("进行加法运算后的数据\n",d1 > d2)
```

【运行结果】

```
d1 原始数据
    A  B  C  D
a   0  1  2  3
b   4  5  6  7
c   8  9  10 11
d2 原始数据
    A  B  C  D
a   10 9  8  7
b   6  5  4  3
c   2  1  0 -1
进行比较运算后的数据
      A     B     C     D
a   False False False False
b   False False True  True
c   True  True  True  True
```

说明:

对于同维度运算，尺寸一致的数据对象，对应位置上的元素进行比较。

【**例11-6**】将DataFrame对象和Series对象进行比较运算。

```
import pandas as pd
import numpy as np
d1 =pd.DataFrame(np.arange(12).reshape(3,4),columns =list('abcd'))
d2 =pd.Series(np.arange(3),index =list('abc'))
print("d1 原始数据\n",d1)
print("d2 原始数据\n",d2)
print("进行比较运算后的数据\n",d1 >d2)
```

【运行结果】

```
d1 原始数据
    a  b  c  d
0   0  1  2  3
1   4  5  6  7
2   8  9  10 11
d2 原始数据
a    0
b    1
c    2
dtype:int32
进行加法运算后的数据
```

```
     a     b     c     d
0  False False False False
1  True  True  True  False
2  True  True  True  False
```

说明：

不同维度的数据对象进行广播运算，默认在1轴。其中，横向为1轴方向，纵向为0轴方面。

11.3 pandas 数据类型的数据处理

11.3.1 数据导入

pandas 常用的数据导入函数见表 11-6。

表 11-6 pandas 常用的数据导入函数

函数	说明
pd.read_csv(filename)	从 csv 文件中导入数据
pd.read_table(filename)	从限定分隔符的文本文件中导入数据
pd.read_excel(filename)	从 Excel 文件中导入数据
pd.read_sql(query,connection_object)	从 SQL 表/库中导入数据
pd.read_json(json_string)	从 json 格式的字符串中导入数据
pd.read_html(url)	解析 URL、字符串或者 HTML 文件
pd.read_clipboard()	从粘贴板获取内容
pd.DataFrame(dict)	从字典对象导入数据

【例 11-7】 导入 E:\test.xlsx 文件内容，并输出前5行。

```
import pandas as pd
#默认读取到这个 Excel 文件的第一个表单
df=pd.read_excel('E:\\test.xlsx')
#默认读取前 5 行的数据
data=df.head()
print("数据获取成功:\n{0}".format(data))
```

【运行结果】

```
数据获取成功:
     班级      课程名称    授课时间 授课教师        授课内容
0 D18应用1班  Flash动画基础  1、2    许老师  项目四、传统补间动画综合练习
1 D18应用2班  Flash动画基础  1、2    许老师  项目四、传统补间动画综合练习
2 D18应用3班  Flash动画基础  1、2    许老师  项目四、传统补间动画综合练习
3 D18应用4班  Flash动画基础  1、2    许老师  项目四、传统补间动画综合练习
4 D18应用5班  Flash动画基础  1、2    许老师  项目四、传统补间动画综合练习
```

11.3.2 数据导出

pandas 常用的数据导出函数见表 11－7。

表 11－7 pandas 常用的数据导出函数

函数	说明
df. to_csv(filename)	导出数据到 CSV 文件
df. excel(filename)	导出数据到 Excel 文件
df. to_sql(table_nname,connection_object)	导出数据到 SQL 表
df. json(filename)	以 json 格式导出数据到文本文件

【**例 11－8**】将 pandas 数据对象导出为 Excel 文件。

```
import pandas as pd
import numpy as np
data=np.arange(20,45).reshape(5,5)
df=pd.DataFrame(data)
df.columns=['A','B','C','D','E']
df.index=['a','b','c','d','e']
#确定写出文件的路径和名称
wt=pd.ExcelWriter('E:\\data.xlsx')
#确定写出文件的格式
df.to_excel(wt,float_format='%.5f')
wt.save()
print("数据写入成功!")
```

【运行结果】

```
数据写入成功!
```

说明：

将 pandas 数据对象导出为 Excel 文件时，需要使用 pip install openpyxl 安装 openpyxl 模块。

11.3.3 统计分析

pandas 常用的统计函数见表 11－8。

表 11－8 pandas 常用的统计函数

函数	说明
df. count()	非 NaN 值的个数
df. sum()	求和

续表

函数	说明
df. mean( )	求平均值
df. mad( )	平均绝对方差
df. median( )	中位数
df. min( )、df. max( )	最小值、最大值
df. argmin( )、df. argmax( )	计算能够获取到最小值、最大值的索引位置（适用于 Series 对象）
df. idxmin( )、df. idxmax( )	每列最小值、最大值的行索引（适用于 Series 对象）
df. abs( )	绝对值
df. prod( )	乘积
df. rank( )	排名
df. describe( )	针对 0 轴（各列）的统计汇总
df. cumsum( )	依次给出前 1、2、…、n 个数的和
df. cumprod( )	依次给出前 1、2、…、n 个数的乘积
df. cummax( )	依次给出前 1、2、…、n 个数的最大值
df. cummin( )	依次给出前 1、2、…、n 个数的最小值

【例 11 -9】使用 describe( )方法对 pandas 数据对象进行分析。

```
import pandas as pd
import numpy as np
data = np.arange(12).reshape(3,4)
df = pd.DataFrame(data)
df.columns = ['A','B','C','D']
df.index = ['a','b','c']
print("原数据:\n",df)
print("数据分析结果:\n",df.describe())
```

【运行结果】

```
原数据:
   A  B  C  D
a  0  1  2  3
b  4  5  6  7
c  8  9  10 11
数据分析结果:
```

```
       A    B    C    D
count 3.0  3.0  3.0  3.0
mean  4.0  5.0  6.0  7.0
std   4.0  4.0  4.0  4.0
min   0.0  1.0  2.0  3.0
25%   2.0  3.0  4.0  5.0
50%   4.0  5.0  6.0  7.0
75%   6.0  7.0  8.0  9.0
max   8.0  9.0  10.0 11.0
```

describe()统计值变量各项说明如下：

count，数量统计，此列共有多少个有效值；

mean，均值；

std，标准差；

min，最小值；

25%，四分之一分位数；

50%，二分之一分位数；

75%，四分之三分位数；

max，最大值。

11.3.4 数据处理

pandas 常用的数据排序函数见表 11-9。

表 11-9 pandas 常用的数据排序函数

函数	说明
df. sort_values()	按行或列排列数据，默认按升序排列
df. sort_index()	按行索引或列索引排列数据，默认按升序排列
df. groupby(col)	返回一个按列 col 进行分组的 Groupby 对象
df. groupby(col1). agg(np. mean)	返回按列 col1 分组的所有列的均值
df. pivot_table(index = col1, values = [col2,col3],aggfunc = max)	创建一个按列 col1 进行分组的数据透视表，并计算 col2 和 col3 的最大值
data. apply(np. mean)	对 DataFrame 中的每一列应用函数 np.mean

【例 11-10】 对 pandas 数据对象进行排序。

```
import pandas as pd
import numpy as np
data = np.arange(12).reshape(4,3)
df = pd.DataFrame(data)
df.columns = ['A','B','C']
```

```
    df.index=['a','b','c','d']
    print("原始数据:\n",df)
    print("排序后的数据:\n",df.sort_values(by=['A'],ascending=False))
```

【运行结果】

```
原始数据:
   A  B  C
a  0  1  2
b  3  4  5
c  6  7  8
d  9  10 11
排序后的数据:
   A  B  C
d  9  10 11
c  6  7  8
b  3  4  5
a  0  1  2
```

说明：

方法 DataFrame.sort_values(by = '##',axis =0,ascending = True,inplace = False,na_position = 'last')的功能是按任一轴上的值进行排序。其中，sort_values 参数说明如下：

✓ by，指定列名（axis =0 或'index'）或索引值（axis =1 或'columns'）。

✓ axis，若 axis =0 或'index'，则按照指定列中数据的大小排序；若 axis =1 或'columns'，则按照指定索引中数据的大小排序，默认 axis =0。

✓ ascending，是否按指定列的数组升序排列，默认为 True，即升序排列。

✓ inplace，是否用排序后的数据集替换原来的数据，默认为 False，即不替换。

✓ na_position{'first','last'}，设定缺失值的显示位置。

【例 11 -11】 对 pandas 数据对象进行分组处理。

```
    import pandas as pd
    import numpy as np
    data={"姓名":['李宁','王刚','莉莉','美美','佳佳'],"性别":['男','男',
'女','女','女']}
    df=pd.DataFrame(data)
    print("原始数据:\n",df)
    gz=df.groupby(by=['性别'])
    newdf=gz.size()
    print("分组后的数据情况:\n",newdf.reset_index(name='人数'))
```

【运行结果】

```
原始数据:
```

```
     姓名  性别
0    李宁    男
1    王刚    男
2    莉莉    女
3    美美    女
4    佳佳    女
分组后的数据情况:
性别  人数
 女    3
 男    2
dtype:int64
```

11.4 可视化统计数据

数据可视化是用图形或者表格的形式进行数据显示，用图形化的手段清晰、有效地传递与沟通信息。既保证直观、易分析，又保证了美感。

按照数据之间的关系，可以把可视化视图划分为4类，分别是比较、联系、构成和分布。

- 比较：比较数据间各类别的关系，或者它们随着时间的变化趋势，比如折线图。
- 联系：查看两个或两个以上变量之间的关系，比如散点图。
- 构成：每个部分占整体的百分比，或者随着时间的百分比变化，比如饼图。
- 分布：关注单个变量或者多个变量的分布情况，比如直方图。

11.4.1 绘图库 Matplotlib

Matplotlib 是 Python 中最常用的可视化工具之一，是 Python 的优秀的数据可视化第三方库，可以非常方便地创建海量类型的2D 图表和一些基本的3D 图表。Matplotlib 需要使用 pip install matplotlib -i https://pypi.tuna.tsinghua.edu.cn/simple xxxx 进行安装。

Matplotlib 是 Python 的绘图库，其中的 pyplot 包封装了很多画图的函数。matplotlib.pyplot 包含一系列类似于 MATLAB 中绘图函数的相关函数。每个 matplotlib.pyplot 中的函数会对当前的图像进行一些修改，例如，产生新的图像、在图像中产生新的绘图区域、在绘图区域中画线、给绘图加上标记等。matplotlib.pyplot 会自动记住当前的图像和绘图区域，因此这些函数会直接作用在当前的图像上。

使用 pyplot 包时，需要使用 import matplotlib.pyplot as plt 导入。

1. 使用 pyplot 绘图的步骤

步骤1：导库。

```
import matplotlib as mpl
import matplotlib.pyplot as plt
```

步骤2：创建 figure 画布对象。

绘制一个简单的小图形，可以不设置 figure 对象，使用默认创建的 figure 对象。当然，也可以显式创建 figure 对象。如果一张 figure 画布上需要绘制多个图形，那么就必须显式地创建 figure 对象，然后得到每个位置的 axes 对象，进行对应位置上的图形绘制。

步骤 3：根据 figure 对象进行布局设置。

步骤 4：获取对应位置的 axes 坐标系对象。

```
figure = plt. figure()
axes1 = figure. add_subplot(2,1,1)
axes2 = figure. add_subplot(2,1,1)
```

步骤 5：调用 axes 对象，进行对应位置的图形绘制。

传入数据，进行绘图。对图形的一些细节设置，都可以在这一步进行。

步骤 6：显示图形。

```
plt. show()
```

或

```
figure. show()
```

【例 11－12】 使用 Matplotlib 库绘图。

```
import matplotlib as mpl
import matplotlib. pyplot as plt
fig = plt. figure()
axes1 = fig. add_subplot(2,1,1)
axes2 = fig. add_subplot(2,1,2)
axes1. plot([2,4,6,8],[10,12,14,16])
axes2. plot([3,12,2, -7],[ -15,18,30,60])
fig. show()
```

【运行结果】

绘制结果如图 11－6 所示。

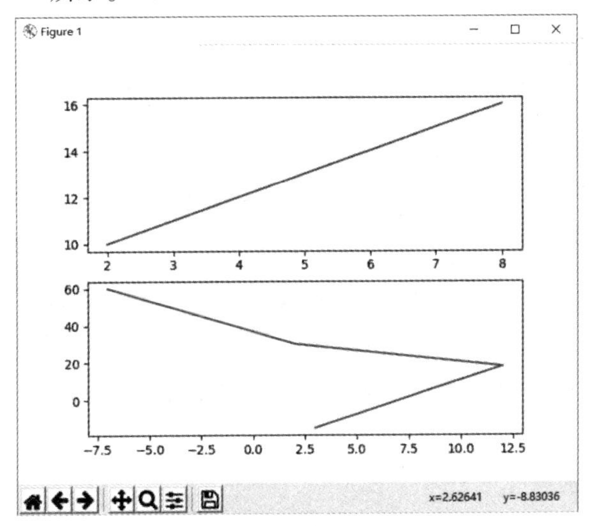

图 11－6　绘制结果

2. pyplot 的绘图区域

（1）子区域函数 subplot( )

在 Matplotlib 中，整个图像是一个与用户交互的窗口。Figure 对象中包含一个或多个 axes(ax)子对象，每个 ax 子对象都是一个拥有自己坐标系的绘图区域。可以使用 plt.subplot( ) 方法在一个绘图区域直接指定划分方式和位置进行绘图。

```
plt.subplot(nrows,ncols,plot_number)
```

- nrows：横轴数量。
- ncols：纵轴数量。
- plot number：第几个区域。

plt.subplot(2,2,1) 表示一个 2 行 2 列的子区域，1 代表 1 号位置。plt.subplot(2,2,1) 也可以写成 plt.subplot(221)。

Figure 对象子区域划分如图 11 –7 所示。

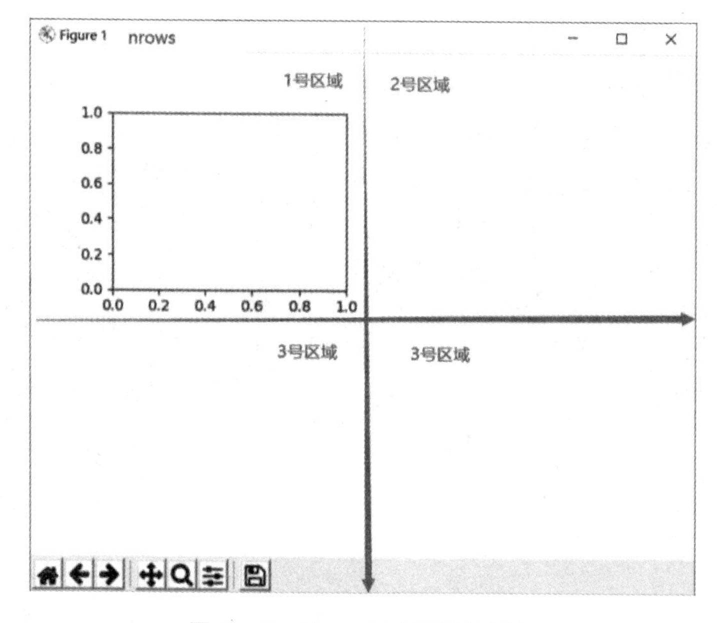

图 11 –7　Figure 对象子区域划分

（2）网格区域函数 subplot2grid( )

通过使用 subplot2grid( ) 函数的 rowspan 和 colspan 参数可以让子区域跨越固定的网格布局的多个行和列，实现不同的子区域布局。

```
plt.subplot2grid(shape, loc, rowspan = 1, colspan = 1, fig = None, **
kwargs)
```

- shape：放置子图的网格规格，包含两个整型的元组，第一个代表网格的行数，第二个代表网格的列数。
- loc：子图所在的位置，包含两个整型的元组，第一个代表子图所在的行数，第二个代表子图所在的列数。

- rowspan：整型，向下跨越的行数，默认为1。
- colspan：整型，向下跨越的列数，默认为1。
- fig：放置子图的图像，默认为当前图像。
- ** kwargs：附加的传递给 add_subplot 的关键字参数。

```
import numpy as np
import matplotlib.pyplot as plt
one=plt.subplot2grid((3,3),(0,0),colspan=3)
two=plt.subplot2grid((3,3),(1,0),colspan=2)#col 显示图形占 2 列
three=plt.subplot2grid((3,3),(1,2),rowspan=2)#row 显示图形占 2 行
four=plt.subplot2grid((3,3),(2,0))
five=plt.subplot2grid((3,3),(2,1))
plt.suptitle("subplot2grid")
plt.show()
```

以上代码绘制结果如图11-8所示。

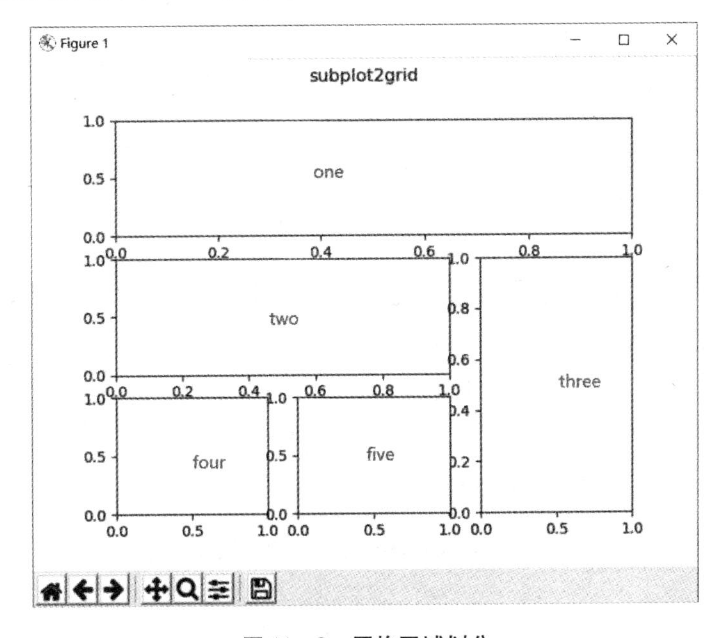

图11-8　网格区域划分

(3) 自定义子图位置类 GridSpec

GridSpec 类可以指定网格的几何形状，也就是说，可以划定一个子区域的网格状的几何结构。根据设定的网格的行数和列数，确定子区域的划分结构样式。

使用 GridSpec 类时，需要使用 import matplotlib.gridspec as gridspec 引入。

```
import matplotlib.gridspec as gridspec
import matplotlib.pyplot as plt
#设计 3 行 3 列的网格
gs=gridspec.GridSpec(3,3)
```

```
#横向选中第 0 列,纵向选中所有列
ax1 =plt.subplot(gs[0,:])
#横向选中第 1 列,纵向选中最左侧列 0 到中间列,表示为 -1
ax2 =plt.subplot(gs[1,: -1])
#横向选中第 1 行和第 2 行,简写为 1,纵向选中最后 1 列
ax3 =plt.subplot(gs[1:, -1])
#横向选中第 3 行,纵向选中第 1 列
ax4 =plt.subplot(gs[2,0])
#横向选中第 3 行,纵向选中第 2 列
ax5 =plt.subplot(gs[2,1])
plt.show()
```

GridSpec 类网格区域划分如图 11 -9 所示。

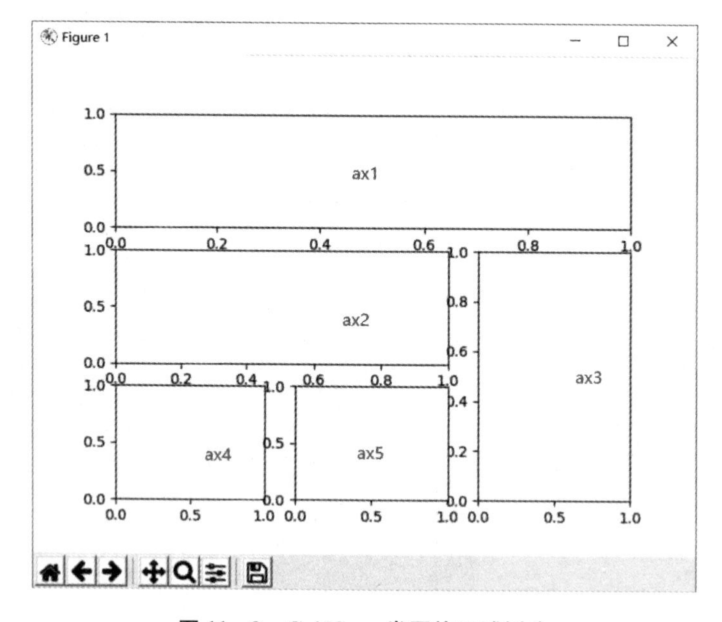

图 11 -9 GridSpec 类网格区域划分

3. plot( ) 函数

(1) plot( ) 函数格式

plot( ) 函数常常被用于绘制各种二维图像。plot( ) 函数的一般调用形式如下：

```
plt.plot(x,y,format_string,** kwargs)
```

- x，x 轴数据，可为列表或数组。
- y ，y 轴数据，可为列表或数组。
- format_string，控制曲线的格式字符串。
- ** kwargs，第二组或更多的（x,y,format_string）。

(2) format_string 参数

format_string 参数由颜色字符、风格字符和标记字符组成。

颜色字符：可以使用英文字母表示 RGB 颜色，见表 11－10。

表 11－10　颜色字符表

颜色字符	说明	颜色字符	说明	颜色字符	说明	颜色字符	说明
r	红色	g	绿色	b	蓝色	w	白色
k	黑色	y	黄色	c	青绿色	m	洋红色
#FF0000	红色	#00FF00	绿色	#0000FF	蓝色	#FFFF00	黄色
#FFFFFF	白色	#000000	黑色	#FF00FF	紫色	#CCCCCC	灰色

说明：RGB 颜色的字母大小写均可。

风格字符：包括实线、破折线等，见表 11－11。

表 11－11　风格字符表

字符	说明	字符	说明	字符	说明
-	实线	--	破折线	-.	点画线
:	虚线	' '	无线条		

标记字符：由字母、特殊符号和数字组成，见表 11－12。

表 11－12　标记字符表

颜色字符	说明	颜色字符	说明	颜色字符	说明	颜色字符	说明
o	实心圆	x	x 标记	*	星形	v	倒三角形
p	实心五角星	D	菱形	.	点标记	^	上三角形
H	横六角形	d	瘦菱形	+	十字标记	<	左三角形
h	横六角形	s	实心正方形	|	垂直线	>	右三角形
1	下花三角形	2	上花三角形	3	左花三角形	4	右花三角形

【例 11－13】 使用 plot( ) 函数绘图。

```
import numpy as np
import matplotlib.pyplot as plt
a = np.arange(20)
plt.plot(a,a* 2,'r-o',a,a* 4,'g:h',a,a* 6,'#00FFFF')
plt.show()
```

运行结果如图 11－10 所示。

说明：

- a,a * 2,'r-o':a 代表 x 轴坐标值，a * 2 代表 y 轴坐标值，'r-o'分别代表线条颜色、风格和标记。本例中，'r-o'出现的是一条红色的连接实心圆的实线。
- 第三个参数是可选参数，如果省略，由计算机随机分配一个和其他线条不同颜色的实线。

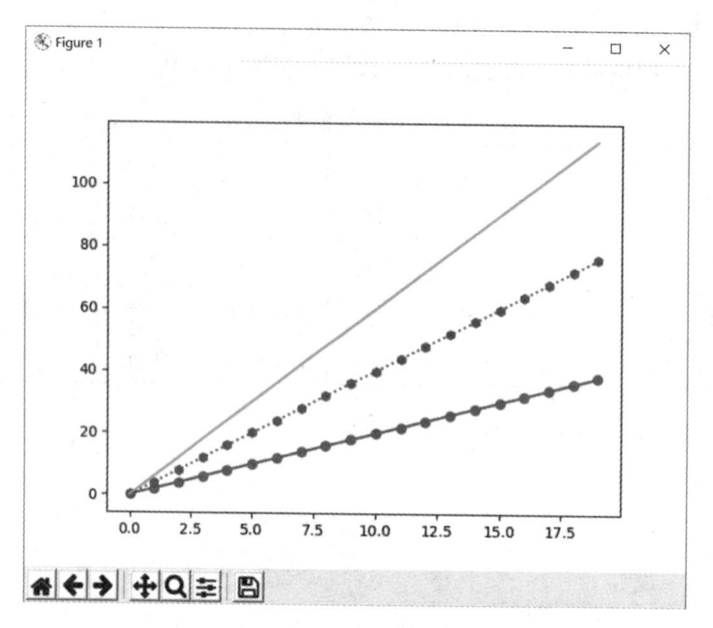

图 11－10　plot( )函数绘图结果

● 如果让所有线条颜色样式一致，可以使用 color、linestyle、arker 参数设置。例如 plt. plot(a,a ∗ 2,a,a ∗ 4,color = '#FFFF00',linestyle = ':',marker = ' ∗ ',markerfacecolor = 'red', markersize = 12)，绘制两条蓝色的连接红色星形的实线，星形大小为 12。

4. pyplot 中文显示

（1）pyplot 中文显示方法

①使用 rcParams 修改字体。

rcParams 属性包括：font.famliy，字体名称，如“黑体”“宋体”等；font.style，字体样式，如“斜体”“正常”等；font.size，字体大小。字体名称见表 11－13。

表 11－13　字体名称

中文字体	对应字符串	中文字体	对应字符串
宋体	SimSun	华文宋体	STSong
黑体	SimHei	华文中宋	STZhongsong
微软雅黑	Microsoft YaHei	华文仿宋	STFangsong
新宋体	NSimSun	方正舒体	FZShuTi
幼圆	YouYuan	方正姚体	FZYaoti
仿宋	FangSong	华文彩云	STCaiyun
楷体	KaiTi	华文琥珀	STHupo
隶书	LiSu	华文隶书	STLiti
华文楷体	STKaiti	华文行楷	STXingkai
华文细黑	STXihei	华文新魏	STXinwei

【例 11 - 14】使用 rcParams 绘制带中文的图像。

```
import numpy as np
import matplotlib.pyplot as plt
import matplotlib
matplotlib.rcParams['font.family']='STXingkai'
matplotlib.rcParams['font.size']=15
matplotlib.rcParams['font.style']='oblique'
a=np.arange(0.0,5.0,0.02)
plt.xlabel('时间')
plt.ylabel('振幅')
plt.plot(a,np.cos(2*np.pi*a),color='#FFFF00',linestyle=':',marker='*',markerfacecolor='red',markersize=7)
plt.show()
```

运行结果如图 11 - 11 所示。

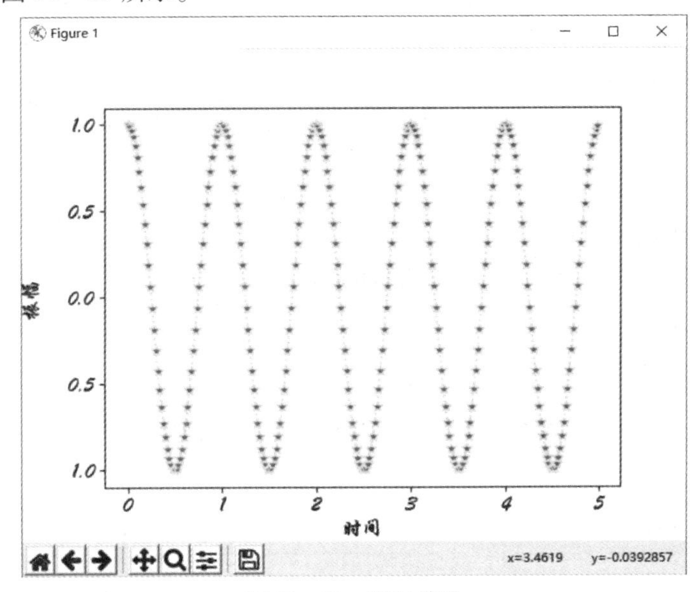

图 11 - 11　运行结果

使用 rcParams 绘图说明：

使用 rcParams 修改字体会改变绘图对象上所有的字体。

②使用 fontproperties 属性。

【例 11 - 15】使用 fontproperties 属性绘制带中文的图像。

```
import numpy as np
import matplotlib.pyplot as plt
import matplotlib
a=np.arange(0.0,5.0,0.02)
plt.xlabel('时间',fontproperties='KaiTi',fontsize=20)
```

```
    plt.ylabel('振幅',fontproperties='LiSu',fontsize=20)
    plt.plot(a,np.sin(2*np.pi*a),color='#FFFF00',linestyle=':',
marker='* ',markerfacecolor='red',markersize=7)
    plt.show()
```

运行结果如图 11－12 所示。

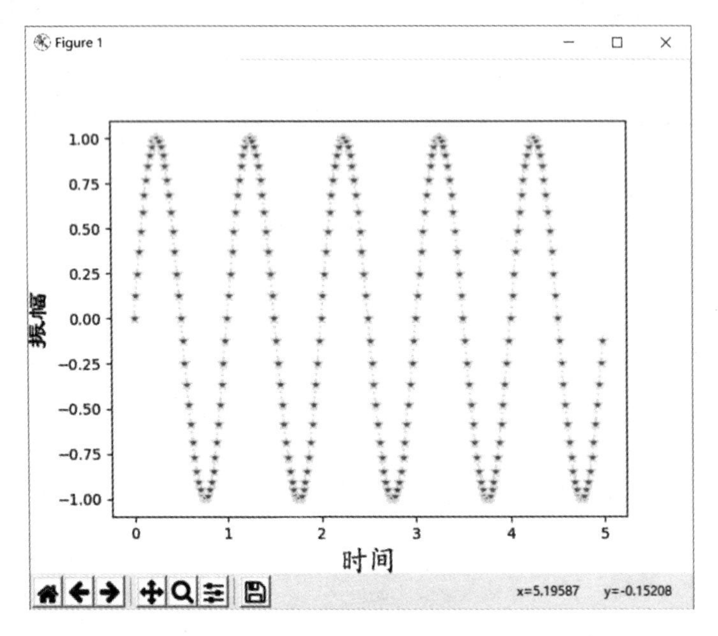

图 11－12 使用 fontproperties 属性绘图

（2）pyplot 中文显示函数

pyplot 常用的中文显示函数见表 11－14。

表 11－14 pyplot 常用的中文显示函数

函数	说明
plt.xlabel()	x 轴文本标签
plt.ylabel()	y 轴文本标签
plt.title()	图表标题
plt.text()	任意位置增加文本
plt.annotate()	任意位置增加带箭头的注释文本

【例 11－16】 使用 pyplot 中文显示函数绘图。

```
    import matplotlib.pyplot as plt
    plt.plot([3,1,5,4,2])
    plt.xlabel('横轴值',fontproperties='SimHei',color='blue',fontsize=
15)
```

```
    plt.ylabel('纵轴值',fontproperties='SimHei',color='red',fontsize=
15)
    plt.title('图表标题',fontproperties='STXingkai',fontsize=20)
    plt.text(1,2,'任意位置文本',fontproperties='LiSu',fontsize=20,ro-
tation=30)
    # facecolor:箭头颜色;shrink:箭头的起始和结束位置两侧的空白大小;width:箭
头宽度
    plt.annotate('转折点',fontproperties='STXingkai',fontsize=20,xy=
(3,4),xytext=(3.5,4.5),arrowprops=dict(facecolor='red',shrink=0.1,
width=2))
    plt.show()
```

运行结果如图 11－13 所示。

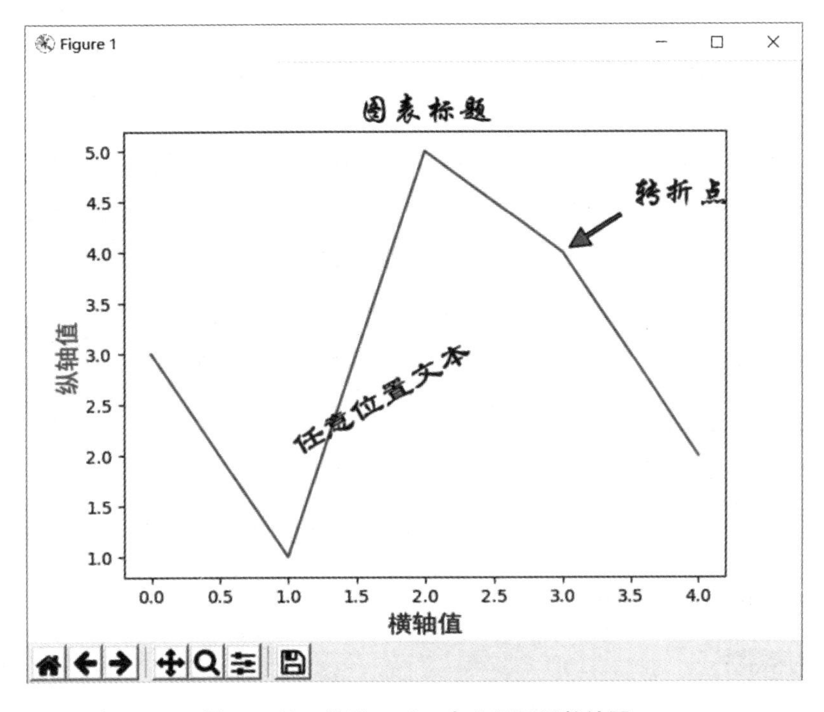

图 11－13　使用 pyplot 中文显示函数绘图

说明：

plt.annotate 函数的格式：plt.annotate(string, xy = arrow_crd, xytext = text_crd, arrowprops = dict)。

- string：要显示的字符串。
- xy：箭头所在的位置。
- xytext：文本显示的位置。
- arrowprops：字典类型，定义了整个元素显示的一些属性。

11.4.2 pyplot 基础图形绘制

使用 pyplot 基础图表函数可以绘制坐标图、箱形图、条形图、饼图等。具体的函数见表 11－15。

表 11－15 pyplot 基础图形函数

函数	说明
plt.plot(x,y,fmt,…)	绘制一个坐标图
plt.boxplot(data,notch,position)	绘制一个箱体图
plt.bar(left,height,width,bottom)	绘制一个条形图
plt.barh(width,bottom,left,height)	绘制一个横向条形图
plt.polar(theta,r)	绘制极坐标图
plt.pie(data,explode)	绘制饼图
plt.pas(x,NFFT=256,pad_to,Fs)	绘制功率谱密度图
plt.specgram(x,NFFT=256,pad_to,F)	绘制谱图
plt.cohere(x,y,NFFT=256,Fs)	绘制 x－y 的相关性函数
plt.scatter(x,y)	绘制散点图，其中，x 和 y 长度相同
plt.step(x,y,where)	绘制步阶图
plt.hist(x,bins,normed)	绘制直方图
plt.contour(X,Y,Z,N)	绘制等值图
plt.vlines()	绘制垂直图
plt.stem(x,y,linefmt,markerfmt)	绘制柴火图
plt.plot_date()	绘制数据日期

1. 使用 plt.pie()绘图饼图

pie 函数的格式：

```
pyplot.pie(X,autopct,labels,explode):
```

- X 参数。

✓ 如果 sum(X)≤1，X 中的值直接指定饼图扇区的面积。如果 sum(X)＜1，pie 仅绘制部分饼图。

✓ 如果 sum(X)＞1，则 pie 通过 X/sum(X) 对值进行归一化，以确定饼图的每个扇区的面积。

- 参数 autopct，展示比数值，可取值。

✓ %d%%：整数百分比。

✓ %0.1f：一位小数。

✓ %0.1f%%：一位小数百分比。

✓ %0.2f%%：两位小数百分比。

- 参数 labels，在颜色块旁边展示细节内容。
- 参数 explode，偏移扇区：使用0/1 标识需要偏移的扇区，要求长度和 X 一致，即 X。

【例 11 - 17】使用 plt.pie()绘制饼图。

```
from matplotlib import pyplot as plt
lable=["one","two","three","four"]
sizes=[270,77,32,11]
exp=[0,0,0.2,0]
plt.pie(sizes,autopct="%0.1f%",labels=lable,explode=exp)
plt.show()
```

运行结果如图 11 - 14 所示。

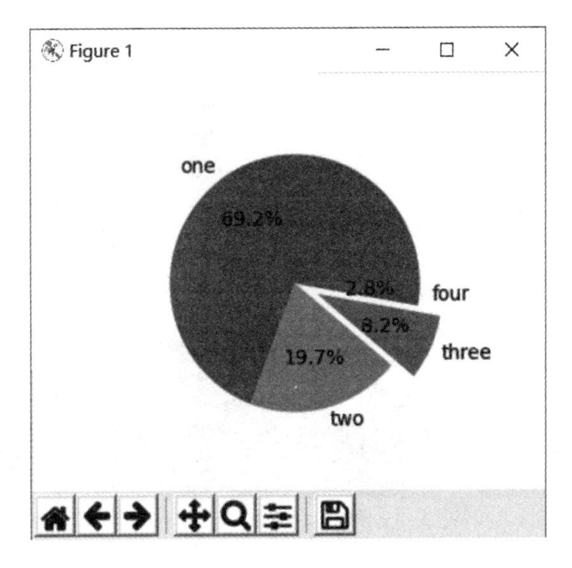

图 11 - 14　饼图

说明：

- 如果绘制正圆，需要添加 plt axis('equal') 语句。
- plt.pie() 中还可以添加 shadow、startangle 等参数，shadow = True 表示饼图有阴影，startangle =90 表示绘图起始位置为 90°位置。

2. 使用 plt.hist() 绘制直方图

hist 函数的格式：

```
(arr,bins=50,normed=1,facecolor='green',alpha=0.75)
```

- arr：需要计算直方图的一维数组。
- bins：直方图的柱数，可选项，默认为 10。
- normed：是否将得到的直方图向量归一化。默认为 0。

- facecolor：直方图颜色。
- alpha：透明度。

【例 11 –18】使用 plt.hist( )绘制直方图。

```
import numpy as np
import matplotlib.pyplot as plt
import pandas as pd
s=np.random.normal(100,20,size=100)
plt.hist(s,20,facecolor='green')
plt.show()
```

运行结果如图 11 –15 所示。

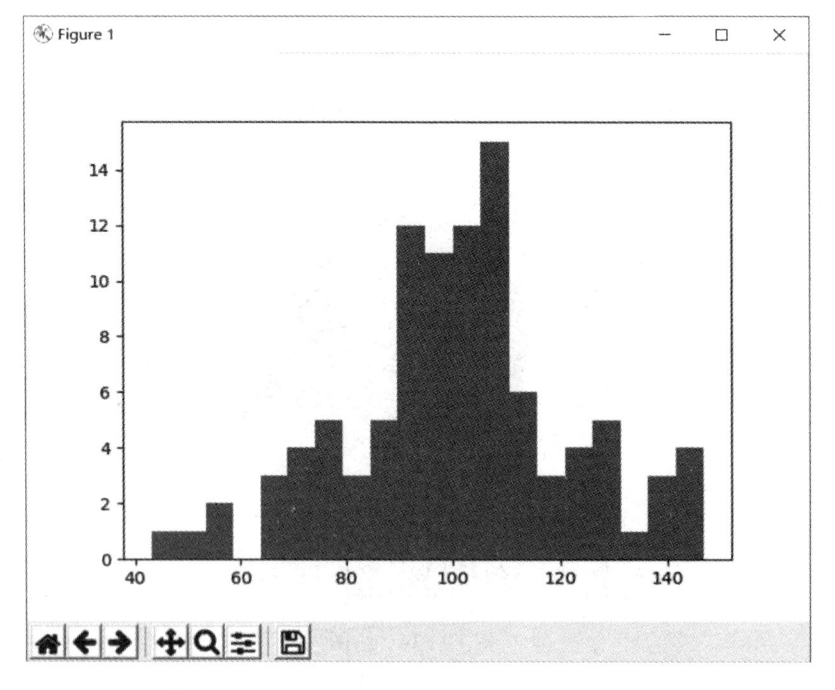

图 11 –15 直方图

11.5 综合案例

【例 11 –19】读取成绩表 grade.xlsx 中的数据，筛选出平均分高于 75 分的学校和班级，将筛选出的数据以“平均分大于 75.xlsx”为文件名保存到磁盘上。grade.xlsx 部分原始数据如图 11 –16 所示。

```
import pandas as pd
import xlrd
df1=pd.read_excel(r'E:\grade.xlsx',sheet_name=0,converters={'序
号':str})
```

	A	B	C	D	E	F
1	学校	班级	考试学生数	最高分	最低分	平均分
2	滨海市第一中学	1班	24	93	77	87.38
3	滨海市第一中学	2班	28	95	72	85.68
4	滨海市第一中学	3班	29	89	56	72.38
5	滨海市第一中学	4班	29	94	38	62.62
6	滨海市第一中学	5班	28	85	47	67.43
7	滨海市第一中学	6班	26	83	37	60.81
8	滨海市第一中学	7班	24	83	29	62.21
9	滨海市第一中学	8班	22	81	37	54.59
10	滨海市第二中学	1班	31	92	64	78.94
11	滨海市第二中学	2班	28	86	60	78.57
12	滨海市第二中学	3班	31	82	22	54.10
13	滨海市第二中学	4班	27	86	46	68.63
14	滨海市第二中学	5班	25	80	29	65.96
15	滨海市第二中学	6班	25	85	21	64.84
16	滨海市第二中学	7班	29	85	19	59.79
17	滨海市第二中学	8班	25	80	14	59.20
18	滨海市第二中学	9班	23	71	31	50.87
19	滨海市第三中学	1班	36	89	63	78.36
20	滨海市第三中学	2班	36	93	64	84.94
21	滨海市第三中学	3班	37	83	54	70.84
22	滨海市第三中学	4班	38	92	43	68.71

图 11－16　grade.xlsx 部分原始数据

```
df2 = df1.loc[df1['平均分'] > 75,['学校','班级']]
print("获取到所有的值:\n",df2)
s = 'E:\\平均分大于 75.xlsx'
wt = pd.ExcelWriter(s)
#确定写出文件的格式
df2.to_excel(wt,float_format = '%.5f')
wt.save()
print("数据写入" + s + "成功!")
```

【运行结果】

```
获取到所有的值:
        学校         班级
0   滨海市第一中学   1 班
1   滨海市第一中学   2 班
8   滨海市第二中学   1 班
9   滨海市第二中学   2 班
17  滨海市第三中学   1 班
18  滨海市第三中学   2 班
数据写入 E:\平均分大于 75.xlsx 成功!
```

【例 11－20】 读取成绩表 score.xlsx 中的数据，求出总分和平均分，然后将成绩表以"成绩.xlsx"为文件名保存到磁盘上，并画出成绩表的曲线图。score.xlsx 部分原始数据如图 11－17 所示。

	A	B	C	D	E
1	学号	姓名	性别	语文	数学
2	201801	王刚	男	93	77
3	201802	南妍	男	95	78
4	201803	紫葵	男	67	79
5	201804	芸熙	女	68	80
6	201805	仙曼	女	30	81
7	201806	婉若	女	31	60
8	201807	诗涵	女	32	61
9	201808	恺乐	女	33	62
10	201809	海阳	女	34	63
11	201810	鸿骞	女	74	64
12	201811	阳曜	女	82	65
13	201812	昊天	男	86	66
14	201813	泰清	男	20	97
15	201814	晨轩	男	21	96
16	201815	博容	女	22	95

图 11－17 score.xlsx 部分原始数据

```
import pandas as pd
import xlrd
import matplotlib.pyplot as plt
df1 =pd.read_excel(r'E:\score.xlsx',sheet_name =0,converters ={'序号':str})
df1['总分'] =df1['语文'] +df1['数学']
df1['平均分'] =df1['总分']/2
print("计算后:\n",df1)
s ='E:\\成绩.xlsx'
wt =pd.ExcelWriter(s)
#确定写出文件的格式
df1.to_excel(wt,float_format ='%.5f')
wt.save()
print("数据写入" +s +"成功!")
df1.plot(x ='姓名',y =['语文','数学','总分','平均分'],kind ='line')
plt.rcParams['font.sans-serif'] =['SimHei']#显示中文标签
plt.rcParams['font.serif'] =['KaiTi']
plt.xlabel('姓名',fontproperties ='KaiTi',fontsize =20)
plt.ylabel('分数',fontproperties ='KaiTi',fontsize =20)
plt.title('分数统计表',fontproperties ='KaiTi',fontsize =20)
plt.show()
```

【运行结果】

```
计算后:
```

```
       学号      姓名  性别  语文  数学  总分  平均分
0    201801   王刚   男    93    77   170   85.0
1    201802   南妍   男    95    78   173   86.5
2    201803   紫葵   男    67    79   146   73.0
3    201804   芸熙   女    68    80   148   74.0
4    201805   仙曼   女    30    81   111   55.5
5    201806   婉若   女    31    60   91    45.5
6    201807   诗涵   女    32    61   93    46.5
7    201808   恺乐   女    33    62   95    47.5
8    201809   海阳   女    34    63   97    48.5
9    201810   鸿骞   女    74    64   138   69.0
10   201811   阳曜   女    82    65   147   73.5
11   201812   昊天   男    86    66   152   76.0
12   201813   泰清   男    20    97   117   58.5
13   201814   晨轩   男    21    96   117   58.5
14   201815   博容   女    22    95   117   58.5
数据写入 E:\成绩.xlsx 成功!
```

运行结果如图 11－18 所示。

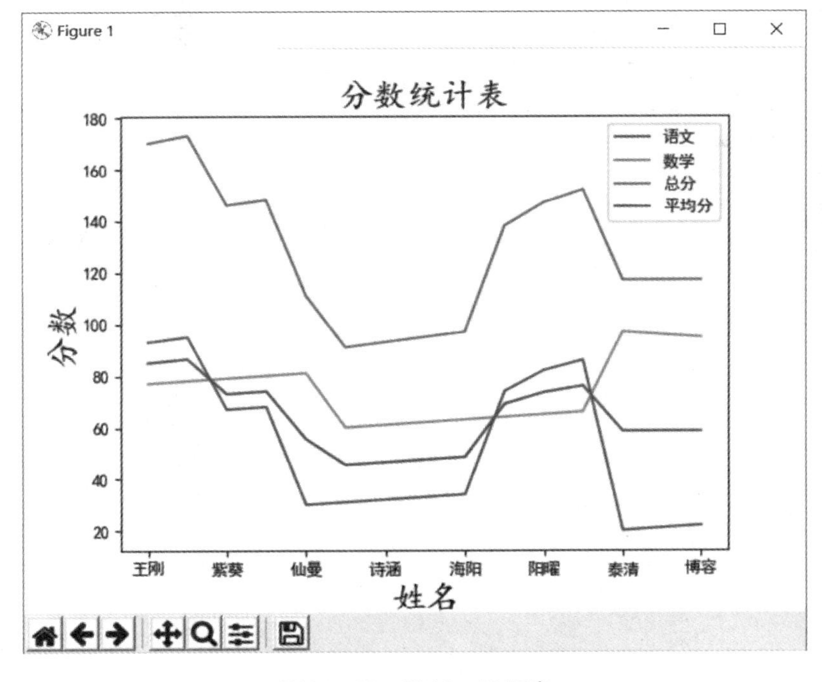

图 11－18　例 11－20 图表

说明：

本例使用了 DataFrame.plot( ) 函数，DataFrame. plot( ) 函数的格式如下：

```
DataFrame.plot(x = None, y = None, kind = 'line', ax = None, subplots = False,sharex = None,sharey = False,layout = None,figsize = None,use_index = True,title = None,grid = None,legend = True,
    style = None, logx = False, logy = False, loglog = False, xticks = None, yticks = None,xlim = None,ylim = None,rot = None,xerr = None,secondary_y = False,sort_columns = False,** kwds)
```

11.6 习　　题

1. 从 DataFrame 中找到 a 列最大值对应的行。
2. 从 Series 中找出包含两个以上元音字母的单词。
3. 使用 Matplotlib 绘制 $f(x) = \sin^2(x-2)e^{-x}$ 函数的带中文标签的曲线图。
4. 绘制“计算机季度销售表.xlsx”的饼图。

计算机季度销售表

A	B	C
季度	品牌	销售额（万）
第一季度	联想	1000
第二季度	戴尔	1500
第三季度	苹果	700
第四季度	三星	900

模块 12

网络编程

网络编程是实现各类网络应用的基础，现在大部分的网络程序都是基于Socket的。如何有效地构建具有丰富功能的客户端和服务端一直是Python网络编程者的目标。Python标准库socket模块对Socket进行了封装，支持Socket接口的访问。Python还提供了urllib、requests、scrapy等大量模块，可以对网页内容进行读取和处理，大幅度简化了程序的开发步骤，提高了开发效率。本模块将逐一介绍这些内容。

本模块学习目标

- 理解socket的基础知识
- 掌握UDP和TCP协议编程原理
- 掌握Python标准库urllib的用法
- 掌握Python扩展库requests的用法
- 掌握Python扩展库scrapy的用法

12.1　socket 编程

通过前期对 Python 基础编程的学习可知，编写两个程序，通过读写同一主机磁盘中的固定内存，可以实现两个程序之间的通信。单机程序通信过程如图 12－1 所示。

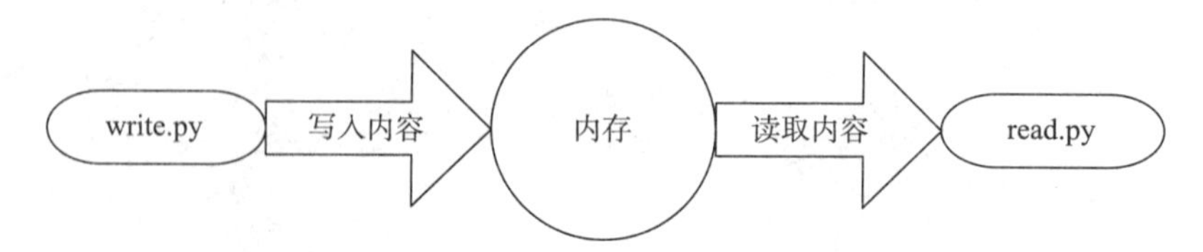

图 12－1　单机程序通信

但是当两个程序位于不同的计算机上时，两台主机之间要实现通信，就需要网络编程。当今网络世界基本是使用 TCP/IP 协议进行通信的。两个程序之间通信的应用大致可以分为两类：

（1）应用类：软件开发架构为 C/S（客户端/服务器端）架构

C/S 即 Client/Server，这种架构是从用户层面（也可以是物理层面）划分的。客户端一般泛指客户端应用程序 EXE，程序需要安装后才能运行在用户的计算机上，对用户的计算机操作系统环境依赖较大，例如 QQ、微信、网盘、爱奇艺等需要安装的桌面应用程序。

（2）Web 类：软件开发架构为 B/S（浏览器端/服务器端）架构

B/S 即 Browser/Server，这种架构是从用户层面划分的。浏览器其实也是一种客户端，只是这个客户端不需要安装应用程序，只要在浏览器上通过 HTTP 请求服务器端相关的资源，客户端浏览器就能进行增、删、改、查操作，例如百度、淘宝、京东商城等通过浏览器直接使用的应用程序。

TCP/IP 协议将网络通信分为四层，分别是链路层、网络层、传输层、应用层。Socket 又称套接字，是应用层与 TCP/IP 协议簇通信的中间软件抽象层，如图 12－2 所示。它是一组接口，是网络通信的基础。应用程序通常通过套接字向网络发出请求或者应答网络请求，使主机间或者一台计算机上的进程间可以通信，相当于在发送端和接收端之间建立了一个管道来实现相互传递数据。在设计模式中，socket 其实就是一个门面模式，它把复杂的 TCP/IP 协议簇隐藏在 socket 接口后面，对用户来说，一组简单的接口就是全部，让 socket 去组织数据，以符合指定的协议。Python 标准库 socket 模块对 Socket 进行了封装，支持 socket 接口的访问，程序员不需要深入学习 TCP/IP、HTTP 等很多网络知识，只需要遵循 socket 的规定去编程，写出的程序自然遵循 TCP/IP 标准，大幅度简化了程序的开发步骤，提高了开发效率。

UDP 和 TCP 是网络体系结构的运输层（也称为传输层）运行的两大重要协议。TCP 协议适用于对效率要求相对低而对准确性要求相对高的场合，例如文件传输、电子邮件等；而 UDP 协议适用于对效率要求相对高、对准确性要求相对低的场合，例如视频在线点播、网络语音通话等。在 Python 中，主要使用 socket 模块来支持 TCP 和 UDP 编程。

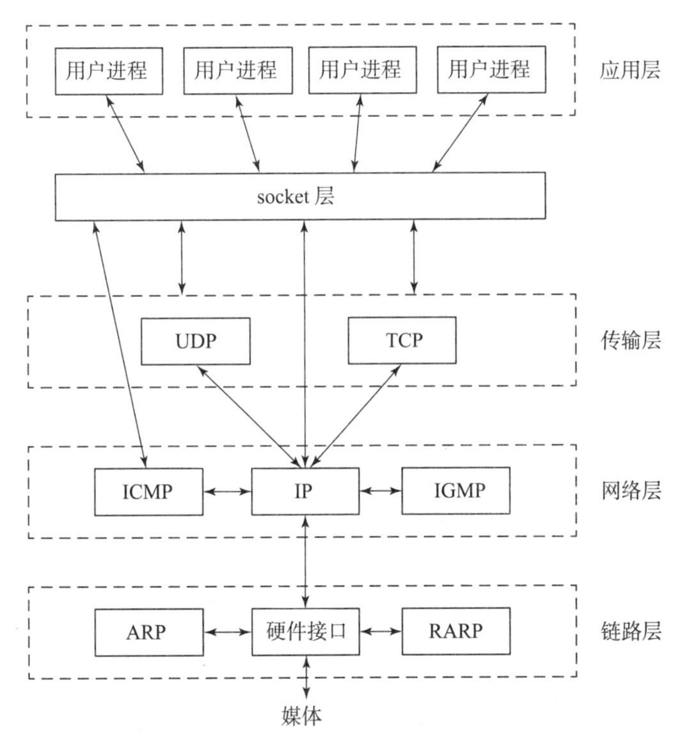

图 12－2 socket 层

UDP 是不可靠的、无连接的服务。使用 UDP 时，不需要建立链接，只需要知道对方的 IP 地址和端口号，就可以直接发送数据包，但不一定能够到达。其传输效率高（发送前时延小），形式包括一对一、一对多、多对一、多对多，面向报文，尽最大努力服务，无拥塞控制。UDP 的应用：视频在线点播、网络语音通话、域名系统等。

TCP 是可靠的、面向连接的协议（例如打电话）。其传输效率低，全双工通信（发送缓存 & 接收缓存），面向字节流。TCP 的应用：Web 浏览器、电子邮件、文件传输程序。

TCP 和 UDP 建立连接的流程如图 12－3 所示。

12.1.1 UDP 协议编程

socket 模块中，经常用于 UDP 编程的方法有：

①socket([family[,type[,proto]]])：创建一个 socket 对象。

其中，family 为 socket.AF_INET，表示 IPv4，为 socket.AF_INET6，表示 IPv6；type 为 SOCK_STREAM，表示 TCP 协议，为 SOCK_DGRAM，表示 UDP 协议。

②sendto(string,address)：把 string 指定的字节串内容发送给 address 指定的地址。

其中，address 是一个元组，格式为（IP 地址，端口号）。

③recvfrom(bufsize[,flags])：接收数据。

【例 12－1】 编写 UDP 通信程序，发送端循环发送数据。接收端在计算机的 8888 端口进行接收，并显示接收内容，如果收到字符串“exit”（忽略大小写），则结束监听。

基本思路：接收端程序，socket 对象绑定地址和端口，循环接收对方的信息，直到收到“exit”字符串，停止接收；发送端程序，socket 对象循环发送用户输入的数据到接收端，输

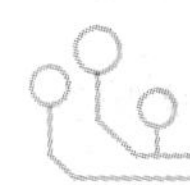

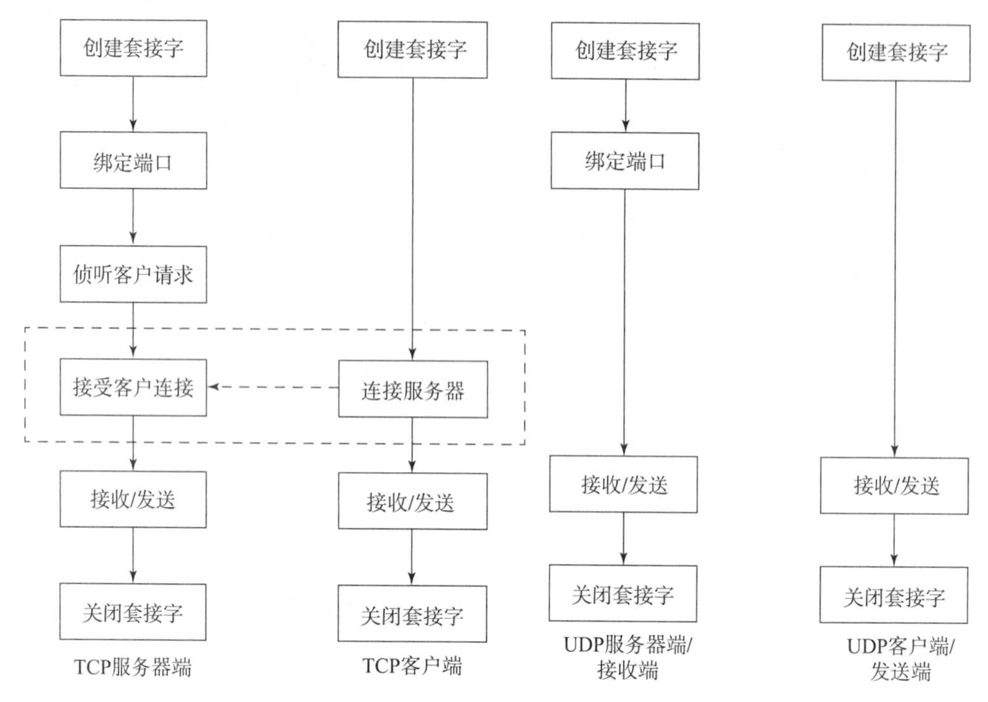

图 12-3　TCP 和 UDP 流程图

入“exit”时，停止输入。

1. 接收端程序代码 receiver.py

```
import socket
#创建 socket 对象,AF_INET 表示使用 IPv4 协议,SOCK_DGRAM 表示使用 UDP 协议传输数据
s = socket.socket(socket.AF_INET,socket.SOCK_DGRAM)
#获取本机 IP 地址
IP = socket.gethostbyname(socket.gethostname())
#定义端口号 8888
PORT = 8888
# socket 绑定地址和端口
s.bind((IP,PORT))
print(f'服务端启动成功,在{PORT}端口等待发送端信息...')
while True:
    data,addr = s.recvfrom(1024)
    # 显示接收到的内容
    data = data.decode()
    print(f'收到对方信息:{data}')
```

```
        #接收内容为"exit",停止接收,程序结束
        if data.lower() == "exit":
            break
s.close()
```

2. 发送端程序代码 send.py

```
import socket
# IP 是接收端机器的 IP 地址
IP ='192.168.0.101'
#PORT 是接收端端口号
PORT =8888
s=socket.socket(socket.AF_INET,socket.SOCK_DGRAM)
while True:
    toSend=input(">>>")
    #发送消息,也要编码为 bytes
    s.sendto(toSend.encode(),(IP,PORT))
    #发送"exit",停止发送,程序结束
    if toSend=="exit":
        break
s.close()
```

3. PyCharm 工具执行程序，模拟两个程序访问过程

首先在 PyCharm 工具中运行接收端程序 receiver.py，这时接收端程序处于阻塞状态，控制台打印输出“服务端启动成功，在 8888 端口等待发送端信息…”，如图 12－4 所示。

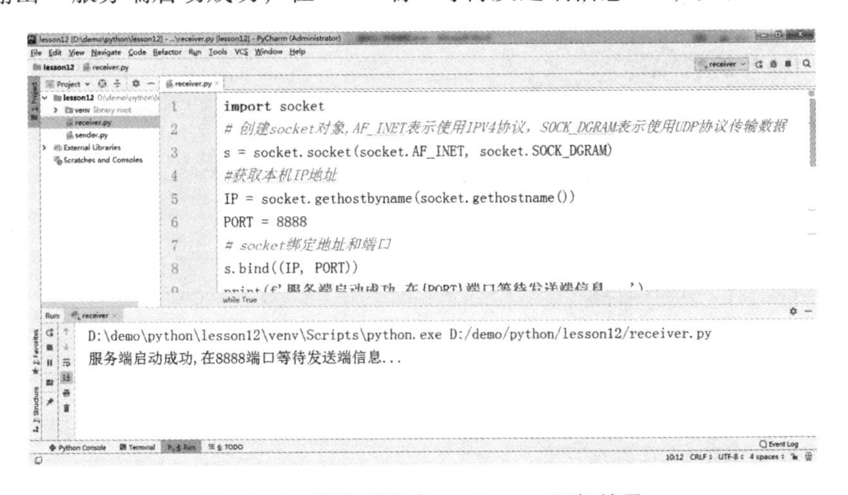

图 12－4　接收端程序 receiver.py 运行结果

接下来在 PyCharm 工具中运行发送端程序 sender.py，在控制台循环输入数据，直到输入

“exit”，程序结束，如图 12－5 所示。此时会看到接收端程序继续运行并显示接收到的内容，直到收到“exit”，程序结束，如图 12－6 所示。

```
import socket
# 假设192.168.0.103是接收端机器的IP地址
IP = '192.168.0.101'
#接收端端口号
PORT = 8888
s=socket.socket(socket.AF_INET, socket.SOCK_DGRAM)
while True:
```

```
D:\demo\python\lesson12\venv\Scripts\python.exe D:/demo/python/lesson12/sender.py
>>>hello world
>>>python
>>>exit

Process finished with exit code 0
```

图 12－5　发送端程序 sender.py 运行结果

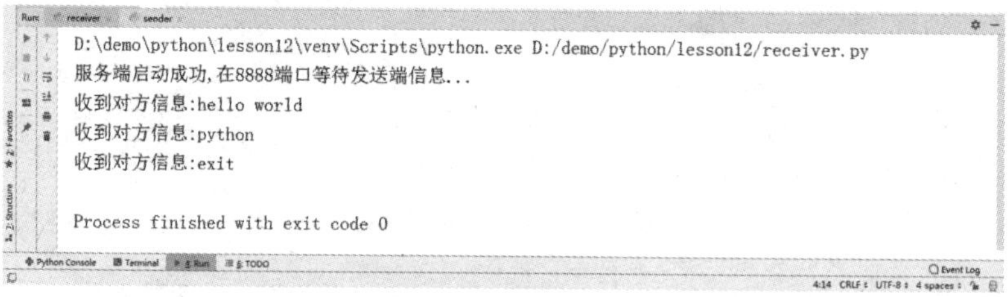

```
D:\demo\python\lesson12\venv\Scripts\python.exe D:/demo/python/lesson12/receiver.py
服务端启动成功,在8888端口等待发送端信息...
收到对方信息:hello world
收到对方信息:python
收到对方信息:exit

Process finished with exit code 0
```

图 12－6　接收端程序 receiver.py 运行结果

当发送端发送字符串“exit”后，接收端程序结束，此后再次运行发送端程序时，接收端没有任何反应，但发送端程序也并不报错。这正是 UDP 协议的特点，即“尽最大努力传输”，但并不保证有非常好的服务质量。

12.1.2　TCP 协议编程

socket 模块中，经常用于 TCP 编程的方法有：

①connect(address)：连接远程计算机。

②send(bytes[,flags])：发送数据。

③recv(bufsize[,flags])：接收数据。

④bind(address)：绑定地址。

⑤listen(backlog)：开始监听，等待客户端连接。

⑥accept()：响应客户端的请求。

【例 12－2】TCP 通信程序。模拟机器人聊天软件原理，服务器端提前建立好字典，然后根据接收到的内容自动回复。

基本思路：接收端程序，socket 对象绑定地址和端口，循环接收对方的信息，直到收到“exit”字符串，停止接收；发送端程序，socket 对象循环发送用户输入的数据到接收端，输入“exit”时，停止输入。

1. 聊天服务器端程序代码 chatserver.py

```
import socket
from os.path import commonprefix

words = {'小爱在吗？':'在,请问您需要什么帮助？',
         '我漂亮吗？':'非常漂亮',
         '请播放大耳朵图图。':'好的,正在搜索,请稍等...',
         'where are you?':'JiNan',
         'bye':'Bye'}
#获取本机 IP 地址
IP = socket.gethostbyname(socket.gethostname())
#定义端口号 7777
PORT = 7777
listenSocket = socket.socket(socket.AF_INET,socket.SOCK_STREAM)
# 绑定 socket
listenSocket.bind((IP,PORT))
# 开始监听一个客户端连接
listenSocket.listen(5)
print('服务器端启动成功,监听端口:',PORT)
conn,addr = listenSocket.accept()
print('接受一个客户端连接:',addr)
# 开始聊天
while True:
    data = conn.recv(1024).decode()
    if not data:
        break
    print('收到对方信息:',data)
    # 尽量猜测对方要表达的真正意思
    m = 0
    key = ''
    for k in words.keys():
        # 删除多余的空白字符
        data = ' '.join(data.split())
        # 与某个"键"非常接近,就直接返回
        if len(commonprefix([k,data])) > len(k)* 0.7:
            key = k
            break
        # 使用选择法,选择一个重合度较高的"键"
```

```
        length=len(set(data.split())&set(k.split()))
        if length>m:
            m=length
            key=k
    # 选择合适的信息进行回复
    conn.sendall(words.get(key,'Sorry.').encode())
conn.close()
listenSocket.close()
```

2. 聊天客户端程序代码 chatclient.py

```
import socket
import sys

# 服务端主机 IP 地址和端口号
IP='192.168.0.101'
SERVER_PORT=7777
s=socket.socket(socket.AF_INET,socket.SOCK_STREAM)
try:
    # 连接服务器
    s.connect((IP,SERVER_PORT))
except Exception as e:
    print('服务器连接失败')
    sys.exit()
while True:
    toSend=input('>>')
    # 发送数据
    s.sendall(toSend.encode())
    # 从服务端接收数据
    data=s.recv(1024)
    data=data.decode()
    print('Received:',data)
    if toSend.lower()=='bye':
        break
# 关闭连接
s.close()
```

3. PyCharm 工具执行程序，模拟聊天过程

首先在 PyCharm 工具中运行服务器端程序 chatserver.py，这时接收端程序处于阻塞状态，控制台打印输出“服务器端启动成功，监听端口：7777”，如图 12－7 所示。

```
import socket
from os.path import commonprefix

words = {'小爱在吗?':'在,请问您需要什么帮助?',
         '我漂亮吗?':'非常漂亮',
         '请播放大耳朵图图。':'好的, 正在搜索,请稍等...',
         'where are you?':'JiNan',
         'bye':'Bye'}
```

```
D:\demo\python\lesson12\venv\Scripts\python.exe D:/demo/python/lesson12/chatserver.py
服务器端启动成功,监听端口: 7777
```

图 12－7　服务器端程序 chatserver.py 运行结果

接下来在 PyCharm 工具中运行客户端程序 chatclient.py，在控制台循环输入数据，直到输入“bye”，程序结束，如图 12－8 所示。此时会看到接收端程序继续运行并显示接收到的内容，直到收到“bye”，程序结束，如图 12－9 所示。

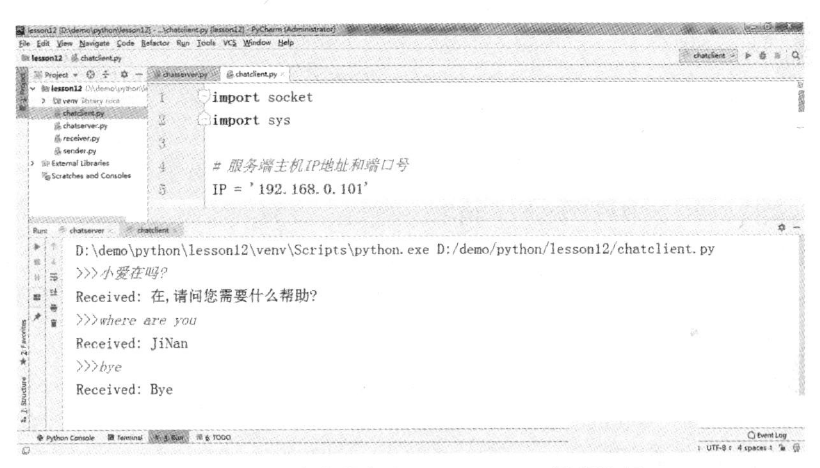

图 12－8　客户端程序 chatclient. py 运行结果

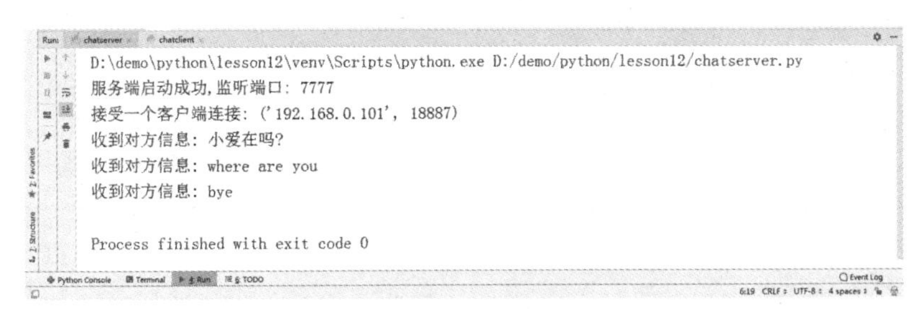

图 12－9　服务端程序 chatserver. py 运行结果

12.2　urllib 基本操作与爬虫案例

12.2.1　urllib 基本操作

Python 2 中提供了 urllib 和 urllib2 两个模块，用来读取网页内容；在 Python 3 中，urllib

和 urllib2 两个库合并为一个库，统一为 urllib 库。

Python 2 中的 urllib 模块在 Python 3 中被分成了 urllib.request、urllib.parse 和 urllib.error 三部分，目前只支持 HTTP（版本 0.9 和 1.0）、FTP 和 local files 三种协议。urllib2 模块在 Python 3 中被合并到 urllib.request 和 urllib.error 中了。

urllib 库是 Python 内置的 HTTP 请求库，无须安装即可使用，主要包含如下 4 个模块：

urllib.request：最基本的，也是最主要的 HTTP 请求模块，用来模拟发送请求。

urllib.error：异常处理模块，如果出现错误，可以捕获这些异常。

urllib.parse：一个工具模块，提供了 URL 诸多处理方法，如拆分、解析、合并等。

urllib.robotparser：用来识别网站 robots.txt 文件，判断网站是否可以爬取。

1. urllib.request.urlopen()

```
urllib.request.urlopen(url,data=None,[timeout,],cafile=None,capath=None,cadefault=False,context=None)
```

请求对象，返回一个 HTTPResponse 类型的对象。

各参数含义如下：

url：网站地址，str 类型，也可以是一个 request 对象。

data：data 参数是可选的，内容为字节流编码格式的，即 bytes 类型。如果传递 data 参数，urlopen 将使用 post 方式请求。

timeout 参数：用于设置超时时间，单位为秒。如果请求超出了设置时间还未得到响应，则抛出异常。支持 HTTP、HTTPS、FTP 请求。

context 参数：必须是 ssl.SSLContext 类型，用来指定 SSL 设置。

cafile、capath：这两个参数分别指定 CA 证书和它的路径，会在 HTTPS 链接时用到。

urlopen 包含的方法和属性如下：

方法：read()、readinto()、getheader(name)、getheaders()、fileno()。

属性：msg、version、status、reason、bebuglevel、closed。

①urlopen 方法使用示例如下。

```
import urllib.request
#请求站点获得一个 HTTPResponse 对象
response=urllib.request.urlopen('https://www.python.org')
print(response.read().decode('utf-8'))#返回网页内容
print(response.getheader('server'))#返回响应头中的 server 值
print(response.getheaders())#以列表元组对的形式返回响应头信息
print(response.fileno())#返回文件描述符
print(response.version)#返回版本信息
print(response.status)#返回状态码 200,404 代表网页未找到
print(response.debuglevel)#返回调试等级
print(response.closed)#返回对象是否关闭,布尔值
print(response.geturl())#返回检索的 URL
```

```
print(response.info())#返回网页的头信息
print(response.getcode())#返回响应的HTTP状态码
print(response.msg)#访问成功,则返回ok
print(response.reason)#返回状态信息
```

②利用 urlopen()方法完成最基本的网页 get 请求，读取并显示指定 URL 的内容。

```
import urllib.request
response=urllib.request.urlopen("http://www.baid.com")
print(response.read().decode("utf-8"))
```

③利用 urlopen()方法完成网页 post 请求，提交参数并读取指定页面内容。

```
import urllib.request
import urllib.parse
#urlencode()方法把参数字典转换为字符串
data=urllib.parse.urlencode({'name':'hello'})
data=data.encode('utf-8')
with urllib.request.urlopen('http://httpbin.org/post',data)as f:
print(f.read().decode('utf-8'))
```

2. urllib.request.Requset()

```
urllib.request.Request(url,data=None,headers={},origin_req_host=
None,unverifiable=False,method=None)
```

各参数含义如下：

url：请求的 URL，是必须传递的参数，其他都是可选参数。

data：上传的数据，必须上传 bytes 字节流类型的数据。如果它是字典，可以先用 urllib.parse 模块里的 urlencode()编码。

headers：传递的是请求头数据，是一个字典。可以通过它构造请求头，也可以通过调用请求实例的方法 add_header()来添加。

例如，修改 User_Agent 头的值来伪装浏览器，比如火狐浏览器，可以这样设置：

```
{'User-Agent':'Mozilla/5.0(compatible;MSIE 5.5;Windows NT)'}
```

origin_req_host：请求方的 host 名称或者 IP 地址。

unverifiable：表示这个请求是否是无法验证的，默认为 False。例如请求一张图片，如果没有权限获取图片，那么它的值就是 True。

method：是一个字符串，用来指示请求使用的方法，如 get、post、put 等。

（1）使用 request 来请求网页

```
import urllib.request
request=urllib.request.Request('https://www.baidu.com')
response=urllib.request.urlopen(request)
```

```
    print(response.read().decode('utf-8'))
```

（2）通过 request 请求参数来请求网页

```
    from urllib import request,parse

    url='http://httpbin.org/post'
    headers={
        'User-Agent':'Mozilla/5.0(compatible;MSIE 5.5;Windows NT)',
        'Host':'httpbin.org'
    } #定义头信息

    dict={'name':'haha'}
    data=bytes(parse.urlencode(dict),encoding='utf-8')
    req=request.Request(url=url,data=data,headers=headers,method=
'POST')
    response=request.urlopen(req)
    print(response.read().decode('utf-8'))
```

（3）通过 request.add_header 方法来请求网页

```
    from urllib import request,parse

    url='http://httpbin.org/post'
    dict={
        'name':'haha'
    }
    data=bytes(parse.urlencode(dict),encoding='utf8')
    req=request.Request(url=url,data=data,method='POST')
    #通过 request.add_header 方法来请求网页
    req.add_header('User-Agent','Mozilla/4.0(compatible;MSIE 5.5;Win-
dows NT)')
    response=request.urlopen(req)
    print(response.read().decode('utf-8'))
```

12.2.2 urllib 爬虫案例

【例 12-3】爬取百度贴吧指定页面，并写入指定路径文件。

基本思路：把指定页面放在列表中，循环遍历列表，使用 urllib.request.urlopen( ) 打开指定网页，读取内容并写入指定的路径文件。

程序代码如下：

```
import urllib.parse          #主要用来解析 URL
import urllib.request        #主要用于打开和阅读 URL
import os,re
import urllib.error          #用于错误处理

def tieba_baidu(url,l):
    for i in range(len(l)):
        file_name="D:/python/"+l[i]+".html"
        print("正在下载"+l[i]+"页面,并保存为"+file_name)
        m=urllib.request.urlopen(url+l[i]).read()
        with open(file_name,"wb")as file:
            file.write(m)


if __name__=="__main__":
    print("模拟抓取百度贴吧 python,java,jsp 页面,并写入指定路径文件")
    url="http://tieba.baidu.com/f?kw="
    l_tieba=["python","java","jsp"]
    tieba_baidu(url,l_tieba)
```

PyCharm 工具执行程序运行结果如图 12－10 所示。生成的 3 个文件存储到 D:\python 文件夹下。注意，D 盘文件夹 python 必须存在，否则，程序运行报错。

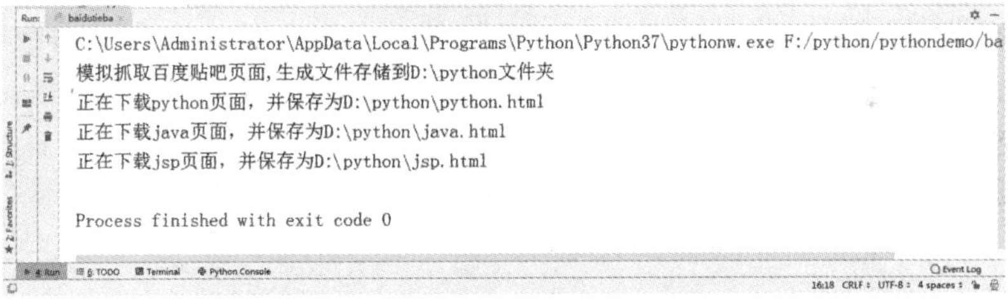

```
C:\Users\Administrator\AppData\Local\Programs\Python\Python37\pythonw.exe F:/python/pythondemo/ba
模拟抓取百度贴吧页面,生成文件存储到D:\python文件夹
正在下载python页面，并保存为D:\python\python.html
正在下载java页面，并保存为D:\python\java.html
正在下载jsp页面，并保存为D:\python\jsp.html

Process finished with exit code 0
```

图 12－10　爬取贴吧页面程序运行结果

12.3　requests 基本操作与爬虫案例

requests 是用 Python 语言基于 urllib 编写的，采用的是 Apache2 Licensed 开源协议的 HTTP 库。requests 实现了 HTTP 协议中绝大部分功能，它提供的功能包括 Keep－Alive、连接池、Cookie 持久化、内容自动解压、HTTP 代理、SSL 认证、连接超时、Session 等很多特性，最重要的是，它同时兼容 Python 2 和 Python 3。与 urllib 相比，requests 更加方便，可以减少大量的工作，建议爬虫使用 requests 库。

requests 的安装可以直接使用 pip 方法：pip install requests，安装成功之后，使用下面的方式导入这个库。

```
>>> import requests
```

通过 requests 库的函数以不同方式请求指定 URL 的资源，请求成功之后，会返回一个 response 对象。requests 库的主要方法见表 12－1。

表 12－1　requests 库的主要方法

方法	说明
requests. request( )	构造一个请求，是支撑以下各方法的基础方法
requests. get( )	是获取 HTML 网页的主要方法，对应 HTTP 的 get
requests. head( )	获取 HTML 网页头信息，对应 HTTP 的 head
requests. post( )	向 HTML 网页提交 post 请求，对应 HTTP 的 post
requests. put( )	向 HTML 网页提交 put 请求，对应 HTTP 的 put
requests. patch( )	向 HTML 网页提交局部修改请求，对应 HTTP 的 patch
requests. delete( )	向 HTML 网页提交删除请求，对应 HTTP 的 delete

12.3.1　requests 基本操作

1. 使用 requests 发送 get 请求

使用爬虫获取某个目标网页，直接使用 requests.get 方法即可发送 HTTP 的 get 请求：

```
>>> requests.get("http://httpbin.org/get")
```

爬取动态网页时，需要传递不同的参数来获取不同的内容。get 传递参数有两种方法：直接在链接中添加参数；利用 params 添加参数。

方法一示例：

```
>>> payload = {'key1':'value1','key2':'value2'}
>>> req = requests.get("http://httpbin.org/get",params = payload)
>>> print(req.url)
```

方法二示例：

```
>>> req = requests.get("http://httpbin.org/get? key2 = value2&key1 = value1")
>>> print(req.url)
```

2. 使用 request 发送 post 请求

发送 post 请求的方法与发送 get 的方法很相似，只是参数的传递需要在 data 中定义。

```
>>> import requests
>>> payload = {'key1':'value1','key2':'value2'}
>>> req = requests.post("http://httpbin.org/post",data = payload)
>>> print(req.text)
```

（1）post 发送 json 数据

很多时候想要发送的数据并非编码为表单形式的，如果传递一个 string 而不是一个 dict，那么数据会被直接发布出去。可以使用 json.dumps() 将 dict 转化成 str 格式。此处除了可以自行对 dict 进行编码外，还可以使用 json 参数直接传递，然后它就会被自动编码。

```
import json
import requests
url ='http://httpbin.org/post'
payload = {'some':'data'}
req1 = requests.post(url,data = json.dumps(payload))
req2 = requests.post(url,json = payload)
print(req1.text)
print(req2.text)
```

（2）post 文件上传

如果要使用爬虫上传文件，可以使用 file 参数。

```
url ='http://httpbin.org/post'
files = {'file':open('test.xlsx','rb')}
req = requests.post(url,files = files)
print(req.text)
```

3. 请求会话

爬虫需要登录，登录后需要记录登录状态，否则，无法爬取只有在登录后才能爬取的网页。在 requests 中提供了 requests.Session()类，requests 只要调用一次登录入口，就会自动维护网站的 Session 记录的登录状态，以后可以直接使用 requests 访问。

```
import requests
s = requests.Session()
s.get('http://httpbin.org/get')
```

4. cookie 获取

使用 cookies 来获取响应中的 cookie。

```
import requests
req = requests.get("https://ptorch.com")
print(req.cookies)
print(req.cookies['laravel_session'])
for key,value in response.cookies.items():
    print(key + ' =' + value)
```

要想发送 cookies 到服务器，可以使用 cookies 参数。

```
import requests
cookies = dict(cookies_are ='working Test')
req = requests.get("http://httpbin.org/cookies",cookies = cookies)
print(req.text)
```

cookie 的返回对象为 RequestsCookieJar，它的行为和字典的类似，但界面更为完整，适合跨域名跨路径使用。还可以把 CookieJar 传到 requests 中：

```
jar = requests.cookies.RequestsCookieJar()
jar.set('tasty_cookie','yum',domain ='httpbin.org',path ='/cookies')
jar.set('gross_cookie','blech',domain ='httpbin.org',path ='/else-
where')
url ='http://httpbin.org/cookies'
req = requests.get(url,cookies = jar)
print(req.text)
```

保存 cookie，以方便下次访问，需要将 CookieJar 转为字典或者将字典转为 CookieJar。

将 CookieJar 转为字典：

```
cookies = requests.utils.dict_from_cookiejar(r.cookies)
```

将字典转为 CookieJar：

```
cookies = requests.utils.cookiejar_from_dict(cookie_dict,cookiejar =
None,overwrite = True)
```

5. 请求头设置

爬虫中需要定制请求头来修改 HTTP 请求，特别是很多爬虫工具禁止脚本访问，可以设置 headers 参数来模拟浏览器访问，还可以通过 headers 传递 cookie 来保持登录状态。

```
headers = {'user-agent':'my-app/0.0.1'}
req = requests.get("https://api.github.com/some/endpoint",headers =
headers)
```

6. 下载图片

爬取页面的 IMG 图片，可以使用 requests 请求图片，获取 response.content 文本信息，实际上获取的是图片的二进制文本，然后保存即可。

```
import requests
response = requests.get("https://ptorch.com/img/logo.png")
img = response.content
open('logo.jpg','wb').write(response.content)
```

12.3.2 requests 爬虫案例

【例 12-4】 爬取百度页面，并写入文件。

基本思路：使用 requests.get( )获取指定网页的文本，读取内容并写入文件。

程序代码如下：

```
import requests
url = "https://www.baidu.com/"
headers = {"User-Agent":"Mozilla/5.0(Windows NT 6.1;Win64;x64)AppleWebKit/537.36(KHTML,like Gecko)Chrome/70.0.3538.110 Safari/537.36"}
response = requests.get(url,headers = headers)
with open("baidu.html","w",encoding = "utf-8")as f:
    f.write(response.content.decode())
```

PyCharm 工具执行程序后，在当前文件夹中生成指定的 URL 对应的网页 baidu.html。

【例 12-5】 爬取豆瓣电影的排行榜。

基本思路：分析豆瓣电影的排行榜的特点，使用 requests.get( )获取指定网页的数据。

程序代码如下：

```
import json
import requests
url ='https://movie.douban.com/j/chart/top_list'
params = {
    'type':'5',
    'interval_id':'100:90',
    'action':'',
    'start':'0',
    'limit':'20'
}
header = {
    'User-Agent':'Mozilla/5.0(Macintosh;Intel Mac OS X 10_15_0)AppleWebKit/537.36(KHTML,like Gecko)Chrome/80.0.3987.132 Safari/537.36'
}
response = requests.get(url = url,params = params,headers = header)
content = response.json()
#在使用 dumps 时,会默认将汉字转换成 ASCII 编码格式,因此需要手动设置成 False
content = json.dumps(content,ensure_ascii = False)
print(content)
```

运行结果如图 12-11 所示。

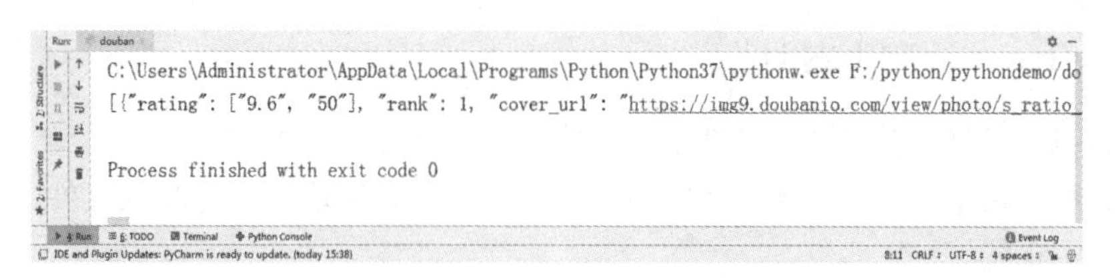

图 12－11 程序运行结果

12.4 scrapy 爬虫案例

scrapy 是 Python 扩展库，是用纯 Python 实现一个为了爬取网站数据、提取结构性数据而编写的应用框架，用途非常广泛，并且支持用户自定义需求，用户只需要定制开发几个模块，就可以轻松地实现一个爬虫，用来抓取网页内容及各种图片，非常方便。

【例 12－6】抓取百度贴吧中的新型冠状病毒吧的内容。

页面：

https://tieba.baidu.com/f?kw=%E6%96%B0%E5%9E%8B%E5%86%A0%E7%8A%B6%E7%97%85%E6%AF%92

数据：①帖子标题；②帖子作者；③帖子回复数。

通过观察页面 HTML 代码来帮助获得所需的数据内容。

操作步骤如下：

①使用 pip 命令安装好 scrapy 之后，在命令提示符环境中进入 F 盘 python 文件夹，执行 “scrapy startproject ncpspider” 命令创建工程 ncpspider。执行过程如图 12－12 所示。

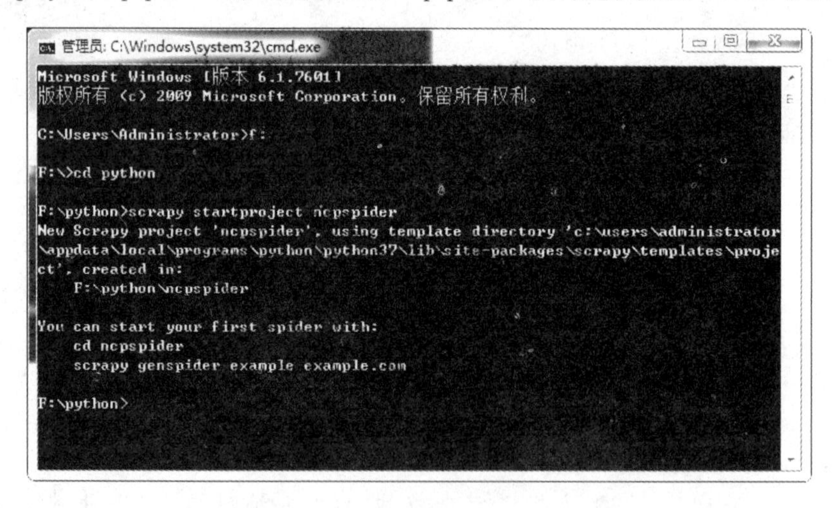

图 12－12 ncpspide 项目创建过程

ncpspider 是工程名，框架会自动在 F 盘 python 文件夹创建一个同名的文件夹，工程文件就在里边。ncpspider 项目目录结构如图 12－13 所示。

ncpspider 项目中各文件的作用如下：

scrapy.cfg：项目的配置文件。

ncpspider：该项目的 Python 模块，存放项目代码。

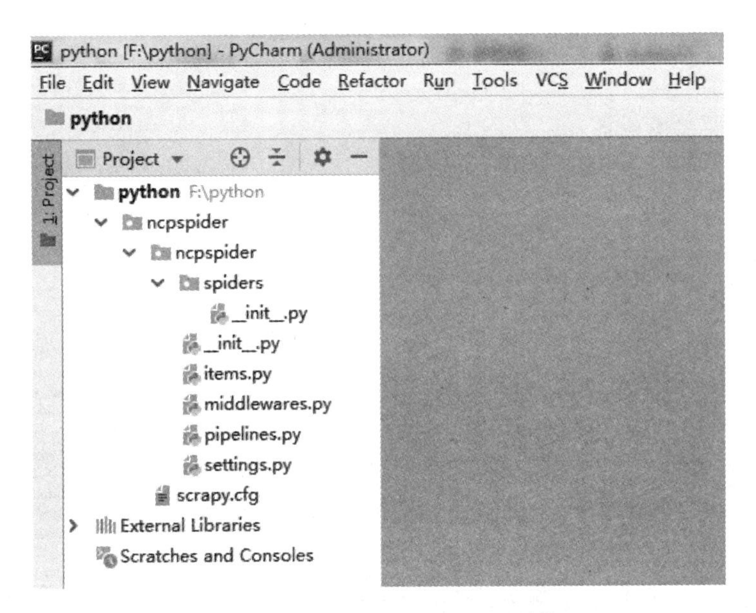

图 12－13　ncpspider 项目目录结构

ncpspider\items.py：需要提取的数据结构定义文件。

ncpspider\middlewares.py：是和 scrapy 的请求/响应处理相关联的框架。

ncpspider\pipelines.py：用来对 items 里面提取的数据做进一步处理，如保存等。

ncpspider\settings.py：项目的配置文件。

ncpspider\spiders\：放置 spider 代码的目录。

②在 items.py 中定义自己要抓取的数据，title、author、reply 就像是字典中的“键”，爬到的数据就像是字典中的“值”。代码如下：

```
import scrapy

class DetailItem(scrapy.Item):
    # 抓取内容:1. 帖子标题;2. 帖子作者;3. 帖子回复数
    title = scrapy.Field()
    author = scrapy.Field()
    reply = scrapy.Field()
```

③在 ncpspider\spiders 目录中新建 myspider. py 并输入以下代码：

```
import scrapy
from ncpspider.items import DetailItem
import sys

class MySpider(scrapy.Spider):
    # 设置 name,唯一定位实例的属性,必须唯一
    name = "spidertieba"
```

```
        # 允许爬取的域名列表，如果不设置，表示允许爬取所有
        allowed_domains = ["baidu.com"]
        # 填写起始爬取地址
        start_urls = [
        "https://tieba.baidu.com/f?kw=%E6%96%B0%E5%9E%8B%E5%86%A0%E7%8A%B6%E7%97%85%E6%AF%92",
            ]
            # 爬取回调函数，处理 response 并返回处理后的数据和需要跟进的 URL
            def parse(self,response):
                for line in response.xpath('//li[@class="j_thread_list clearfix"]'):
                    # 初始化 item 对象，保存爬取的信息
                    item = DetailItem()
                    # 爬取部分，使用 xpath 方式选择信息，具体方法根据网页结构而定
                    item['title'] = line.xpath('.//div[contains(@class,"threadlist_title pull_left j_th_tit ")]/a/text()').extract()
                    item['author'] = line.xpath('.//div[contains(@class,"threadlist_author pull_right")]//span[contains(@class,"frs-author-name-wrap")]/a/text()').extract()
                    item['reply'] = line.xpath('.//div[contains(@class,"col2_left j_threadlist_li_left")]/span/text()').extract()
                    yield item
```

④执行命令 scrapy crawl ［类中 name 值］

由于第③步中类 MySpider 下定义了 name = "spidertieba"，所以进入 ncpspider 项目目录执行命令 scrapy crawl spidertieba -o ncpspider.json，如图 12-14 所示。-o 指定文件，当前目录下生成了爬取的内容文件 ncpspider.json。

```
F:\python\ncpspider>scrapy crawl spidertieba -o ncpspider.json
```

图 12-14 命令执行界面

⑤查看生成的 json 文件的内容。

在 ncpspider 文件夹中新建 viewjson.py，并输入以下代码：

```
import json

with open('ncpspider.json')as f:
    rownum = 0
    new_list = json.load(f)
    for i in new_list:
```

```
        rownum +=1
        print("""line{}:title:{},author:{},reply:{}. """.format(row-
num,i['title'][0],i['author'][0],i['reply'][0]))
```

PyCharm 工具执行程序 viewjson.py，部分结果如图 12－15 所示。

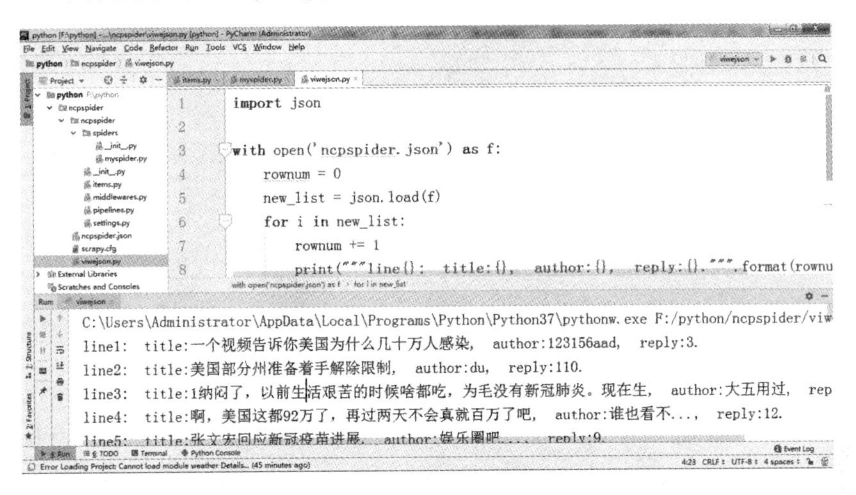

图 12－15 部分结果

12.5 习　　题

1. 使用 Python 的 socket 模块编写一个简单的聊天程序，包括客户端与服务器端。
2. 利用 requests 扩展库编写程序来爬取网络的图片，并保存到本地文件夹。
3. 利用 scrapy 扩展库编写程序来爬取当当网的商品列表数据，并保存到 json 文件。

模块 13

数据可视化

数据可视化是指利用图形、图像处理、计算机视觉及用户界面，通过表达、建模及对立体、表面、属性和动画的显示，对数据加以可视化解释。可视化能将不可见的数据现象转化为可见的图形符号，能将错综复杂，看起来没法解释和关联的数据，建立起关联，发现规律和特征，获得更有商业价值的信息和价值。

数据可视化是数据科学家工作的重要组成部分。创建可视化有助于使事情更清晰和更容易理解，特别是对于更大的高维的数据集。本模块主要介绍 Python 扩展库 Matplotlib 在数据可视化方面的应用。

本模块学习目标

- 了解 Matplotlib 库
- 掌握 Matplotlib 的安装
- 掌握折线图、散点图、直方图、条形图、箱形图、饼图的绘制

13.1 Matplotlib 库

13.1.1 Matplotlib 概述

Matplotlib 作为 Python 的一个基本绘图库，是 Python 中应用最广泛的绘图工具包之一。其可以绘制多种形式的图形，包括折线图、散点图、直方图、条形图、箱形图、饼图等。

Matplotlib 包括 pyplot、pylab 等绘图模块及大量用于字体、颜色、图例等图形元素的管理与控制的模块。使用 pyplot 或 pylab 绘图的一般过程为：首先读入数据，然后根据需要绘制折线图、散点图、直方图、条形图、箱形图或饼图等图形，接下来设置轴、标题和图形的属性，最后显示或者保存绘制的图形。

Matplotlib 中提供了丰富的函数用于各类图形的绘制。这些函数都具有很多可选参数用于支持个性化设置，其中的很多参数又具有多个可能的值，例如颜色、线型、字体、字号等。通过使用这些函数，可以用非常简洁的代码绘制出各种优美的图形。

13.1.2 Matplotlib 安装

在安装完 Python 后，可以使用 pip 命令来安装 Matplotlib 模块。具体步骤如下：

①按下 Win + R 组合键，在“运行”窗口输入“cmd”，单击“确定”按钮进入 cmd 窗口，执行“python -m pip install -U pip setuptools”命令进行升级。

②输入“python -m pip install matplotlib”进行 Matplotlib 模块的安装，系统会自动下载安装包并进行安装，如图 13-1 所示。

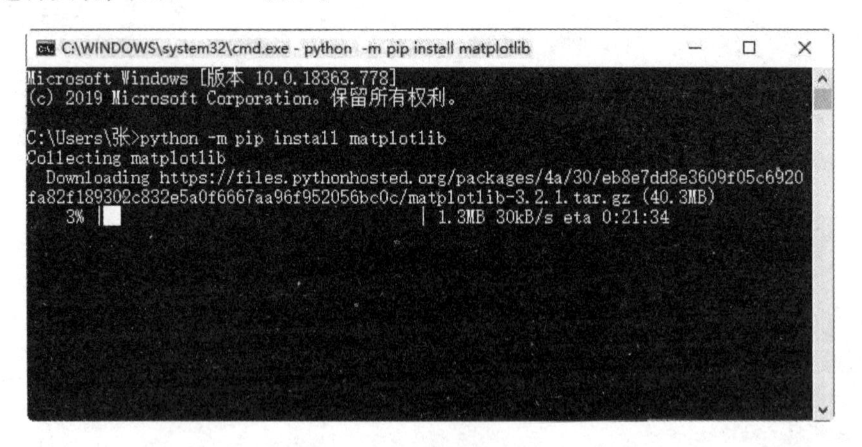

图 13-1 安装 Matplotlib

③安装完成后，可以用“python -m pip list”命令查看本机安装的所有模块，确保 Matplotlib 已经安装成功，如图 13-2 所示。或者进入 Python IDLE 中，运行“import matplotlib”，如图 13-3 所示。如果没有报错，就证明安装成功。

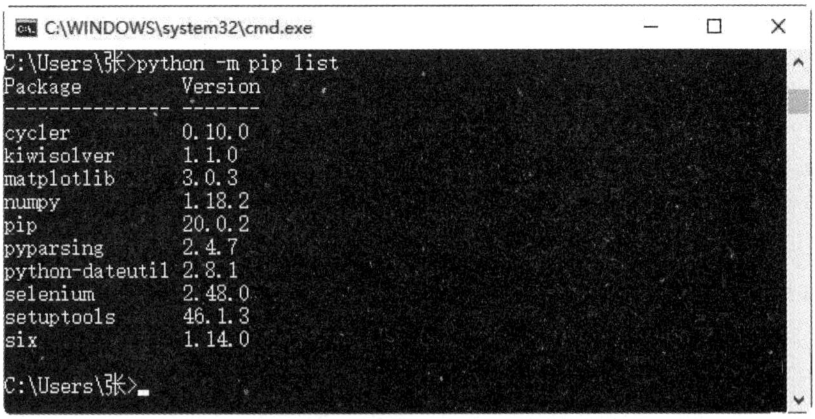

```
C:\WINDOWS\system32\cmd.exe
C:\Users\张>python -m pip list
Package          Version
---------------- -------
cycler           0.10.0
kiwisolver       1.1.0
matplotlib       3.0.3
numpy            1.18.2
pip              20.0.2
pyparsing        2.4.7
python-dateutil  2.8.1
selenium         2.48.0
setuptools       46.1.3
six              1.14.0

C:\Users\张>
```

图 13－2　查看本机安装的 Python 模块

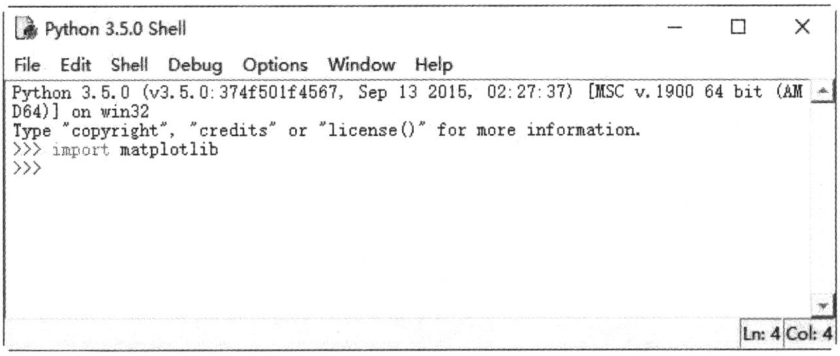

```
Python 3.5.0 Shell
File Edit Shell Debug Options Window Help
Python 3.5.0 (v3.5.0:374f501f4567, Sep 13 2015, 02:27:37) [MSC v.1900 64 bit (AM
D64)] on win32
Type "copyright", "credits" or "license()" for more information.
>>> import matplotlib
>>>
Ln: 4 Col: 4
```

图 13－3　在 IDLE 中验证 Matplotlib 安装成功

13.2　绘制统计图形

13.2.1　折线图

在 Python 数据可视化图表的所有类型中，折线图最为简单。当想清楚地看到一个变量随另一个变量的变化而发生的变化时，可以使用折线图。折线图的各个数据点由一条直线来连接，一对对（x,y）值组成的数据点在图表中的位置取决于两条轴（x 和 y）的刻度范围。

Python 中用来绘制折线图的函数是 plot( ) 函数。plot( ) 函数的语法如下：

```
plot ( x, y, linestyle, linewidth, color, marker, markersize, marker-
edgecolor,markerfactcolor,markeredgewidth,label,alpha)
```

plot( ) 函数各参数的含义如下：

- x：指定折线图的 x 轴数据。
- y：指定折线图的 y 轴数据。
- linestyle：指定折线的类型，可以是实线、虚线、点画线、双点画线等，默认为实线。
- linewidth：指定折线的宽度。

- marker：可以为折线图添加点，该参数用于设置点的形状。
- markersize：设置点的大小。
- markeredgecolor：设置点的边框色。
- markerfactcolor：设置点的填充色。
- markeredgewidth：设置点的边框宽度。
- label：为折线图添加标签，类似于图例的作用。
- alpha：设置透明度。越接近0，越透明；越接近1，越不透明。

【例13－1】某高校计算机系近5年的招生人数见表13－1，针对该表绘制折线图。

表13－1　计算机系近5年的招生人数

年份	2015	2016	2017	2018	2019
人数	380	410	396	415	430

基本思路：先导入模块pyplot，然后使用该模块的plot()函数来绘制折线图，接着调用该模块的相关函数来调整、设置图表的标题、横纵标签、刻度标记内容和大小。

```
import matplotlib.pyplot as plt          #导pyplot模块
x=[2015,2016,2017,2018,2019]            #x坐标轴显示年份
y=[380,410,396,415,430]                  #y坐标轴显示人数
plt.plot(x,y,color='red')                #用plot函数绘制折线图
#指定图形标题,并设置标题的字体、字号
plt.title("2015—2019年计算机系招生人数",fontproperties='STKAITI',
fontsize=24)
#指定x坐标轴的标签,并设置标签的字体、字号
plt.xlabel("年份",fontproperties='STKAITI',fontsize=20)
#指定y坐标轴的标签,并设置标签的字体、字号
plt.ylabel("招生人数",fontproperties='STKAITI',fontsize=20)
#参数axis值为both,代表要设置横纵坐标的刻度标记,标记大小为14
plt.tick_params(axis='both',labelsize=14)
plt.show()           #打开Matplotlib查看器,并显示绘制的图形
```

代码运行结果如图13－4所示。

13.2.2　散点图

散点图用两组数据构成多个坐标点，考察坐标点的分布，判断两个变量之间是否存在某种关联或总结坐标点的分布模式。散点图将序列显示为一组点，值用点在图表中的位置表示，类别用图表中的不同标记表示。散点图通常用于比较跨类别的聚合数据。

Python中用来绘制散点图的函数是scatter()函数。scatter()函数的语法如下：

```
scatter(x,y,s=20,c=None,marker='o',cmap=None,norm=None,vmin=
None,vmax=None,alpha=None,linewidths=None,edgecolors=None)
```

scatter()函数各参数的含义如下：

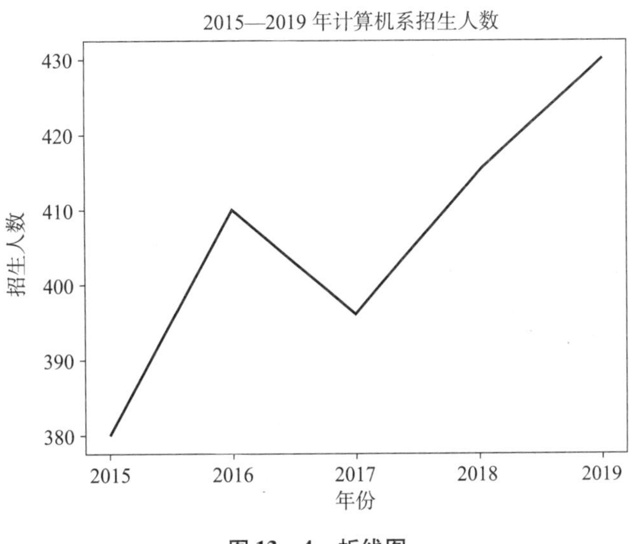

图 13 – 4 折线图

- x：指定散点图的 x 轴数据。
- y：指定散点图的 y 轴数据。
- s：指定散点图的点的大小，默认为 20。通过传入其他数值型变量，可以实现气泡图的绘制。
- c：指定散点图的点的颜色，默认为蓝色。也可以传递其他数值型变量，通过 cmap 参数的色阶表示数值大小。
- marker：指定散点图点的形状，默认为空心圆。
- cmap：指定某个 colormap 值，只有当 c 参数是一个浮点型数组时才有效。
- norm：设置数据亮度，标准化到 0 ~ 1。使用该参数仍需要参数 c 为浮点型的数组。
- vmin、vmax：亮度设置，与 norm 类似，如果使用 norm 参数，则该参数无效。
- alpha：设置散点的透明度。
- linewidths：设置散点边界线的宽度。
- edgecolors：设置散点边界线的颜色。

【例 13 – 2】 绘制由 200 个随机点组成的散点图，要求随机点的横纵坐标值均在 0 ~ 1 之间。

```
import matplotlib.pylab as plt
import numpy as np
k =200                                  #随机点数量为 200 个
x =np.random.rand(k)                    #生成 200 个 0 ~1 之间的随机小数
y =np.random.rand(k)
size =np.random.rand(k)* 50              #生成每个点的大小
colour =np.arctan2(x,y)                   #生成每个点的颜色
plt.scatter(x,y,s =size,c =colour)          #绘制散点图
plt.show()
```

代码运行结果如图 13 – 5 所示。

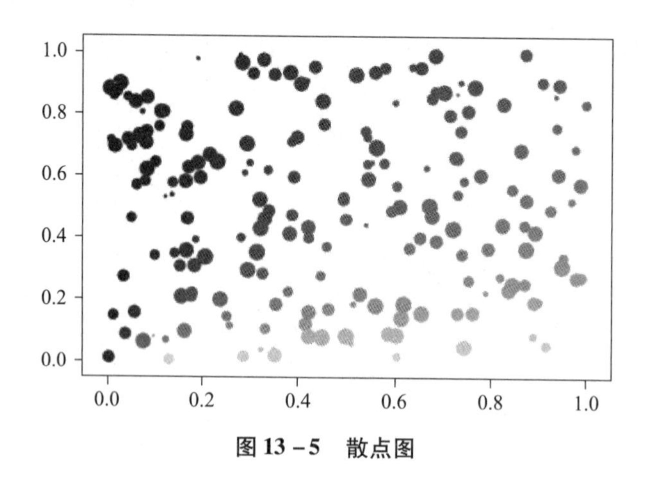

图 13－5　散点图

13.2.3　直方图

直方图描述了数据中某个范围内数据出现的频度。

Python 中用来绘制直方图的函数是 hist( ) 函数。hist( ) 函数的语法如下：

```
hist(x,bins=10,range=None,normed=False,weights=None,cumulative=False,bottom=None,histtype='bar',align='mid',orientation='vertical',rwidth=None,log=False,color=None,edgecolor=None,label=None,stacked=False)
```

hist( ) 函数各参数的含义如下：

- x：指定要绘制直方图的数据。
- bins：指定直方图条形的个数。
- range：指定直方图数据的上、下界，默认包含绘图数据的最大值和最小值。
- normed：是否将直方图的频数转换成频率。
- weights：该参数可为每一个数据点设置权重。
- cumulative：是否需要计算累计频数或频率。
- bottom：可以为直方图的每个条形添加基准线，默认为 0。
- histtype：指定直方图的类型，默认为 bar。除此之外，还有 barstacked、step、stepfilled。
- align：设置条形边界值的对齐方式，默认为 mid。除此之外，还有 left 和 right。
- orientation：设置直方图的摆放方向，默认为垂直方向。
- rwidth：设置直方图条形宽度的百分比。
- log：是否需要对绘图数据进行 log 变换。
- color：设置直方图的填充色。
- edgecolor：设置直方图的边框色。
- label：设置直方图的标签，可通过 legend 展示其图例。
- stacked：当有多个数据时，是否需要将直方图呈堆叠摆放，默认水平摆放。

【例 13－3】 生成 1 000 个 0～100 之间的随机整数，用直方图展示这 1 000 个随机数的分布情况。

```
import matplotlib.pylab as plt
import numpy as np
pop = np.random.randint(0,100,1000)                          #生成随机数
plt.hist(pop,bins = 20,color = 'steelblue',edgecolor = 'k')
#绘制直方图
plt.title('1000 个 0 ~100 之间的随机数分布直方图',fontproperties = 'ST-
KAITI',fontsize = 20)
#设置直方图标题
plt.xlabel('随机数值',fontproperties = 'STKAITI',fontsize = 18)
#设置 x 轴标签
plt.ylabel('随机数个数',fontproperties = 'STKAITI',fontsize = 18)
#设置 y 轴标签
plt.show()
```

运行结果如图 13 -6 所示。

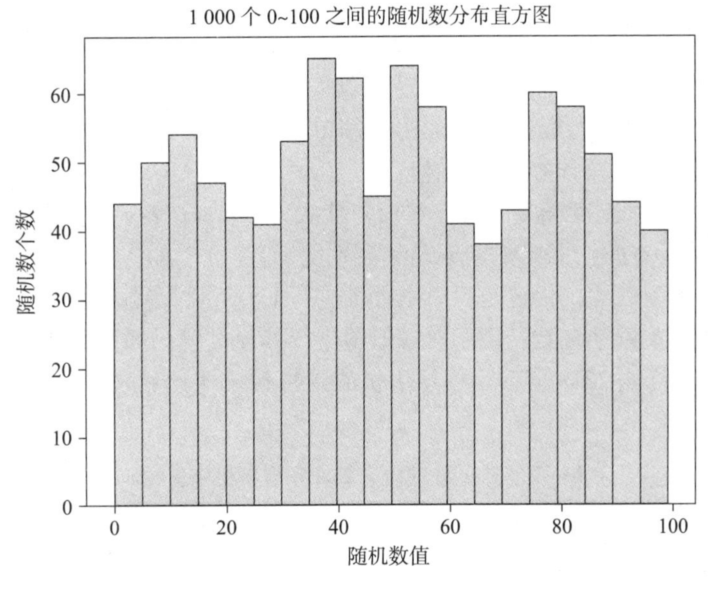

图 13 -6 直方图

13.2.4 条形图

条形图是统计图资料分析中最常用的图形，常常用来描述一组数据的对比情况。条形图能够使人们一眼看出各个项目数据的大小，使人们容易比较各个不同项目数据之间的差别。

条形图与直方图的区别：

①条形图是用条形的长度表示各类别频数的多少，其宽度（表示类别）是固定的；直方图是用面积表示各组频数的多少，矩形的高度表示每一组的频数或频率，宽度则表示各组的组距，因此其高度与宽度均有意义。

②由于分组数据具有连续性，直方图的各矩形通常是连续排列的，而条形图则是分开排

列的。

③条形图主要用于展示分类数据，而直方图则主要用于展示数据型数据。

Python 中用来绘制箱形图的函数是 bar( ) 函数。bar( ) 函数的语法如下：

```
    bar(left,height,width = 0.8,bottom = None,color = None,edgecolor =
None,linewidth = None,tick_label = None,xerr = None,yerr = None,label =
None,ecolor = None,align,log = False,** kwargs)
```

bar( ) 函数各参数的含义如下：

- left：传递数值序列，指定条形图中 x 轴上的刻度值。
- height：传递数值序列，指定条形图 y 轴上的高度。
- width：指定条形图的宽度，默认为 0.8。
- bottom：用于绘制堆叠条形图。
- color：指定条形图的填充色。
- edgecolor：指定条形图的边框色。
- linewidth：指定条形图边框的宽度，如果指定为 0，表示不绘制边框。
- tick_ label：指定条形图的刻度标签。
- xerr：如果参数不为 None，表示在条形图的基础上添加误差棒。
- yerr：参数含义同 xerr。
- label：指定条形图的标签，一般用于添加图例。
- ecolor：指定条形图误差棒的颜色。
- align：指定 x 轴刻度标签的对齐方式，默认为 center，表示刻度标签居中对齐，如果设置为 edge，则表示在每个条形的左下角呈现刻度标签。
- log：布尔类型参数，指定是否对坐标轴进行 log 变换，默认为 False。
- ** kwargs：关键字参数，用于对条形图进行其他设置，如透明度等。

【例 13 -4】某商场 2019 年四个季度手机的销售数量统计见表 13 -2，针对该表绘制条形图。

表 13 -2　某商场 2019 年四个季度手机销售统计表

季度	一季度	二季度	三季度	四季度
销售数量（台）	2 325	2 017	1 533	1 925

```
    import matplotlib.pylab as plt
    plt.rcParams['font.sans-serif'] = ['SimHei']   #用于正常显示中文标签
    s = ['一季度','二季度','三季度','四季度']
    v = [2325,2017,1533,1925]
    plt.bar(x = list(range(4)),                  #指定条形图 x 轴的刻度值
        height = v,                               #指定条形图 y 轴的数值
        tick_label = s,                           #指定条形图 x 轴的标签
        color = 'steelblue',                      #指定条形图的填充色
```

```
    width=0.8)                                          #指定条形图的宽度
plt.ylabel('销售数量(台)')                              #添加 y 轴的标签
plt.title('2019 年四个季度手机销售数量')                #添加条形图的标题
for x,y in enumerate(v):                               #为每个条形图添加数值标签
    plt.text(x,y,y,ha='center')
plt.show()
```

运行结果如图 13-7 所示。

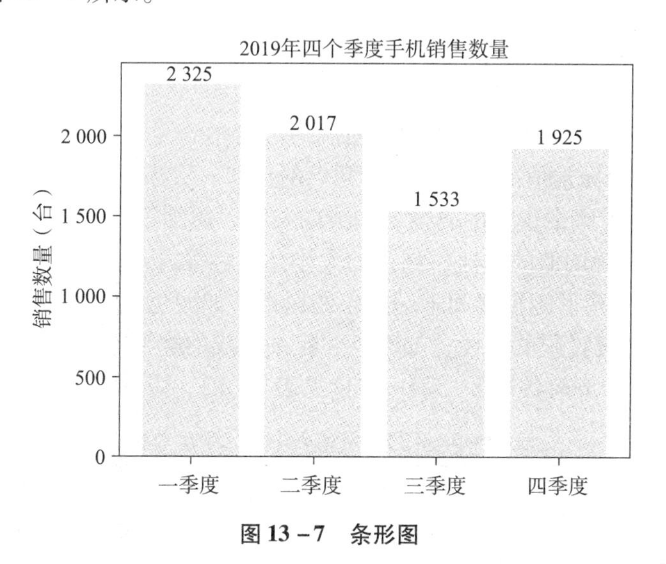

图 13-7 条形图

13.2.5 箱形图

箱形图也称箱线图，是一种用作显示一组数据分散情况的统计图。其因形状如箱子而得名，在各种领域也经常被使用。它主要用于反映原始数据分布的特征，还可以进行多组数据分布特征的比较。箱形图利用数据中的5 个统计量（最小值、下四分位数、中位数、上四分位数、最大值）来描述数据，可粗略看出数据是否具有对称性、分布的分散程度等信息。

Python 中用来绘制箱形图的函数是 boxplot() 函数。boxplot() 函数的语法如下：

```
    boxplot(x,notch=None,sym=None,vert=None,whis=None,positions=
None,widths=None,patch_artist=None,meanline=None,showmeans=None,
showcaps=None,showbox=None,showfliers=None,boxprops=None,labels=
None,flierprops=None,medianprops=None,meanprops=None,capprops=
None,whiskerprops=None)
```

boxplot() 函数各参数的含义如下：

- x：指定要绘制箱线图的数据。
- notch：指定是否以凹口的形式展现箱形图，默认非凹口。
- sym：指定异常点的形状，默认为 + 号显示。
- vert：指定是否需要将箱形图垂直摆放，默认垂直摆放。
- whis：指定上下须与上下四分位的距离，默认为 1.5 倍的四分位差。

- positions：指定箱形图的位置，默认为［0,1,2,…］。
- widths：指定箱形图的宽度，默认为0.5。
- patch_artist：布尔类型参数，指定是否填充箱体的颜色，默认为False。
- meanline：布尔类型参数，指定是否用线的形式表示均值，默认为False。
- showmeans：布尔类型参数，指定是否显示均值，默认为False。
- showcaps：布尔类型参数，指定是否显示箱形图顶端和末端的两条线（即上下须），默认为True。
- showbox：布尔类型参数，指定是否显示箱形图的箱体，默认为True。
- showfliers：指定是否显示异常值，默认为True。
- boxprops：设置箱体的属性，如边框色、填充色等。
- labels：为箱形图添加标签，类似于图例的作用。
- filerprops：设置异常值的属性，如异常点的形状、大小、填充色等。
- medianprops：设置中位数的属性，如线的类型、粗细等。
- meanprops：设置均值的属性，如点的大小、颜色等。
- capprops：设置箱形图顶端和末端线条的属性，如颜色、粗细等。
- whiskerprops：设置须的属性，如颜色、粗细、线的类型等。

【例13-5】3月份济南各小区二手房单价见表13-3，依据表中房屋单价绘制箱形图。

表13-3　3月份济南各小区二手房单价

小区	单价	小区	单价
领秀城	20 000	常春藤	12 000
泉景天沅	25 000	西苑	9 000
中海国际	18 000	中央花园	14 500
舜玉小区	17 500	新世界	19 500
燕子山小区	26 000	雅苑	15 000
万科城	22 500	金科城	12 000

```
    import matplotlib.pyplot as plt
    plt.rcParams['font.sans-serif'] = ['SimHei']
    # 绘制箱形图
    plt.boxplot(x = [20000,25000,18000,17500,26000,22500,12000,9000,
14500,19500,15000,12000],            #指定绘图数据
    patch_artist = True,              #要求用自定义颜色填充盒形图,默认白色填充
    showmeans = True,                 #以点的形式显示均值
    #设置箱体属性,如边框色和填充色
    boxprops = {'color':'black','facecolor':'steelblue'},
    #设置异常点属性,如点的形状、填充色和点的大小
    flierprops = {'marker':'o','markerfacecolor':'red','markersize':3},
```

```
    #设置均值点的属性,如点的形状、填充色和点的大小
    meanprops = {'marker':'D','markerfacecolor':'indianred','markersize':
4},
    #设置中位数线的属性,如线的类型和颜色
    medianprops = {'linestyle':'--','color':'orange'},
    labels = [''])                #删除 x 轴的刻度标签,否则,图形显示刻度标签为 1
    plt.title('二手房单价分布的箱形图')      #添加图形标题
    plt.show()                              #显示图形
```

代码运行结果如图 13－8 所示。

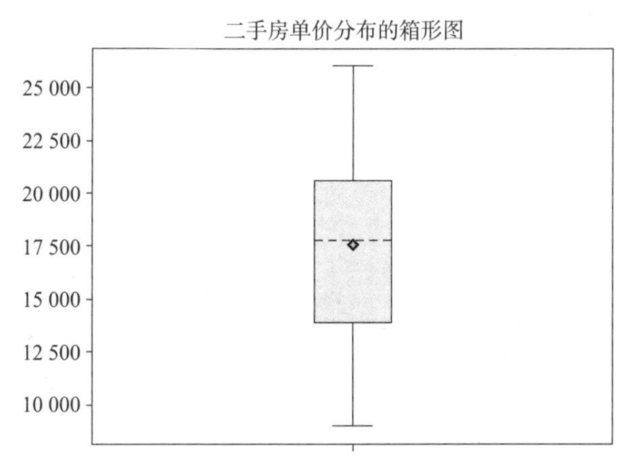

图 13－8　箱形图

13.2.6　饼图

除了条形图外，饼图也可以用来描述一组数据的对比情况。饼图展示的是集合中各个部分的百分比。饼图适合展示各部分占总体的比例，而条形图适合比较各部分的大小。

Python 中用来绘制饼图的函数是 pie()函数。pie()函数语法如下：

```
    pie(x,explode = None,labels = None,colors = None,autopct = None,pct-
distance = 0.6,shadow = False,labeldistance = 1.1,startangle = None,radius =
None,counterclock = True,wedgeprops = None,textprops = None,center = (0,
0),frame = False)
```

pie()函数各参数的含义如下：

- x：指定绘图的数据。
- explode：指定饼图某些部分突出显示，即呈现爆炸式。
- labels：为饼图添加标签说明，类似于图例说明。
- colors：指定饼图的填充色。
- autopct：自动添加百分比显示，可以采用格式化的方法显示。
- pctdistance：设置百分比标签与圆心的距离。
- shadow：指定是否添加饼图的阴影效果。

- labeldistance：设置各扇形标签（图例）与圆心的距离。
- startangle：设置饼图的初始摆放角度。
- radius：设置饼图的半径大小。
- counterclock：指定是否让饼图按逆时针顺序呈现。
- wedgeprops：设置饼图内外边界的属性，如边界线的粗细、颜色等。
- textprops：设置饼图中文本的属性，如字体大小、颜色等。
- center：指定饼图的中心点位置，默认为原点。
- frame：指定是否要显示饼图背后的图框，如果设置为 True，需要同时控制图框 x 轴、y 轴的范围和饼图的中心位置。

【例 13 – 6】 2020 年 4 月的 TIOBE 编程语言排行榜见表 13 – 4，绘制饼图，用于展示各编程语言的市场占有率。

表 13 – 4　2020 年 4 月的 TIOBE 编程语言排行榜

位次	编程语言	市场占有率
1	Java	16.73%
2	C	16.72%
3	Python	9.31%
4	C++	6.78%
5	C#	4.74%
6	Visual Basic	4.72%
7	JavaScript	2.38%
8	PHP	2.37%
9	SQL	2.17%
…	Others	34.08%

```
import matplotlib.pylab as plt
import numpy as np
data = np.array([0.1673,0.1672,0.0931,0.0678,0.0474,0.0472,0.0238,
0.0237,0.0217,0.3408])
colors = ['red','pink','yellow','green','orange']
labels = ['Java','C','Python','C++','C#','Visual Basic','Java-
Script','PHP','SQL','Others']
plt.pie(x = data,                    #设置饼图数据
labels = labels,                     #设置饼图各部分标签
autopct = "%1.2f%",                  #设置百分比格式,保留 2 位小数
colors = colors,                     #设置自定义填充色
textprops = {'fontsize':14,'color':'black'})  #设置文本标签的属性值
```

```
    plt.axis('equal')
    plt.legend()                          #添加图例
    plt.title('2020 年 4 月 TIOBE 编程语言排行榜',fontproperties ='STKAITI',
fontsize =26)
    #添加标题
    plt.show()
```

代码运行结果如图 13－9 所示。

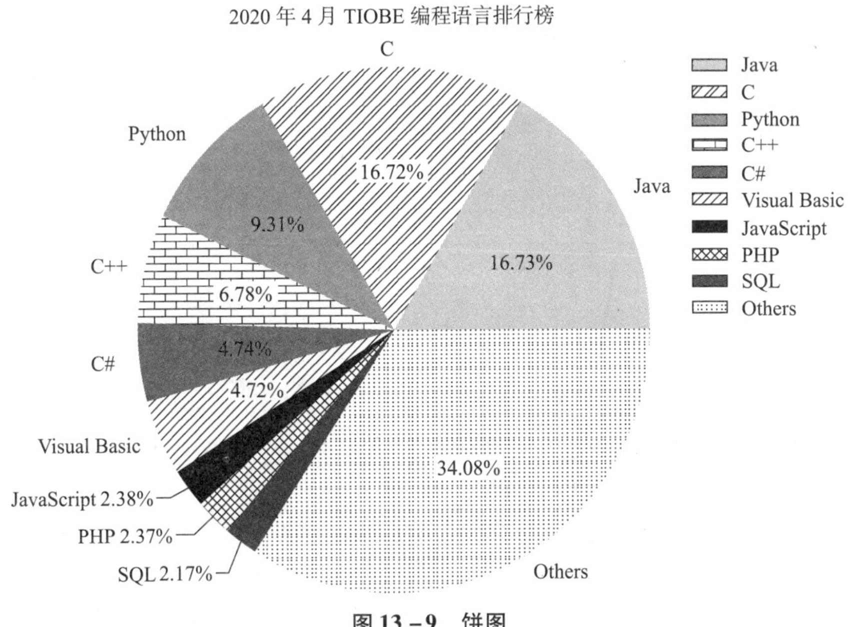

图 13－9　饼图

13.3　综合案例

某销售部门的员工信息统计表如图 13－10 所示。该表存储位置为“d:\employ.xlsx”，针对该表分别绘制折线图、散点图、直方图、条形图、箱形图和饼图。

	A	B	C	D	E	F
1	工号	姓名	性别	年龄	销售数量	月收入
2	A001	张雪	女	40	156	6200
3	A002	李平	男	27	123	5590
4	A003	王雨菲	女	36	133	5700
5	A004	孙林	男	38	117	5430
6	A005	刘娜娜	女	30	121	5500
7	A006	陈峰	男	32	107	5180
8	A007	赵玉儿	女	32	133	5660
9	A008	刘君	女	26	145	6050
10	A009	王如萍	女	28	137	5800
11	A010	丁玲	女	34	128	5610
12	A011	王小亮	男	28	130	5570
13	A012	张一鸣	男	26	119	5300

图 13－10　员工信息统计表

①绘制折线图，用于统计各员工的销售数量。

```
import matplotlib.pylot as plt
import pandas as pd
plt.rcParams['font.sans-serif']=['SimHei']
df=pd.read_excel("d:\\employ.xlsx","Sheet1")
plt.plot(df['工号'],df['销售数量'],color='green')
plt.title("员工销售数量折线图",fontsize=22)
plt.xlabel("工号",fontsize=18)
plt.ylabel("销售数量",fontsize=18)
plt.tick_params(axis='both',labelsize=14)
plt.show()
```

运行结果如图 13-11 所示。

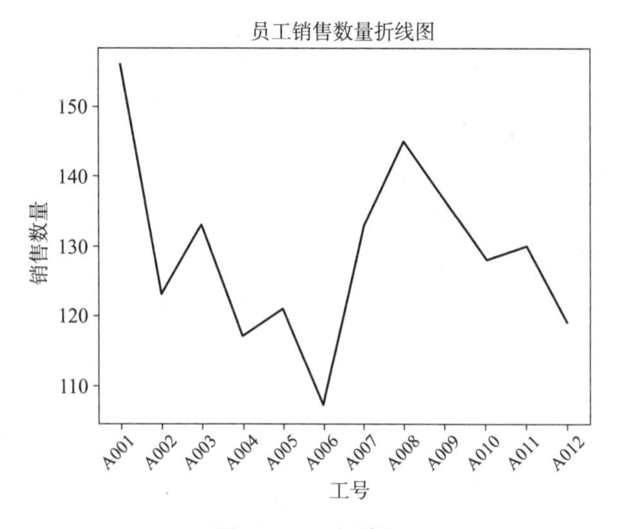

图 13-11　折线图

②绘制散点图，用于统计不同年龄员工的月收入。

```
import matplotlib.pylot as plt
import pandas as pd
plt.rcParams['font.sans-serif']=['SimHei']
df=pd.read_excel("d:\\employ.xlsx","Sheet1")
fig=plt.figure()
ax=fig.add_subplot(1,1,1)
ax.scatter(df['年龄'],df['月收入'])
plt.title("员工收入散点图",fontsize=22)
plt.xlabel("年龄",fontsize=18)
plt.ylabel("月收入",fontsize=18)
plt.show()
```

运行结果如图 13 – 12 所示。

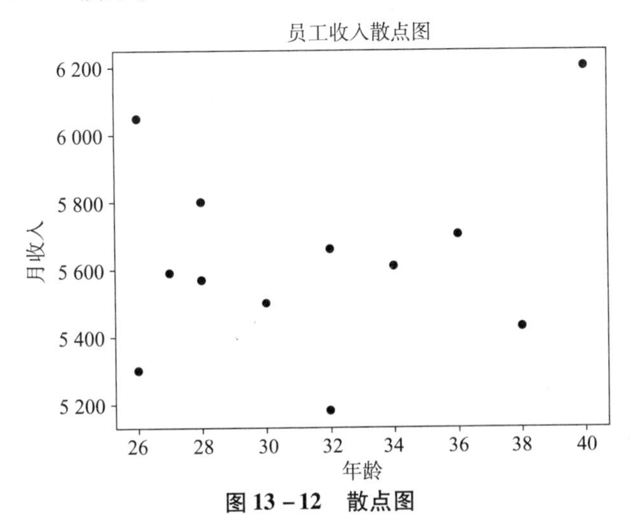

图 13 – 12　散点图

③绘制直方图，用于统计各年龄段员工的人数。

```
import matplotlib.pylot as plt
import pandas as pd
plt.rcParams['font.sans-serif']=['SimHei']
df=pd.read_excel("d:\\employ.xlsx","Sheet1")
fig=plt.figure()
ax=fig.add_subplot(1,1,1)
ax.hist(df['年龄'],bins=7,color='steelblue',edgecolor='k')
plt.title('各年龄段人数统计',fontsize=22)
plt.xlabel('年龄',fontsize=18)
plt.ylabel('人数',fontsize=18)
plt.show()
```

运行结果如图 13 – 13 所示。

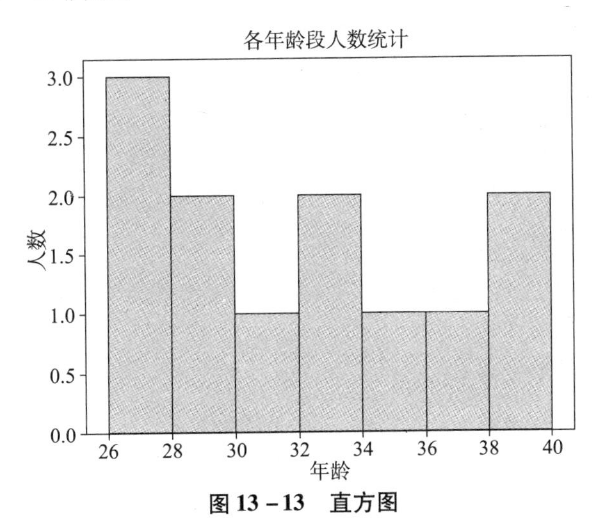

图 13 – 13　直方图

④绘制条形图，用于统计不同性别员工的销售总数。

```
import matplotlib.pylot as plt
import pandas as pd
plt.rcParams['font.sans-serif']=['SimHei']
df=pd.read_excel("d:\\employ.xlsx","Sheet1")
var=df.groupby('性别').销售数量.sum()
fig=plt.figure()
ax1=fig.add_subplot(1,1,1)
ax1.set_xlabel('性别',fontsize=18)
ax1.set_ylabel('销售总数',fontsize=18)
ax1.set_title("男女员工销售总数对比",fontsize=22)
var.plot(kind='bar')
plt.show()
```

运行结果如图 13－14 所示。

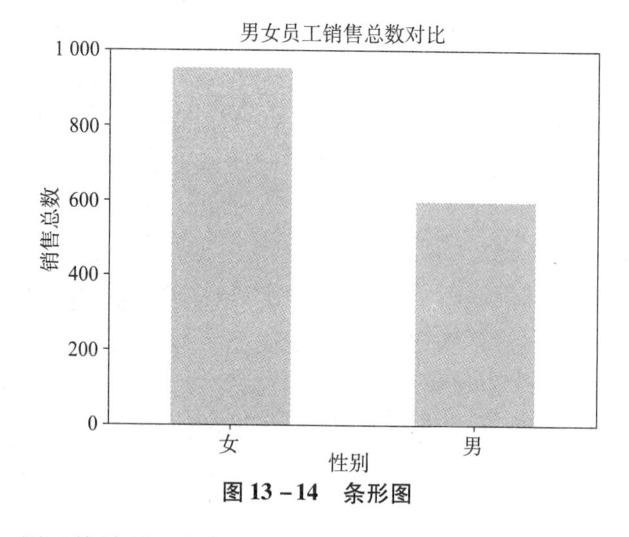

图 13－14　条形图

⑤绘制箱形图，用于统计员工的年龄分布。

```
import matplotlib.pylot as plt
import pandas as pd
plt.rcParams['font.sans-serif']=['SimHei']
df=pd.read_excel("d:\\employ.xlsx","Sheet1")
fig=plt.figure()
ax=fig.add_subplot(1,1,1)
ax.boxplot(df['年龄'])
plt.title("员工年龄箱形图",fontsize=20)
plt.show()
```

运行结果如图 13－15 所示。

⑥绘制饼图，用于统计不同性别员工的销售数量比例。

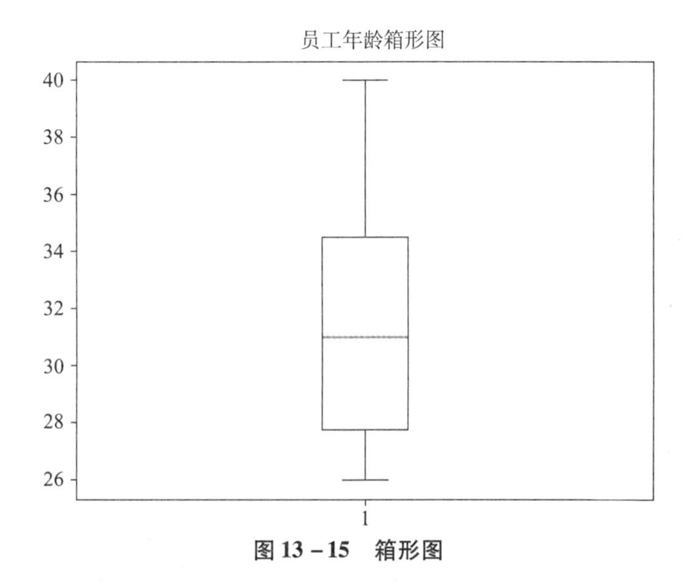

图 13 – 15　箱形图

```
import matplotlib.pylot as plt
import pandas as pd
plt.rcParams['font.sans-serif']=['SimHei']
df=pd.read_excel("d:\\employ.xlsx","Sheet1")
var=df.groupby(['性别']).sum().stack()
temp=var.unstack()
type(temp)
x_list=temp['销售数量']
label_list=temp.index
plt.axis("equal")
plt.pie(x_list,labels=label_list,autopct="%1.1f%",textprops=
{'fontsize':20})
plt.title("男女员工销售总数对比",fontsize=20)
plt.show()
```

运行结果如图 13 – 16 所示。

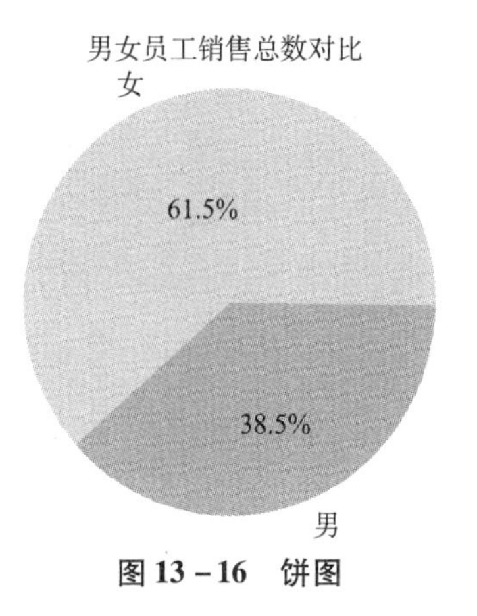

图 13 – 16　饼图

13.4　习　　题

1. 利用折线图绘制一段角度在 $0 \sim 2\pi$ 范围的正弦和余弦图像。

2. 绘制 $y = x^2$（x 取值为 1、2、3、4、5）的散点图。

3. 某学校运动会志愿者报名信息 Excel 表如图 13 – 17 所示，绘制条形图统计各系部报名人数，绘制饼图统计报名学生的男、女生比例。

	A	B	C	D
1	学号	姓名	性别	系部
2	S017	李丽	女	信息工程系
3	S126	韩磊	男	经济管理系
4	S057	黄晓军	男	信息工程系
5	S064	刘芸芸	女	信息工程系
6	S235	盛云川	男	汽车系
7	S096	展雨婷	女	经济管理系
8	S171	顾清漪	女	经济管理系
9	S108	张一航	男	信息工程系
10	S089	陈锦书	男	信息工程系
11	S212	刘铭	男	汽车系

图 13 – 17　志愿者报名信息表

模块 14

Python 访问数据库

数据库技术的发展为各行各业的发展带来了很大的方便，数据库不仅支持各类数据的长期保存，更重要的是，支持各种跨平台、跨地域的数据查询、共享及修改，极大方便了人类的生活和工作。目前各类网站、电子邮箱、金融行业、各种信息管理系统等，都离不开数据库技术的支持。另外，近些年来大数据技术的流行在一定程度上也促使了 NoSQL 数据库的快速发展。本模块主要介绍 SQLite、Access、MySQL 等几种关系型数据库的 Python 接口，并通过几个示例来演示数据的增、删、改、查等操作，最后以 MongoDB 为例介绍 Python 对 NoSQL 数据库的访问和操作。

本模块学习目标

- 掌握 Python 访问 SQLite 数据库的技术
- 掌握 Python 访问 Access 数据库的技术
- 掌握 Python 访问 MySQL 数据库的技术
- 掌握 Python 访问 MongoDB 数据库的技术

14.1 Python 访问 SQLite 数据库

SQLite 是内嵌在 Python 中的轻量级、基于磁盘文件的数据库管理系统，不需要安装和配置服务器，支持使用 SQL 语句来访问数据库。SQLite 数据库使用 C 语言开发，支持大多数 SQL91 标准，不支持外键限制，支持原子的、一致的、独立的和持久的事务。通过数据库级的独占性和共享锁定来实现独立事务，当多个线程和进程同一时间访问同一数据库时，只有一个可以写入数据。

SQLite 支持最大 140 TB 的单个数据库，每个数据库完全存储在单个磁盘文件中，以 B + 树数据结构的形式存储，一个数据库就是一个文件，通过复制即可实现备份。如果需要使用可视化管理工具，可以下载并使用 SQLManager、SQLite Database Browser 或其他类似工具。

访问和操作 SQLite 数据库时，需要首先导入 sqlite3 模块，然后创建一个与数据库关联的 Connection 对象，例如：

```
import sqlite3                          #导入模块
conn = sqlite3.connect('test.db')           #连接数据库
```

创建数据库连接的基本语法如下：

```
sqlite3.connect(database[,timeout])
```

上面的语法打开一个到 SQLite 数据库文件 database 的连接。可以使用“:memory:”在 RAM 中打开一个到 database 的数据库连接，而不是在磁盘上打开。如果数据库成功打开，则返回一个连接对象。

当一个数据库被多个连接访问，并且其中一个修改了数据库时，SQLite 数据库被锁定，直到事务提交。timeout 参数表示连接等待锁定的持续时间，直到发生异常断开连接。timeout 参数默认是 5.0（5 s）。

如果给定的数据库名称 filename 不存在，则该调用将创建一个数据库。如果不想在当前目录中创建数据库，那么可以指定带有路径的文件名，这样就能在任意地方创建数据库。

成功创建 Connection 对象后，再创建一个 Cursor 对象，并且调用 Cursor 对象的 execute() 方法来执行 SQL 语句，创建数据表及查询、插入、修改或删除数据库中的数据，例如：

```
    c = conn.cursor()
    # 创建表
    c.execute('''CREATE TABLE stocks(date text,trans text,symbol text,
qty real,price real)''')
    # 插入一条记录
    c.execute("INSERT INTO stocks VALUES('2006 - 01 - 05','BUY','RHAT',
100,35.14)")
    # 提交当前事务,保存数据
```

```
conn.commit()
#关闭数据库连接
conn.close()
```

如果需要查询表中内容，那么重新创建 Connection 对象和 Cursor 对象之后，可以使用下面的代码来查询。

```
for row in c.execute('SELECT* FROM stocks ORDER BY price'):
    print(row)
```

接下来重点学习 sqlite3 模块中的 Connection、Cursor、Row 等对象的使用方法。

14.1.1 Connection 对象

Connection 是 sqlite3 模块中最基本也是最重要的一个类，其主要方法见表 14－1。

表 14－1 Connection 对象的主要方法

序号	方法	功能说明
1	cursor()	返回连接的游标
2	execute(sql[,optional parameters])	该方法是上面执行的由光标（cursor）对象提供的方法的快捷方式，它通过调用光标方法创建了一个中间的光标对象，然后通过给定的参数调用光标的 execute 方法
3	executemany(sql[,parameters])	该方法是一个由调用光标方法创建的中间的光标对象的快捷方式，然后通过给定的参数调用光标的 executemany 方法
4	executescript(sql_script)	该方法是一个由调用光标方法创建的中间的光标对象的快捷方式，然后通过给定的参数调用光标的 executescript 方法
5	total_changes()	该方法返回自数据库连接打开以来被修改、插入或删除的数据库总行数
6	commit()	该方法提交当前的事务。如果未调用该方法，那么自上一次调用 commit()以来所做的任何动作对其他数据库连接来说都是不可见的
7	rollback()	该方法回滚自上一次调用 commit()以来对数据库所做的更改
8	close()	该方法关闭数据库连接。请注意，这不会自动调用 commit()。如果之前未调用 commit()方法就直接关闭数据库连接，则所做的所有更改将全部丢失
9	create_function(name,num_params,func)	创建可在 SQL 语句中调用的函数，其中 name 为函数名，num_params 表示该函数可以接收的参数个数，func 表示 Python 可调用对象

Connection 对象的其他几个方法都比较容易理解，下面的代码演示了如何在 sqlite3 连接中创建并调用自定义函数。

```
import sqlite3
import hashlib

#自定义函数,其中 hexdigest()方法获取加密后的内容
def md5sum(t):
    return hashlib.md5(t).hexdigest()

#在内存中创建临时数据库
con=sqlite3.connect(":memory:")
#创建可在 SQL 语句中调用的函数
con.create_function("md5",1,md5sum)
cur=con.cursor()
#在 SQL 语句中调用自定义函数
cur.execute("select md5(?)",["山东济南趵突泉".encode()])
print(cur.fetchone()[0])
conn.commit()
conn.close()
```

14.1.2 Cursor 对象

游标 Cursor 对象也是 sqlite3 模块中比较重要的一个类，其主要方法见表 14－2。

表 14－2 Cursor 对象的主要方法

序号	方法	功能说明
1	execute(sql[,optional parameters])	该方法执行一个 SQL 语句。该 SQL 语句可以被参数化（即使用占位符代替 SQL 文本）。sqlite3 模块支持两种类型的占位符：问号和命名占位符（命名样式）。 例如：cursor.execute("insert into people values(?,?)",(who,age))
2	executemany(sql,seq_of_parameters)	该方法对 seq_of_parameters 中的所有参数执行一个 SQL 命令
3	executescript(sql_script)	该方法一旦接收到脚本，会执行多个 SQL 语句。它首先执行 COMMIT 语句，然后执行作为参数传入的 SQL 脚本。所有的 SQL 语句应该用分号分隔
4	fetchone()	该方法获取查询结果集中的下一行，返回一个单一的序列；当没有更多可用的数据时，则返回 None
5	fetchmany([size=cursor.arraysize])	该方法获取查询结果集中的下一行组，返回一个列表。当没有更多的可用的行时，则返回一个空的列表。该方法尝试获取由 size 参数指定的尽可能多的行
6	fetchall()	该方法获取查询结果集中所有（剩余）的行，返回一个列表。当没有可用的行时，则返回一个空的列表
7	close()	关闭游标

下面简单介绍 Cursor 对象的常用方法。

1. execute(sql[,parameters])

该方法用于执行一条 SQL 语句，下面的代码演示了用法及为 SQL 语句传递参数的两种方法。分别使用问号和命名变量作为占位符。

```
import sqlite3
conn = sqlite3.connect(":memory:")
cur = conn.cursor()
cur.execute("CREATE TABLE people(name,age)")
who = "QiBaosheng"
age = 52
# 使用问号作为占位符
cur.execute("INSERT INTO people VALUES(?,?)",(who,age))
# 使用命名变量作为占位符
cur.execute("SELECT* FROM people WHERE name = :who AND age = :age",
            {"who":who,"age":age})
print(cur.fetchone())
conn.commit()
conn.close()
```

运行结果如下：

```
('QiBaosheng',52)
```

2. executemany(sql,seq_of_parameters)

该方法用来对所有给定参数执行同一个 SQL 语句，参数序列可以使用不同的方式产生。例如，下面的代码使用迭代来产生参数序列：

```
import sqlite3

# 自定义迭代器,按顺序生成小写字母
class IterChars:
    def __init__(self):
        self.count = ord('a')
    def __iter__(self):
        return self
    def __next__(self):
        if self.count > ord('z'):
            raise StopIteration
        self.count += 1
        return(chr(self.count - 1),)
```

```
conn = sqlite3.connect(":memory:")
cur = conn.cursor()
cur.execute("CREATE TABLE characters(c)")
# 创建迭代器对象
theIter = IterChars()
# 插入记录,每次插入一个英文小写字母
cur.executemany("INSERT INTO characters(c)VALUES(?)",theIter)
# 读取并显示所有记录
cur.execute("SELECT c FROM characters")
print(cur.fetchall())
conn.commit()
conn.close()
```

运行结果如下:

```
[('a',),('b',),('c',),('d',),('e',),('f',),('g',),('h',),('i',),
('j',),('k',),('l',),('m',),('n',),('o',),('p',),('q',),('r',),('s',),
('t',),('u',),('v',),('w',),('x',),('y',),('z',)]
```

下面的代码使用更为简洁的生成器对象来产生参数:

```
import sqlite3
import string

# 包含 yield 语句的函数可以用来创建生成器对象
def char_generator():
    for c in string.ascii_lowercase:
        yield(c,)
conn = sqlite3.connect(":memory:")
cur = conn.cursor()
cur.execute("CREATE TABLE characters(c)")
# 使用生成器对象得到参数序列
cur.executemany("INSERT INTO characters(c) VALUES(?)",char_generator())
cur.execute("SELECT c FROM characters")
print(cur.fetchall())
conn.commit()
conn.close()
```

运行结果和上面的完全相同。

下面的代码使用直接创建的序列作为 SQL 语句的参数:

```
import sqlite3

persons=[("Hugo","Boss"),("Calvin","Klein")]
conn=sqlite3.connect(":memory:")
#创建表
conn.execute("CREATE TABLE person(firstname,lastname)")
#插入数据
conn.executemany("INSERT INTO person(firstname,lastname) VALUES
(?,?)",persons)
#显示数据
for row in conn.execute("SELECT firstname,lastname FROM person"):
    print(row)
print("I just deleted",conn.execute("DELETE FROM person").row-
count,"rows")
conn.commit()
conn.close()
```

运行结果如下：

```
('Hugo','Boss')
('Calvin','Klein')
I just deleted 2 rows
```

3. fetchone()、fetchmany(size=cursor.arraysize)、fetchall()

这3个方法用来读取数据。假设数据库通过下面代码插入数据：

```
import sqlite3

conn=sqlite3.connect("D:\addressBook.db")
cur=conn.cursor()                        #创建游标
cur.execute('''CREATE TABLE addressList(name,sex,phon,QQ,address)'
'')
cur.execute('''INSERT INTO addressList(name,sex,phon,QQ,address)
VALUES('王小丫','女','13888997011','66735','北京市')''')
cur.execute('''INSERT INTO addressList(name,sex,phon,QQ,address)
VALUES('李莉','女','15808066055','675797','天津市')''')
cur.execute('''INSERT INTO addressList(name,sex,phon,QQ,address)
VALUES('李星草','男','15912108090','3232099','昆明市')''')
conn.commit()                            #提交事务,把数据写入数据库
conn.close()
```

下面的代码演示了使用fetchall()读取数据的方法：

```
import sqlite3

conn = sqlite3.connect('D:\addressBook.db')
cur = conn.cursor()
cur.execute('SELECT* FROM addressList')
li = cur.fetchall()                    #返回所有查询结果
for line in li:
    for item in line:
        print(item,end=' ')
    print()
conn.close()
```

运行结果如下：

```
王小丫 女 13888997011 66735 北京市
李莉 女 15808066055 675797 天津市
李星草 男 15912108090 3232099 昆明市
```

14.1.3 Row 对象

Row 对象用作连接对象的高度优化的行工具，它试图模仿元组的大部分特性，支持按列名和索引、迭代、表示、相等测试与 len()进行映射访问。如果两个行对象具有完全相同的列且其成员相等，则它们的比较结果相等。下面是 Row 对象使用的演示实例。

```
import sqlite3
conn = sqlite3.connect("test.db")
c = conn.cursor()
c.execute('''CREATE TABLE stocks(date text,trans text,symbol text,
qty real,price real)
''')
c.execute("""INSERT INTO stocks VALUES('2020-03-27','BUY','RHAT',
100,35.14)""")
conn.commit()
conn.row_factory = sqlite3.Row          #使用如下方式来读取其中的数据
c = conn.cursor()
c.execute('SELECT* FROM stocks')
r = c.fetchone()
print(type(r))
print(tuple(r))
print(r[2])
print(r.keys())
print(r['qty'])
```

```
for field in r:
    print(field)
c.close()
```

程序运行结果如下：

```
<class 'sqlite3.Row'>
('2020-03-27','BUY','RHAT',100.0,35.14)
RHAT
['date','trans','symbol','qty','price']
100.0
2020-03-27
BUY
RHAT
100.0
35.14
```

14.2 Python 访问 Access 数据库

Microsoft Office Access 是由微软发布的关系数据库管理系统。它结合了 MicrosoftJet Database Engine 和图形用户界面两项特点，是 Microsoft Office 的系统程序之一，在包括专业版和更高版本的 Office 版本里面被单独出售。2018 年 9 月 25 日，最新的微软 Office Access 2019 在微软 Office 2019 里发布。

首先需要安装扩展模块 Python for Windows Extensions，即 pywin32，然后利用 win32.client 模块的 COM 组件访问功能，通过 ADODB 操作 Access 的文件。ADODB 是 Active Data Objects Data Base 的简称。在 Access 中创建 test. mdb 数据库，在数据库中创建表 MyRecordset，其结构见表 14-3。

表 14-3 表 MyRecordset 的结构

字段名	数据类型	含义
sid	数字	学号
sname	文本	姓名
ssex	文本	性别

下面是具体的访问 Access 数据库的方法和操作步骤。

1. 建立数据库连接

```
import win32com.client
conn=win32com.client.Dispatch(r"ADODB.Connection")
```

```
    DSN ='PROVIDER =Microsoft.Jet.OLEDB.4.0;DATA SOURCE =test.mdb'
    conn.Open(DSN)
```

2. 打开一个记录集

```
    rs =win32com.client.Dispatch(r'ADODB.Recordset')
    rs_name ='MyRecordset'               #记录集名称
    rs.Open('[' +rs_name +']',conn,1,3)      #参数1为键集类型游标,参数3为
开放式锁定
```

3. 对记录集操作

```
    rs.AddNew()                          #添加一条新记录
    rs.Fields.Item(0).Value =1           #新记录的第一个字段的值设为1
    rs.Fields.Item(1).Value ="李晨"      #新记录的第二个字段的值设为"李晨"
    rs.Fields.Item(2).Value ="女"        #新记录的第三个字段的值设为"女"
    rs.Update()  #更新
```

4. 用 SQL 语句来增、删、改数据

```
    #增
    sql ="Insert Into " +rs_name +"(sid,sname,ssex)Values(2,'王晓燕',
'女')" #SQL 语句
    conn.Execute(sql)            #执行 SQL 语句
    sql ="Insert Into " +rs_name +"(sid,sname,ssex)Values(3,'李颖',
'女')" #SQL 语句
    conn.Execute(sql)            #执行 SQL 语句
    sql ="Insert Into " +rs_name +"(sid,sname,ssex)Values(4,'王军',
'男')" #SQL 语句
    conn.Execute(sql)            #执行 SQL 语句
    #删
    sql ="Delete* FROM " +rs_name +" where sid =2"
    conn.Execute(sql)
    #改
    sql ="Update " +rs_name +" Set ssex ='女' where sid =4"
    conn.Execute(sql)
```

5. 遍历记录

```
    rs.MoveFirst()#光标移到首条记录
    count =0
```

```
while True:
    if rs.EOF:
        break
    else:
        for i in range(rs.Fields.Count):
            #字段名:字段内容
            print(rs.Fields[i].Name,":",rs.Fields[i].Value)
        count +=1
    rs.MoveNext()
conn.Close()#关闭连接
print("count =",count)
```

运行结果如下：

```
sid:1
sname:李晨
ssex:女
sid:3
sname:李颖
ssex:女
sid:4
sname:王军
ssex:女
count =3
```

14.3 Python 访问 MySQL 数据库

PyMySQL 是在 Python 3.x 版本中用于连接 MySQL 服务器的一个扩展库，Python 2.x 中则使用 MySQLdb。PyMySQL 遵循 Python 数据库 API v2.0 规范，并包含了 pure - Python MySQL 客户端库。

PyMySQL 模块中主要包含两个对象：connect 连接对象和 cursor 游标对象。connect 连接对象用来创建与数据库服务器的连接，其语法示例如下：

```
conn =pymysql.connect(host ='localhost',port ='3306',user ='root',
passwd ='',db ='testdb',charset ='utf8')
```

其中，host 表示访问 MySQL 服务器的地址；port 是 MySQL 服务器端口号；连接数据库 testdb 使用的用户名为“root”，密码为空串；字符编码采用 UTF - 8。connect 连接对象的各参数含义见表 14 - 4。

表 14-4　connect 连接对象参数说明

参数	类型	描述
host	str	MySQL 服务器地址、IP 地址或域名
port	int	MySQL 服务器端口号
user	str	用户名
passwd	str	密码
db	str	数据库名称
charset	str	连接编码

connect 连接对象支持的方法见表 14-5。

表 14-5　connect 连接对象支持的方法

方法	描述
cursor()	使用该连接创建并返回游标
commit()	提交当前事务
rollback()	回滚当前事务
close()	关闭连接

cursor 游标对象支持的方法见表 14-6。

表 14-6　cursor 游标对象支持的方法

方法	描述
execute(op)	执行一个数据库的查询命令
fetchone()	取得结果集的下一行
fetchmany(size)	获取结果集的下几行
fetchall()	获取结果集中的所有行
rowcount()	返回数据条数或影响行数
close()	关闭游标对象

1. 数据库连接

连接数据库前，已经创建了数据库 testdb，在 testdb 数据库中已经创建了表 EMPLOYEE，EMPLOYEE 表字段为 FIRST_NAME、LAST_NAME、AGE、SEX 和 INCOME，在机器上已经安装了 PyMySQL 模块。

以下实例连接 MySQL 的 testdb 数据库：

```
import pymysql
# 打开数据库连接
conn = pymysql.connect("localhost","root","","testdb")
```

```
# 使用 cursor()方法创建一个游标对象 cursor
cursor = conn.cursor()
# 使用 execute()方法执行 SQL 查询
cursor.execute("SELECT VERSION()")
# 使用 fetchone()方法获取单条数据
data = cursor.fetchone()
print("Database version:%s " % data)
# 关闭数据库连接
db.close()
```

执行以上脚本后，输出结果如下：

```
Database version:5.6.22
```

2. 创建数据库表

如果数据库连接存在，可以使用 execute( )方法来为数据库创建表。创建表 EMPLOYEE：

```
import pymysql
# 打开数据库连接
conn = pymysql.connect("localhost","root","","testdb")
# 使用 cursor()方法创建一个游标对象 cursor
cursor = conn.cursor()
# 使用 execute()方法执行 SQL,如果表存在,则删除
cursor.execute("DROP TABLE IF EXISTS EMPLOYEE")
# 使用 CREATE 语句创建表
sql = """CREATE TABLE EMPLOYEE(
         FIRST_NAME CHAR(20)NOT NULL,
         LAST_NAME CHAR(20),
         AGE INT,
         SEX CHAR(1),
         INCOME FLOAT)"""

cursor.execute(sql)
# 关闭数据库连接
conn.close()
```

3. 数据库插入操作

以下实例使用执行 SQL INSERT 语句向表 EMPLOYEE 中插入记录：

```
import pymysql
# 打开数据库连接
```

```
conn=pymysql.connect("localhost","root","","testdb")
# 使用 cursor()方法获取操作游标
cursor=conn.cursor()
# SQL 插入语句
sql="""INSERT INTO EMPLOYEE(FIRST_NAME,
        LAST_NAME,AGE,SEX,INCOME)
        VALUES('Mac','Mohan',20,'M',2000)"""
try:
  # 执行 SQL 语句
  cursor.execute(sql)
  # 提交到数据库执行
  conn.commit()
except:
  # 如果发生错误,则回滚
  conn.rollback()
# 关闭数据库连接
conn.close()
```

以上例子也可以写成如下形式:

```
import pymysql
# 打开数据库连接
conn=pymysql.connect("localhost","root","","testdb")
# 使用 cursor()方法获取操作游标
cursor=conn.cursor()
# SQL 插入语句
sql="INSERT INTO EMPLOYEE(FIRST_NAME,\
        LAST_NAME,AGE,SEX,INCOME)\
        VALUES('%s','%s',%s,'%s',%s)" % \
        ('Mac','Mohan',20,'M',2000)
try:
  # 执行 SQL 语句
  cursor.execute(sql)
  # 执行 SQL 语句
  conn.commit()
except:
  # 发生错误时回滚
  conn.rollback()
# 关闭数据库连接
conn.close()
```

以下代码使用变量向 SQL 语句中传递参数：

```
user_id = "root"
password = ""
con.execute('insert into Login values(%s,%s)' % \
            (user_id,password))
```

4. 数据库查询操作

Python 查询 MySQL 数据库，使用 fetchone( )方法获取单行数据，使用 fetchall( )方法获取所有行的数据，使用 rowcount( )来获取执行 execute( )方法后影响的行数。下面的实例查询 EMPLOYEE 表中 salary（工资）字段大于 1 000 的所有数据。

```
import pymysql
# 打开数据库连接
conn = pymysql.connect("localhost","root","","testdb")
# 使用 cursor()方法获取操作游标
cursor = conn.cursor()
# SQL 查询语句
sql = "SELECT* FROM EMPLOYEE\
       WHERE INCOME > %s" % (1000)
try:
    # 执行 SQL 语句
    cursor.execute(sql)
    # 获取所有记录列表
    results = cursor.fetchall()
    for row in results:
        fname = row[0]
    lname = row[1]
    age = row[2]
    sex = row[3]
    income = row[4]
    # 打印结果
    print("fname = %s,lname = %s,age = %s,sex = %s,income = %s" % \
          (fname,lname,age,sex,income))
except:
    print("Error:unable to fetch data")
# 关闭数据库连接
conn.close()
```

以上脚本执行结果如下：

```
fname = Mac,lname = Mohan,age = 20,sex = M,income = 2000.0
```

5. 数据库更新操作

更新操作用于更新数据表中的数据，以下实例将 testdb 表中 SEX 为“M”的 AGE 字段递增 1。

```
import pymysql
# 打开数据库连接
conn = pymysql.connect("localhost","root","","testdb")
# 使用 cursor()方法获取操作游标
cursor = conn.cursor()
# SQL 更新语句
sql = "UPDATE EMPLOYEE SET AGE = AGE + 1 WHERE SEX = '%c'" % ('M')
try:
    # 执行 SQL 语句
    cursor.execute(sql)
    # 提交到数据库执行
    conn.commit()
except:
    # 发生错误时回滚
    conn.rollback()
# 关闭数据库连接
conn.close()
```

6. 删除操作

删除操作用于删除数据表中的数据，以下实例演示了删除数据表 EMPLOYEE 中 AGE 大于 20 的所有数据。

```
import pymysql
# 打开数据库连接
conn = pymysql.connect("localhost","root","","testdb")
# 使用 cursor()方法获取操作游标
cursor = conn.cursor()
# SQL 删除语句
sql = "DELETE FROM EMPLOYEE WHERE AGE > %s" % (20)
try:
    # 执行 SQL 语句
    cursor.execute(sql)
    # 提交修改
    conn.commit()
except:
```

```
    #发生错误时回滚
    conn.rollback()
#关闭连接
conn.close()
```

7. 执行事务

事务机制可以确保数据一致性。事务应该具有4个属性：原子性、一致性、隔离性、持久性。这4个属性通常称为ACID特性。

原子性（atomicity）：一个事务是一个不可分割的工作单位，事务中包括的诸操作要么都做，要么都不做。

一致性（consistency）：事务必须是使数据库从一个一致性状态变到另一个一致性状态。一致性与原子性是密切相关的。

隔离性（isolation）：一个事务的执行不能被其他事务干扰。即一个事务内部的操作及使用的数据对并发的其他事务是隔离的，并发执行的各个事务之间不能互相干扰。

持久性（durability）：持续性也称永久性，指一个事务一旦提交，它对数据库中数据的改变就应该是永久性的。接下来的其他操作或故障不应该对其有任何影响。

Python DB API 2.0 的事务提供了两个方法：commit 或 rollback。

```
#SQL删除记录语句
sql = "DELETE FROM EMPLOYEE WHERE AGE > %s" % (20)
try:
    #执行SQL语句
    cursor.execute(sql)
    #向数据库提交
    conn.commit()
except:
    #发生错误时回滚
    conn.rollback()
```

对于支持事务的数据库，在Python数据库编程中，在游标建立之时，就自动开始了一个隐形的数据库事务。commit()方法提交当前游标的所有更新操作，rollback()方法回滚当前游标的所有操作，每一个方法都开始了一个新的事务。

14.4　Python访问MongoDB数据库

MongoDB是一个基于分布式文件存储的文档数据库，可以说是非关系型（Not Only SQL，NoSQL）数据库中比较像关系型数据库的一个，具有免费、操作简单、面向文档存储、自动分片、可扩展性强、查询功能强大等特点，对大数据处理支持较好，旨在为Web应用提供可扩展的高性能数据存储解决方案。

MongoDB将数据存储为一个文档，数据结构由键值（key - value）对组成。MongoDB文档类似于 json 对象。字段值可以包含其他文档、数组及文档数组。

MongoDB 数据库可以到网站 https://www.mongodb.org/downloads 下载，安装之后打开命令提示符环境并切换到 MongoDB 安装目录中的 server\3.2\bin 文件夹，然后执行命令 mongod --dbpath D:\data --journal --storageEngine = mmapv1 启动 MongoDB。当然，需要首先在 D 盘根目录下新建文件夹 data。

让刚才那个命令提示符环境始终处于运行状态，然后再打开一个命令提示符环境，执行 mongo 命令连接 MongoDB 数据库，如果连接成功，会显示一个“ > ”符号作为提示符，之后就可以输入 MongoDB 命令了。

本节将学习 Python 3 下 MongoDB 的存储操作。

1. 准备工作

在开始之前，需确保已经安装好了 MongoDB 并启动了其服务，并且安装好了 Python 的 PyMongo 库。

2. 连接 MongoDB

连接 MongoDB 时，需要使用 PyMongo 库里面的 MongoClient，一般来说，传入 MongoDB 的 IP 及端口即可，其中第一个参数为地址 host，第二个参数为端口 port（如果不给它传递参数，默认是 27017）。

```
import pymongo
client = pymongo.MongoClient(host = 'localhost',port = 27017)
```

这样就可以创建 MongoDB 的连接对象了。

另外，MongoClient 的第一个参数 host 还可以直接传入 MongoDB 的连接字符串，它以 mongodb 开头，例如：

```
client = MongoClient('mongodb://localhost:27017/')
```

这也可以达到同样的连接效果。

3. 指定数据库

MongoDB 中可以建立多个数据库，接下来需要指定操作哪个数据库。这里以 test 数据库为例来说明，下一步需要在程序中指定要使用的数据库：

```
db = client.test
```

这里调用 client 的 test 属性即可返回 test 数据库。当然，也可以这样指定：

```
db = client['test']
```

这两种方式是等价的。

4. 指定集合

MongoDB 的每个数据库又包含许多集合（collection），它们类似于关系型数据库中的表。下一步需要指定要操作的集合，这里指定一个集合名称为 students。与指定数据库类似，指定集合也有两种方式：

```
collection = db.students
collection = db['students']
```

这样便声明了一个 collection 对象。

5. 插入数据

接下来便可以插入数据了。对于 students 这个集合，新建一条学生数据，这条数据以字典形式表示：

```
student = {
    'id':'20170101',
    'name':'Jordan',
    'age':20,
    'gender':'male'
}
```

这里指定了学生的学号、姓名、年龄和性别。接下来，直接调用 collection 的 insert()方法即可插入数据，代码如下：

```
result = collection.insert(student)
print(result)
```

在 MongoDB 中，每条数据其实都有一个_id 属性来唯一标识。如果没有显式指明该属性，MongoDB 会自动产生一个 ObjectId 类型的_id 属性。insert()方法会在执行后返回_id 值。

运行结果如下：

```
5e81b8b70af6c769a840612d
```

当然，也可以同时插入多条数据，只需要以列表形式传递即可，示例如下：

```
student1 = {
    'id':'20170101',
    'name':'Jordan',
    'age':20,
    'gender':'male'
}
student2 = {
    'id':'20170202',
    'name':'Mike',
    'age':21,
    'gender':'male'
}
result = collection.insert([student1,student2])
print(result)
```

返回结果是对应的_id的集合：

```
[ObjectId('5e81b9060af6c769a840612e'), ObjectId('5e81b9060af6c769a840612f')]
```

实际上，在PyMongo 3.x版本中，官方已经不推荐使用insert()方法了。当然，继续使用也没有什么问题。官方推荐使用insert_one()和insert_many()方法来分别插入单条记录和多条记录，示例如下：

```
student = {
    'id':'20170101',
    'name':'Jordan',
    'age':20,
    'gender':'male'
}
result = collection.insert_one(student)
print(result)
print(result.inserted_id)
```

运行结果如下：

```
<pymongo.results.InsertOneResult object at 0x029A3FD0>
5e81b9880af6c769a8406130
```

与insert()方法不同，这次返回的是InsertOneResult对象，可以调用其inserted_id属性来获取_id。

对于insert_many()方法，可以将数据以列表形式传递，示例如下：

```
student1 = {
    'id':'20170101',
    'name':'Jordan',
    'age':20,
    'gender':'male'
}
student2 = {
    'id':'20170202',
    'name':'Mike',
    'age':21,
    'gender':'male'
}
result = collection.insert_many([student1,student2])
print(result)
print(result.inserted_ids)
```

运行结果如下：

```
<pymongo.results.InsertManyResult object at 0x02E887B0>
[ObjectId('5e81ba0f0af6c769a8406131'),ObjectId('5e81ba0f0af6c769a8406132')]
```

该方法返回的类型是 InsertManyResult，调用 inserted_ids 属性可以获取插入数据的_id 列表。

6. 查询

插入数据后，可以利用 find_one()或 find()方法进行查询，其中 find_one()查询得到的是单个结果，find()则返回一个生成器对象。示例如下：

```
result=collection.find_one({'name':'Mike'})
print(type(result))
print(result)
```

这里查询 name 为 Mike 的数据，它的返回结果是字典类型，运行结果如下：

```
<class 'dict'>
{'_id':ObjectId('5e81b9060af6c769a840612f'),'id':'20170202','name':'Mike','age':21,'gender':'male'}
```

可以发现，它多了_id 属性，这就是 MongoDB 在插入过程中自动添加的。

此外，也可以根据 ObjectId 来查询，此时需要使用 bson 库里面的 objectid：

```
from bson.objectid import ObjectId
result=collection.find_one({'_id':ObjectId('5e81ba0f0af6c769a8406131')})
print(result)
```

其查询结果依然是字典类型，具体如下：

```
{'_id':ObjectId('5e81ba0f0af6c769a8406131'),'id':'20170101','name':'Jordan','age':20,'gender':'male'}
```

当然，如果查询结果不存在，则会返回 None。

对于多条数据的查询，可以使用 find()方法。例如，查找年龄为 20 的数据，示例如下：

```
results=collection.find({'age':20})
print(results)
for result in results:
    print(result)
```

运行结果如下：

```
<pymongo.cursor.Cursor object at 0x02E86BF0>
{'_id':ObjectId('5e81ba0f0af6c769a8406131'),'id':'20170101','name':'Jordan','age':20,'gender':'male'}
{'_id':ObjectId('5e81bf470af6c769a8406133'),'id':'20170102','name':'Kevin','age':20,'gender':'male'}
```

```
{'_id':ObjectId('5e81bf470af6c769a8406134'),'id':'20170103','name
':'Harden','age':20,'gender':'male'}
```

返回结果是Cursor类型，它相当于一个生成器，需要遍历取到的所有的结果，其中每个结果都是字典类型。

如果要查询年龄大于20的数据，则写法如下：

```
results=collection.find({'age':{'$gt':20}})
```

这里查询的条件键值已经不是单纯的数字了，而是一个字典，其键名为比较符号$gt，意思是大于，键值为20。

这里将比较符号归纳为表14-7。

表14-7　比较符号

符号	含义	示例
$lt	小于	{'age':{'$lt':20}}
$gt	大于	{'age':{'$gt':20}}
$lte	小于等于	{'age':{'$lte':20}}
$gte	大于等于	{'age':{'$gte':20}}
$ne	不等于	{'age':{'$ne':20}}
$in	在范围内	{'age':{'$in':[20,23]}}
$nin	不在范围内	{'age':{'$nin':[20,23]}}

另外，还可以进行正则匹配查询。例如，查询名字以M开头的学生数据，示例如下：

```
results=collection.find({'name':{'$regex':'^M.*'}})
```

这里使用$regex来指定正则匹配；^M.*代表以M开头的正则表达式。常用的功能符号说明见表14-8。

表14-8　功能符号

符号	含义	示例	示例含义
$regex	匹配正则表达式	{'name':{'$regex':'^M.*'}}	name以M开头
$exists	属性是否存在	{'name':{'$exists':True}}	name属性存在
$type	类型判断	{'age':{'$type':'int'}}	age的类型为int
$mod	数字模操作	{'age':{'$mod':[5,0]}}	年龄模5余0
$text	文本查询	{'$text':{'$search':'Mike'}}	text类型的属性中包含Mike字符串
$where	高级条件查询	{'$where':'obj.fans_count==obj.follows_count'}	自身粉丝数等于关注数

关于这些操作的更详细用法，可以在MongoDB的官方文档中找到：https://docs.mongodb.com/manual/reference/operator/query/。

7. 计数

要统计查询结果有多少条数据，可以调用count()方法。比如，统计所有数据条数：

```
count = collection.find().count()
print(count)
```

或者统计符合某个条件的数据：

```
count = collection.find({'age':20}).count()
print(count)
```

运行结果是一个数值，即符合条件的数据条数。

8. 排序

排序时，直接调用sort()方法，并在其中传入排序的字段及升降序标志即可。示例如下：

```
results = collection.find().sort('name',pymongo.ASCENDING)
print([result['name']for result in results])
```

运行结果如下：

```
['Harden','Jordan','Kevin','Mark','Mike']
```

这里调用pymongo.ASCENDING指定升序；如果要降序排列，可以传入pymongo.DESCENDING。

9. 偏移

在某些情况下，可能想只取某几个元素，这时可以利用skip()方法偏移几个位置，比如偏移2，就忽略前两个元素，得到第三个及以后的元素：

```
results = collection.find().sort('name',pymongo.ASCENDING).skip(2)
print([result['name']for result in results])
```

运行结果如下：

```
['Kevin','Mark','Mike']
```

另外，还可以用limit()方法指定要取的结果个数，示例如下：

```
results = collection.find().sort('name',pymongo.ASCENDING).skip(2).
limit(2)
print([result['name']for result in results])
```

运行结果如下：

```
['Kevin','Mark']
```

如果不使用limit()方法，原本会返回三个结果，加了限制后，会截取两个结果返回。

值得注意的是，在数据库数量非常庞大的时候，如千万、亿级别，最好不要使用大的偏移量来查询数据，因为这样很可能导致内存溢出。此时可以使用类似如下操作来查询：

```
from bson.objectid import ObjectId
collection.find({'_id':{'$gt':ObjectId('593278c815c2602678bb2b8d')}})
```

这时需要记录好上次查询的_id。

10. 更新

对于数据更新，可以使用 update()方法指定更新的条件和更新后的数据即可。例如：

```
condition={'name':'Kevin'}
student=collection.find_one(condition)
student['age']=25
result=collection.update(condition,student)
print(result)
```

这里要更新 name 为 Kevin 的数据中的年龄，首先指定查询条件，然后将数据查询出来，修改年龄后，调用 update()方法将原条件和修改后的数据传入。

运行结果如下：

```
{'ok':1,'nModified':1,'n':1,'updatedExisting':True}
```

返回结果是字典形式，ok 代表执行成功，nModified 代表影响的数据条数。

另外，可以使用$set 操作符对数据进行更新，代码如下：

```
result=collection.update(condition,{'$set':student})
```

这样可以只更新 student 字典内存在的字段。如果原先还有其他字段，则不会更新，也不会删除。而如果不用$set，则会把之前的数据全部用 student 字典替换；如果原本存在其他字段，则会被删除。

update()方法其实是官方不推荐使用的方法。update()方法分为 update_one()方法和 update_many()方法，用法更加严格，它们的第二个参数需要使用$类型操作符作为字典的键名，示例如下：

```
condition={'name':'Kevin'}
student=collection.find_one(condition)
student['age']=26
result=collection.update_one(condition,{'$set':student})
print(result)
print(result.matched_count,result.modified_count)
```

这里调用了 update_one()方法，第二个参数不能直接传入修改后的字典，而是需要使用{'$set':student} 这样的形式，其返回结果是 UpdateResult 类型。然后分别调用 matched_count 和 modified_count 属性，可以获得匹配的数据条数和影响的数据条数。

运行结果如下：

```
<pymongo.results.UpdateResult object at 0x02EA9DC8>
1 1
```

再看一个例子：

```
condition={'age':{'$gt':20}}
result=collection.update_one(condition,{'$inc':{'age':1}})
print(result)
print(result.matched_count,result.modified_count)
```

这里指定查询条件为年龄大于20，更新条件为{'$inc':{'age':1}}，也就是年龄加1，执行之后会将第一条符合条件的数据年龄加1。

运行结果如下：

```
<pymongo.results.UpdateResult object at 0x10b8874c8>
1 1
```

可以看到匹配条数为1条，影响条数也为1条。

如果调用update_many()方法，则会将所有符合条件的数据都更新，示例如下：

```
condition={'age':{'$gt':20}}
result=collection.update_many(condition,{'$inc':{'age':1}})
print(result)
print(result.matched_count,result.modified_count)
```

这时匹配条数就不再为1条了，运行结果如下：

```
<pymongo.results.UpdateResult object at 0x10c6384c8>
3 3
```

可以看到，这时所有匹配到的数据都会被更新。

11. 删除

删除操作比较简单，直接调用remove()方法指定删除的条件即可，此时符合条件的所有数据均会被删除。示例如下：

```
result=collection.remove({'name':'Kevin'})
print(result)
```

运行结果如下：

```
{'ok':1,'n':1}
```

另外，这里依然存在两个新的推荐方法——delete_one()和delete_many()。示例如下：

```
result=collection.delete_one({'name':'Kevin'})
print(result)
print(result.deleted_count)
result=collection.delete_many({'age':{'$lt':25}})
```

```
print(result.deleted_count)
```

运行结果如下：

```
<pymongo.results.DeleteResult object at 0x10e6ba4c8>
1
4
```

delete_one()即删除第一条符合条件的数据，delete_many()即删除所有符合条件的数据。它们的返回结果都是 DeleteResult 类型。可以调用 deleted_count 属性获取删除的数据条数。

12. 其他操作

PyMongo 还提供了一些组合方法，如 find_one_and_delete()、find_one_and_replace()和 find_one_and_update()，它们是查找后删除、替换和更新操作，其用法与上述方法基本一致。

还可以对索引进行操作，相关方法有 create_index()、create_indexes() 和 drop_index()等。

关于 PyMongo 的详细用法，可以参见官方文档：http://api.mongodb.com/python/current/api/pymongo/collection.html。

另外，还有对数据库和集合本身等的一些操作，这里不再一一讲解，可以参见官方文档：http://api.mongodb.com/python/current/api/pymongo/。

14.5 习　　题

1. 通过 Python 操作 SQLite 数据库，完成以下任务：

（1）创建数据库 school。

（2）创建学生数据表 students，包含字段有学号（no）、姓名（name）、性别（sex）、出生日期（birthday）、班级（class）。

（3）在 students 表中添加记录，见表 14-9。

表 14-9　学生数据表 students

no	name	sex	birthday	class
001	苏晓辉	男	2002.5.16	D18 应用 4 班
002	孙伟峰	男	2002.10.18	D18 应用 5 班
003	王靖霖	女	2003.9.26	D18 应用 6 班

（4）在 students 表中完成如下操作：

①修改 003 号同学的名字为王静心。

②查询 sex='男'的学生记录。

③删除 003 号同学记录。

2. 通过 Python 操作 MySQL 数据库，完成和第 1 题相同的任务。

3. 通过 Python 操作 MongoDB 数据库，完成和第 1 题相同的任务。

模块 15

进程和线程

进程和线程是应多任务需求而产生的，现代的操作系统都是支持多任务的“操作系统”，对于操作系统来说，一个任务就是一个进程（Process），比如打开一个浏览器就是启动一个浏览器进程，打开一个记事本就启动了一个记事本进程，打开两个记事本就启动了两个记事本进程，打开一个 Word 就启动了一个 Word 进程。有些进程还不止同时做一件事，比如 Word，它可以同时进行打字、拼写检查、打印等事情。在一个进程内部，要同时做多件事，就需要同时运行多个“子任务”，进程内的这些“子任务”称为线程（Thread）。

由于每个进程至少要做一件事，所以，一个进程至少有一个线程。当然，像 Word 这种复杂的进程可以有多个线程，多个线程可以同时执行，即一个进程有多个线程。

多进程和多线程的执行方式是一样的，就是由操作系统在多个进程（线程）之间快速切换，让每个进程（线程）都短暂地交替运行，看起来就像同时执行一样。Python 既支持多进程，又支持多线程，开发者可以根据具体任务情况，综合考虑是采用多进程还是多线程的方式完成多任务情景。

本模块学习目标

- 掌握进程和线程的区别
- 掌握运用 Process 类创建多进程的方法
- 掌握进程之间的通信方法
- 掌握运用 Thread 类创建多线程的方法
- 能够运用线程锁解决多线程抢夺变量的问题

15.1　创建进程

计算机程序只是存储在磁盘上的可执行二进制（或其他类型）文件。只有把它们加载到内存中并被操作系统调用，才拥有其生命期。进程（有时称为重量级进程）则是一个执行中的程序，每个进程都拥有自己的地址空间、内存、数据栈及其他用于跟踪执行的辅助数据。操作系统管理其上所有进程的执行，并为这些进程合理地分配时间。由于每个进程都拥有自己的内存和数据栈等，所以进程没有任何共享状态。进程修改的数据，改动仅限于该进程内，进程间只能采用进程间通信（IPC）的方式共享信息。

15.1.1　Multiprocessing 模块

Multiprocessing 模块是一个跨平台版本的多进程模块，允许为多核或多 CPU 派生进程。Multiprocessing 模块提供了 Process、Queue、Pipe、Pool 等组件类。

15.1.2　Process 类

Multiprocessing 模块提供了一个 Process 类来创建进程对象。

用法：Process(target,name,args,kwargs = {})：

参数：

- target：表示调用对象，如函数、方法等，即子进程要执行的任务；
- args：表示调用对象的位置参数元组，args = (1,2)；
- kwargs：表示调用对象的字典参数，kwargs = {'name':张三,'age':18}；
- name：子进程的名称。

Process 对象具有 name 和 pid 属性，分别代表进程的名称和进程的 pid。Process 有四个常用的方法：通过 start()方法启动进程；通过 terminate()方法强制终止进程，不会进行任何清理操作，如果该进程获得了一个锁，那么锁将不会被释放，进而导致死锁；通过 join()方法使主线程等待当前子进程终止；通过 is_alive()方法判断进程是否仍然处于运行状态。

```
>>> import multiprocessing
>>> import time
>>> import os
>>> def pro(number):
    print('进程{} is running!'.format(number))
    time.sleep(1)
>>> def main():
    i =1
    print('主进程 id:',os.getpid())
    while i <=3:
```

```
        p = multiprocessing.Process(target = pro,args = (i,))
        pro(i)#由于在 Windows 下子进程信息无法被输出,所以此处用该语句模拟子进程的输出,在 UNIX/Linux 下或真实环境中不需要该语句
        p.start()
        p.join()
        print('进程{},name:{},pid:{},end!'.format(i,p.name,p.pid))
        i = i + 1
>>> main()
主进程 id:15184
进程 1 is running!
进程 1,name:Process -1,pid:15248,end!
进程 2 is running!
进程 2,name:Process -2,pid:11312,end!
进程 3 is running!
进程 3,name:Process -3,pid:13260,end!
```

15.1.3 Pool 进程池

如果要启动大量的子进程，可以用进程池的方式批量创建子进程。Pool 可以提供指定数量的进程供用户使用，默认是 CPU 的核数。当有新的请求提交到 Pool 时，如果池子没有满，会创建一个进程来执行，否则，就会让该请求等待。

创建进程池语法：Pool([numprocess[,initializer[,initargs]]])

参数：

- numprocess：进程池中的进程数，默认是 CPU 的核数，即 os.cpu_count()的值；
- initializer：每个工作进程启动时要执行的可调用对象，默认为 None；
- initargs：要传给 initializer 的参数组。

进程池对象拥有一系列的方法，常用的方法如下：

①apply(func[,args[,kwds]])方法，占用进程池中的一个进程，使用参数 args 和 kwds 调用 func。其中，args 为一个元组；kwds 为一个字典（以参数名为键），然后返回结果。该方法将阻塞调用进程，直至 func 执行完成。即同时只执行一个子进程。

②apply_async()方法：为 apply()的异步版本，使用该方法时，会立即返回，不会阻塞调用进程，进程池中可以有 numprocess 个进程并行。

③close()方法：阻止新的任务被提交到池中。一旦完成所有任务，子进程将退出。

④terminate()方法：立即停止工作进程，不必等待任务完成。

⑤join()方法：等待所有的子进程执行完毕。在调用 join 之前，必须先调用 close 或 terminate。

【例 15-1】 同步进程池示例。

```
# pool.py
from multiprocessing import Pool
```

```
import time,datetime
def test(p):
        print(p)
        time.sleep(1)
if __name__=="__main__":
    pool = Pool(processes =2)
    print('循环开始时间:{}'.format(datetime.datetime.now().strftime
('%H:%M:%S')))
    for i in range(10):
        pool.apply(test,args =(i,))#同步方法,总数为2,执行总数为1,当一
个进程执行完后,启动一个新进程,即同时只执行一个子进程

    print('循环结束时间:{}'.format(datetime.datetime.now().strftime
('%H:%M:%S')))
    pool.close()
    pool.join()
    print('任务完成时间:{}'.format(datetime.datetime.now().strftime
('%H:%M:%S')))
```

运行结果如下：

```
循环开始时间:18:19:10
循环结束时间:18:19:20
任务完成时间:18:19:20
```

可以看出10次循环的开始与结束时间间隔为10 s，由于每个子进程执行时间为1 s，所以不存在并行；循环结束时间与任务完成时间一致，说明子进程会阻塞主进程，直至所有子进程执行完毕。

【例15-2】异步进程池示例。

```
#pool-async.py
from multiprocessing import Pool
import time,datetime
def test(p):
        print(p)
        time.sleep(1)
if __name__=="__main__":
    pool = Pool(processes =2)
    print('循环开始时间:{}'.format(datetime.datetime.now().strftime
('%H:%M:%S')))
for i in range(10):
```

```
            pool.apply_async(test,args=(i,))#异步方法,执行的进程总数为2,
当一个进程执行完后,启动一个新进程
    print('循环结束时间:{}'.format(datetime.datetime.now().strftime('%
H:%M:%S')))
        pool.close()
        pool.join()
        print('任务完成时间:{}'.format(datetime.datetime.now().strftime
('%H:%M:%S')))
```

运行结果如下:

```
循环开始时间:18:24:25
循环结束时间:18:24:25
任务完成时间:18:24:30
```

可以看出10次循环的开始与任务完成时间间隔为5 s，由于每个子进程执行时间为1 s，所以同时有两个进程在并行执行；循环结束时间与任务完成时间间隔为5 s，说明主进程并未等待子进程任务完成，即子进程没有阻塞主进程的执行。

15.2 进程之间的通信

进程的数据不存在共享状态，但是进程之间肯定是需要通信的，Multiprocessing模块包装了底层的机制，提供了Queue、Pipe等多种方式来实现进程间的通信。

15.2.1 Queue

Queue用来创建共享的进程队列的类。Queue是多进程安全的队列，可以使用Queue实现多进程之间的数据传递。

用法：Queue([maxsize])

参数maxsize是队列中允许的最大项数，省略则无大小限制。通过Queue对象的方法，可以实现对队列的操作，常用方法如下：

①put()方法：在行队列中存入元素。

②get()方法：从队列读取并且删除一个元素。

③get_nowait()：同get(False)。

④put_nowait()：同put(False)。

⑤empty()：判断队列是否为空，如果为空，返回True，否则，返回False。

⑥full()：判断队列是否已满，如果已满，返回True，否则，返回False。

⑦qsize()：返回队列中目前项目的正确数量，结果也不可靠，理由同q.empty()和q.full()。

【例15-3】用多进程队列实现在父进程中创建两个子进程：一个往Queue里写数据，一个从Queue里读数据。

```
#processQueue.py
from multiprocessing import Process,Queue
import os,time,random
```

```
#写数据进程执行的代码:
def write(q):
    print('写进程已启动:')
    for value in['A','B','C']:
        print('Put %s to queue...' % value)
        q.put(value)
        time.sleep(1)
    return

#读数据进程执行的代码:
def read(q):
    print('读进程已启动:')
    while True:
        value=q.get(True)
        print('Get %s from queue.' % value)

if __name__=='__main__':
    #父进程创建Queue,并传给各个子进程:
    q=Queue()
    pw=Process(target=write,args=(q,))
    pr=Process(target=read,args=(q,))
    #启动子进程pw,写入:
    write(q)#由于在Windows下子进程信息无法被输出,所以此处用该语句模拟子进程的输出,在UNIX/Linux下或真实环境中不需要该语句
    print(q.qsize())#由于以上模拟,队列中已被写入3个元素

    #启动子进程pw,写入:
    pw.start()
    #等待pw结束
    pw.join()
    print(q.qsize())#启动子进程后,队列中又被写入3个元素,所以此时队列中已有6个元素

    #启动子进程pr,读取:
    read(q)#由于在Windows下子进程信息无法被输出,所以此处用该语句模拟子进程的输出,在UNIX/Linux下或真实环境中不需要该语句
    pr.start()
    #pr进程里是死循环,无法等待其结束,只能强行终止:
    pr.terminate()
```

在 IDLE 中的运行结果如下：

```
写进程已启动：
Put A to queue...
Put B to queue...
Put C to queue...
3
6
读进程已启动：
Get A from queue.
Get B from queue.
Get C from queue.
Get A from queue.
Get B from queue.
Get C from queue.
```

另外，put 方法有两个可选参数：blocked 和 timeout，如果 blocked 为 True（默认值），并且 timeout 为正值，该方法会阻塞 timeout 指定的时间，直到该队列有剩余的空间；如果超时，会抛出 Queue. Full 异常；如果 blocked 为 False，但该 Queue 已满，会立即抛出 Queue. Full 异常。get 方法也有 blocked 和 timeout 两个可选参数，如果 blocked 为 True（默认值），并且 timeout 为正值，那么在等待时间内没有取到任何元素，会抛出 Queue. Empty 异常；blocked 为 False，有两种情况存在：如果 Queue 有一个值可用，则立即返回该值；否则，如果 Queue 为空，则立即抛出 Queue. Empty 异常。

empty 和 full 方法返回的结果是不可靠的，比如在方法返回的过程中，队列中又加入或删除了元素，就会导致结果不准确。

使用 Queue 实现进程间通信时还需注意：进程中的信息在 Windows 系统中是不会被打印显示的，所以建议使用 UNIX、Linux、Mac 操作系统来做此模块的练习。

15.2.2　Pipe

Multiprocessing 还提供了另外一种进程通信方式——Pipe（管道）方式，即一端发送，另一端接收。Pipe 分为单向管道和双向管道，默认为双向管道。

用法：Pipe([duplex])

Pipe 方法将返回由两个连接对象组成的元组（conn1,conn2），代表管道的两端。参数 duplex 默认为 True，是双向管道，conn1、conn2 均可收发消息。如果 duplex 为 False，则为单向管道，其 conn1 只能用来接收消息，conn2 只能用来发送消息。连接对象 conn1、conn2 通过 send 和 recv 方法来发送和接收消息。

【例 15－4】 创建两个子进程：一个子进程通过 Pipe 发送数据，一个子进程通过 Pipe 接收数据。

```
# pipe.py
from multiprocessing import Process,Pipe
```

```
import random,time,os

def proc_send(pipe,urls):
    for url in urls:
        print("Process send:%s" %(url))
        pipe.send(url)
        time.sleep(1)

def proc_recv(pipe):
    while True:
        print("Process rev:%s" %(pipe.recv()))
        time.sleep(1)

def main():
    pipe=Pipe()
    print(type(pipe))#返回元组
    p1=Process(target=proc_send,args=(pipe[0],['url_'+str(i)
for i in range(3)]))
    proc_send(pipe[0],['url_'+str(i)for i in range(3)])#Windows下
模拟子进程输出
    p2=Process(target=proc_recv,args=(pipe[1],))
    proc_recv(pipe[1])#Windows下模拟子进程输出
    p1.start()
    p2.start()
    p1.join()
    p2.join()

main()
```

运行结果如下：

```
<class 'tuple'>
Process send:url_0
Process send:url_1
Process send:url_2
Process rev:url_0
Process rev:url_1
Process rev:url_2
```

15.3 创建线程

多任务可以由多进程完成，也可以由一个进程内的多线程完成。Python 的标准库提供了两个多线程模块：_thread 和 threading，_thread 是低级模块；threading 是高级模块，对_thread 进行了封装。绝大多数情况下，只需要使用 threading 这个高级模块。

15.3.1 threading 模块

threading 模块提供了一些线程相关的类，包括 Thread 基本线程类和线程锁相关的类；还提供了一些实用的方法，常用方法如下：

①threading.active_count()：返回当前存活的线程类 Thread 对象。返回的计数等于 enumerate()返回的列表长度。

②threading.current_thread()：返回当前对应调用者的控制线程的 Thread 对象。

③threading.get_ident()：返回当前线程的“线程标识符”。

④threading.enumerate()：以列表形式返回当前所有存活的 Thread 对象。

⑤threading.main_thread()：返回主 Thread 对象。一般情况下，主线程是 Python 解释器开始时创建的线程。

```
>>> import threading
>>> threading.active_count()
2
>>> threading.current_thread()
<_MainThread(MainThread,started 18348)>
>>> threading.enumerate()
[<_MainThread(MainThread, started 18348)>, <Thread(SockThread,
started daemon 21796)>]
>>> threading.get_ident()
18348
>>> threading.main_thread()
<_MainThread(MainThread,started 18348)>
```

15.3.2 Thread 类

创建多线程的最简单、直接的方法是实例化 threading.Thread 类的对象，将线程要执行的任务函数作为参数传入线程。

用法：threading.Thread(target,name,agrs,kwargs)

其中，参数 target 是一个可调用对象，在线程启动后执行；参数 name 是线程的名字，默认值为“Thread－N”，N 是一个数字；参数 args 和 kwargs 分别表示调用 target 时的参数列表和关键字参数字典。

Thread 类提供了对象的常用方法，用于对线程的操作。常用的对象方法如下：

- start()：启动线程活动。

- run()：用于表示线程活动的方法，是线程被 CPU 调度后自动执行的方法。
- join([time])：调用该方法会使主调线程堵塞，直到被调用线程运行结束或者超时。参数 time 表示超时时间，如果未提供该参数，那么主调线程将一直堵塞，直到被调用线程执行结束。
- isAlive()：返回线程是否是活动的。
- getName()：返回线程名。
- setName()：设置线程名。

【**例 15－5**】用 Thread 类创建线程示例。

```
# threading.py
import threading
import time

def doWaiting():
    print("子线程{}开始等待:{} ".format(threading.current_thread()
.getName(),time.strftime("%H:%M:%S")))
    time.sleep(3)
    print("子线程{}结束等待:{}".format(threading.current_thread()
.getName(),time.strftime("%H:%M:%S")))

t = threading.Thread(target = doWaiting,name = 'subthread')

t.start()
time.sleep(1)     # 确保线程 t 已经启动

print("开始阻塞主线程,等待子线程执行")
t.join()     # join 方法将一直堵塞主线程,直到 t 运行结束
print("子线程执行完,结束阻塞,主线程继续执行!")
```

运行结果如下：

```
子线程 subthread 开始等待:21:20:24
开始阻塞主线程,等待子线程执行
子线程 subthread 结束等待:21:20:27
子线程执行完,结束阻塞,主线程继续执行!
```

另一种创建多线程的方法是通过继承 Thread 类，并重写它的 run()方法来自定义线程类，通过自定义线程类来创建多线程任务，对该方法感兴趣的读者可以自行查阅资料，此处不做介绍。

15.4　线程同步

15.4.1　多线程抢夺变量

多线程和多进程最大的不同在于，在多进程中，进程修改的数据，改动仅限于该进程内，同一个变量，各自有一份拷贝存在于每个进程中，进程间互不影响；而多线程中，所有变量都由所有线程共享，所以，任何一个变量都可以被任何一个线程修改，因此，线程之间共享数据最大的危险在于多个线程同时改一个变量，把内容给改乱了。

【例 15 -6】多线程共享变量时的问题。

```
# threadProblem.py
import threading
import time
a = 0
def add1():
    global a
    tmp = a + 1
    time.sleep(0.2)# 延时 0.2 秒,模拟写入所需时间
    a = tmp
    print('%s adds a to 1:%d'%(threading.current_thread().getName
(),a))

threads = [threading.Thread(name ='t%d'%(i,),target = add1)for i in
range(10)]
[t.start()for t in threads]
```

运行结果如下：

```
t0 adds a to 1:1
t5 adds a to 1:1
t3 adds a to 1:1
t7 adds a to 1:1
t9 adds a to 1:1 t1 adds a to 1:1  #t9 未打印完,时间片切换,t9 打印换行符的
操作被挂起。
t2 adds a to 1:1
(此处为打印了换行符的空行)          #t9 第二次获得时间片,打印出换行符
t8 adds a to 1:1
t4 adds a to 1:1
t6 adds a to 1:1
```

正常情况，在执行了 10 个子线程后，共享变量 a 的值应由 0 变为 10，但结果 a 的值始

终为1，只相当于一个线程执行的结果。这是因为在修改a前，有0.2 s的休眠时间，某个线程延时后，CPU立即分配计算资源给其他线程。直到分配给所有线程后，根据结果反映出0.2 s的休眠时长还没耗尽，这样每个线程get到的a值都是0，所以才出现上面的结果。

另外，由于时间片的切换导致t9线程在打印完字符内容后，没有来得及打印换行符就把时间片给了t1线程，所以直到t2线程打印结束后，t9线程才再次获得时间片，这时才打印出t9线程的换行符。

15.4.2 线程锁

多线程抢夺变量，导致变量修改混乱的原因是，所有线程可以随时获取变量值，并可以随时修改变量值。如果某一个线程要修改变量，其他对变量的读写操作等到该线程修改变量的操作完成后再进行，那么就不会出现修改混乱了。

Python中提供了锁机制，即某段代码只能单线程执行，上锁，其他线程等待，直到释放锁后，其他线程再争锁，执行代码，释放锁，重复以上步骤。

【例15－7】用锁机制修改例15－6的代码。

```
#threadProblem_change.py
import threading
import time

locka=threading.Lock()  #创建一把锁
a=0                     #共享变量a

def add1():
    global a
    try:
        locka.acquire()#获得锁,其他线程被堵塞
        tmp=a+1
        time.sleep(0.2)#延时0.2秒,模拟写入所需时间
        a=tmp
    finally:
        locka.release()#释放锁,其他线程可以抢夺锁

    print('%s adds a to 1:%d'%(threading.current_thread().getName
(),a))

threads=[threading.Thread(name='t%d'%(i,),target=add1)for i in
range(10)]
[t.start()for t in threads]
```

运行结果如下：

```
t0 adds a to 1:1
t1 adds a to 1:2
t2 adds a to 1:3
t3 adds a to 1:4
t4 adds a to 1:5
t5 adds a to 1:6
t6 adds a to 1:7
t7 adds a to 1:8
t8 adds a to 1:9
t9 adds a to 1:10
```

结果不再出现混乱。

15.4.3　线程优先队列

Python 的 Queue 模块中提供了同步的、线程安全的队列类，包括 FIFO（先入先出）队列 Queue、LIFO（后入先出）队列 LifoQueue 和优先级队列 PriorityQueue。这些队列都实现了锁原语，能够在多线程中直接使用。可以使用队列来实现线程间的同步。

【例 15-8】结合 threading 和 Queue 构建一个简单的生产者-消费者模型。

```
# queue.py
import threading
import time
from queue import Queue

def put_id(que):
    i = 0
    #while(True):演示时为了不造成死循环,将 True 改为 i < 10
    while(i < 10):
        i = i + 1
        print("添加数据{},队列中数据个数为:{}".format(i,que.qsize()))
        time.sleep(0.1)
        id_queue.put(i)

def get_id(que,m):
    while(True):
        i = que.get()# Queue 会自动加锁机制
        print("线程{}的取值为:{}".format(m,i))

if __name__ == "__main__":
    id_queue = Queue(5)     #先进先出队列
```

```
Th1 = threading.Thread(target = put_id,args = (id_queue,))
Th2 = threading.Thread(target = get_id,args = (id_queue,2))
Th3 = threading.Thread(target = get_id,args = (id_queue,3))
Th5 = threading.Thread(target = get_id,args = (id_queue,4))
Th4 = threading.Thread(target = get_id,args = (id_queue,5))

Th2.start()
Th1.start()

Th3.start()
Th4.start()
Th5.start()
```

运行结果如下:

```
>>> 添加数据 1,队列中数据个数为:0
添加数据 2,队列中数据个数为:1 线程 2 的取值为:1
添加数据 3,队列中数据个数为:1 线程 3 的取值为:2
添加数据 4,队列中数据个数为:1 线程 5 的取值为:3
添加数据 5,队列中数据个数为:1 线程 4 的取值为:4
添加数据 6,队列中数据个数为:1 线程 2 的取值为:5
添加数据 7,队列中数据个数为:1 线程 3 的取值为:6
添加数据 8,队列中数据个数为:1 线程 5 的取值为:7
添加数据 9,队列中数据个数为:1 线程 4 的取值为:8
线程 2 的取值为:9 添加数据 10,队列中数据个数为:1
线程 3 的取值为:10
```

15.5 习　　题

1. 进程和线程的区别是什么?
2. Process 类的对象的同步方法和异步方法的主要区别是什么?
3. 进程之间的变量能否共享?若不能,进程之间该如何通信?
4. 多线程应用中对变量的使用存在什么问题?要解决此问题,需要采取什么策略?

参 考 文 献

[1] 董付国 . Python 可以这样学 [M]. 北京：清华大学出版社，2017.

[2] 董付国 . Python 程序设计基础与应用 [M]. 北京：机械工业出版社，2018.

[3] 崔庆才 . Python 操作 MongoDB 看这一篇就够了[EB/OL]. https://cloud. tencent. com/developer/article/1151814.

[6] [美] Chun. W. Python 核心编程 [M]. 3 版 . 孙波翔，李斌，李晗，译 . 北京：人民邮电出版社，2016.